汽车先进技术论坛丛书

GD&T 基础及应用

第3版

王廷强　编著

机 械 工 业 出 版 社

《GD&T 基础及应用》着重介绍了基于 ASME Y14.5 和 ISO 1101 标准的几何公差知识，详细阐述了几何公差基础知识和高级应用，以引导读者入门，并进阶高级几何公差的实际应用。

本书共十章，第一章对 GD&T/GPS 的历史和相对于尺寸公差的优势做了对比。第二章和第三章综述了几何公差的符号组成和控制框语法，并重点介绍了基准知识。从第四章到第九章介绍了 12 种几何公差控制方法的定义、应用及检测。本书从基础知识到高级应用、检测方法三个方面让读者从理论到实践全面掌握几何公差的实际应用，其中精选了大量的应用实例可以作为几何公差设计时的参考。第十章是 GD&T/GPS 的综合应用，建议读者有前九章的扎实知识后再参考这一部分内容。第十章对 GD&T/GPS 的高级应用给出 21 个实例，内容涉及汽车零部件基准的选择建立、不同条件的补偿公差的计算、MMC 和 RFS 应用要点、配合设计和检具设计。

本书面向实际应用，对机械工程如汽车行业、航空工业、电子行业和半导体行业的设计人员、检测人员和加工制造人员都有极高的参考价值，对于供应商质量管理和汽车零部件采购项目的从业人员也是不可或缺的工具书。

图书在版编目（CIP）数据

GD&T 基础及应用 / 王廷强编著 . —3 版 . —北京：机械工业出版社，2020.1（2025.2 重印）
（汽车先进技术论坛丛书）
ISBN 978-7-111-64490-3

Ⅰ . ① G…　Ⅱ . ①王…　Ⅲ . ①形位公差　Ⅳ . ① TG801

中国版本图书馆 CIP 数据核字（2019）第 296493 号

机械工业出版社（北京市百万庄大街 22 号　邮政编码 100037）
策划编辑：孙　鹏　　　　责任编辑：孙　鹏　张亚秋
责任校对：王　延　李　杉　封面设计：陈　沛
责任印制：张　博
北京建宏印刷有限公司印刷
2025 年 2 月第 3 版第 5 次印刷
184mm × 260mm · 11.25 印张 · 276 千字
标准书号：ISBN 978-7-111-64490-3
定价：69.90 元

电话服务　　　　　　　　网络服务
客服电话：010-88361066　机　工　官　网：www.cmpbook.com
010-88379833　机　工　官　博：weibo.com/cmp1952
010-68326294　金　书　网：www.golden-book.com
封底无防伪标均为盗版　机工教育服务网：www.cmpedu.com

再版说明

本次再版是为了更新几何公差的两个重要标准 ASME Y14.5 2018 和 ISO 1101 2017 的变化内容。GD&T（ASME Y14.5）和 GPS（ISO 1101）两个版本在定义几何公差的逻辑上纠正了旧版本一些定义不明确的内容，并提供了大量 3D 标注案例，是对设计技术的一次很大的革新。本书新增了 ASME Y14.5 2018 变化内容的对比和说明，比如对同心度和对称度的替代控制方式选择等。本书另一个重点内容是 ASME Y14.5 2018（GD&T）版和 ISO1101 2017（GPS）版两个重要标准的对比，比如两个标准对于阵列特征标注的方法特点等。

ASME Y14.41 和 ISO 16792 推动数字化 3D 标注，更多的项目案例开始采用 3D 的标注方法。这种有效的几何公差标注方法将是未来的发展趋势，因此本书增加 3D 案例供有兴趣的学者学习。

前　言

“中国制造 2025”强国战略纲领提出，我国 2025 年的目标是迈入制造强国行列，2035 年达到世界制造强国阵营中等水平，2049 年（即建国百年）进入世界制造强国前列。这是制造业重大的历史机遇，需要工程制造行业各类人才的共同努力，并做出应有的贡献。

我国的制造业已经取得令世界瞩目的成绩，但是当前我国的工业仍处于低附加值水平，大而不强，缺乏核心技术，处于较低的质量效益水平。转型升级的艰巨任务仍需要我们工程人员的努力。

GD&T/GPS 是一门基础学科，是促进国家工业发展的一 个重要工具。无论是基础加工业、汽车行业，还是航空航天行业，GD&T/GPS 都是一门不可或缺的知识。欧美和日韩对 GD&T/GPS 的教育体系已完全成熟，普遍应用于工业制造领域，并在高精尖的产品开发中起到了积极推进的作用。

GD&T/GPS 在系统集成、降低项目风险、降低成本和提高质量方面提出了根本性的解决方案。GD&T/GPS 综合了工业发展史上的成熟设计经验，核心理念是把设计工作中的加工工艺的可行性、测量方案的可行性进行先期分析。这门学科还将设计流程标准化，并以逻辑精准的图形语言加强了世界各地加工厂的沟通协作，使复杂、大型产品开发得以实现。

笔者工作中拜访过国内许多企业。国内加工业对于 GD&T/GPS 的应用还处于初级水平，明显的例子是普遍存在三坐标测量设备的应用和工装、专用检具的设计不正确，图样、工艺文件和检测方案不一 致的情况。

本书基于 ASME Y14.5/ISO 1101/GB/T 1182 几何公差标准，内容侧重于应用、检测和检具的设计。检具设计的关键工作在于计算，读者在设计检具或夹具时可以参考这些检具设计知识要点。

本书旨在介绍这门学科的应用知识，提高设计开发效率，降低企业开发、生产成本。

目　　录

第一章　GD&T 简介

第一节　GD&T 的历史和未来变化趋势

科技发展，计量先行。早在公元前 6000 年，人类就有制造工具、测量、绘图的记录。其中较早的长度单位“腕尺”，几千年来一直在 18in（1in=0.0254m）到 19in 变化，后来标准化为 18.24in。从历史上看，自从产生了测量、绘图活动，就有依据社会需求的力量推动其标准化。

中国对于测量的发展也卓有成果，1992 年扬州邗江区出土的新莽铜卡尺（图 1-1）由固定部分和活动部分组成，可以测量器物的直径、深度、长、宽和厚，直接将《英国百科全书》的卡尺发明历史上溯了近 1700 的历史（载自谢选骏《中国宫廷政变建国史略》）。从图中可以看出，为保证测量精度，这个卡尺的卡钳两个测量面的平行度要求很高。

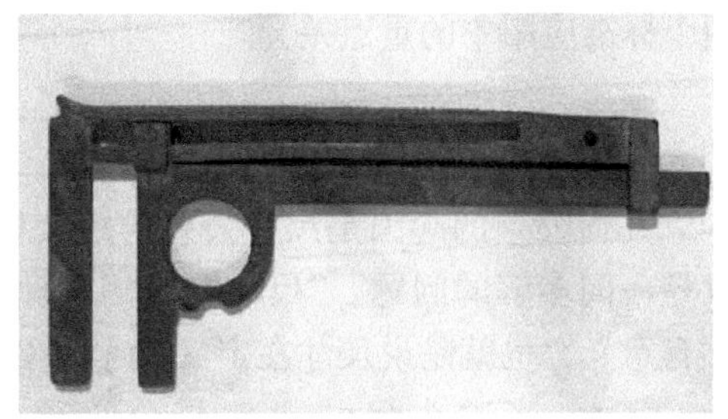

图 1-1　新莽铜卡尺

几何公差起源于第二次世界大战时期军队对于武器的高质量的需要。当时生产的武器大量报废，英国军方调查发现，是正负尺寸公差系统设计的缺陷导致了大量的不合格品，造成武器不能够适当装配。基于这种需要，英国军方在 1944 年创新和标准化了几何公差标准，1948 年继续完善。几何公差的理念在美国也是由美国军方提出，于 1949 年跟随英国颁布几何公差标准 MIL-STD-8，后美国军方、ASA、ANSI 组织合作颁布了工业几何公差标准 ANSI Y14.5。

苏格兰人史丹利·帕克（Stanley Parker）是公认记录里最早的“几何公差”的发明者，他提出了“True position”（真实位置度）的概念，这个位置系统的贡献在于创建了圆柱面公差带。在第二次世界大战时期，英国军方发现军用物资大量浪费的主要原因是产品不合格，很多零件不能装配。帕克当时的工作是为所在工厂（皇家鱼雷工厂，Royal Torpedo Factory）的海军武器订单提高产量。在 1940 年，帕克出版了《批量生产的设计和检测技术》，成为论述几何公差最早的书籍，而在 1956 年帕克出版的《图样和尺寸》，成为这个领域的重要参考资料。英国在 1948 年发行了《尺寸分析和工程设计》标准，首次完整阐明“真实位置度”公差带概念。

中国在 1981 年颁布几何公差标准 GB/T 1182—1980，遵循 ISO 1101 标准起草，2018 年升级为 GB/T 1182—2018。

数字化和网络改变了世界，也改变了现在的制造行业，工业 4.0 是制造行业面临的一个巨大的变化，即智能制造工厂。工业 4.0 要求全新的生产系统，生产模式将是柔性加工，以适应持续的产品变化。这种变化的实现需要的一个关键技术就是测量，要求测量技术必须更加独立、灵活和快速。

工业 4.0 规范的智能工厂需要强大的、完全整合在各个控制单元的测试系统，以便对质量实现实时控制。测量系统的传感器成为智能工厂的眼睛和耳朵。与此相应，是我国提出的十二五规划重点项目之一的在线检测技术。

补充标准 ASMEY14.5.1M 1994 版《尺寸公差原则的数学定义方法》正在计划更新，这将是对 GD&T 技术的一个重要补充，更新内容会影响到数字化测量仪器，如三坐标、在线检测设备等的“不确定决策”原则，间接影响所有 Y14.5 标准定义产品的数字测量检测结果。另外因为计算机辅助设计（Computer Aided Design，CAD）的广泛应用，传统的正交投影视图图样标注方法正在减少应用，基于数模的标注成为趋势 (Model Based Definition，MBD)，MBD 降低了对人员的阅图技能要求，更加简明直接。标准 ASME Y14.41 定义了 MBD 方法，欧标 MBD 对应的数字化标注的标准是 ISO 16792。国标对应的数字化标注的标准是 GB/T 24734。这三个标准的内容几乎一致。

本书旨在依据 GD&T 标准的内容介绍几何公差的应用，并会参照 ISO 1101 标准，对比两个标准应用中的重点差异。

一、尺寸公差与几何公差

几何公差的起因是尺寸公差的定义模糊，按照尺寸公差的定义，可以得到多个测量值，就是一问多解的问题。“尺寸”应用在理想几何体上才有意义，也就是说尺寸在定义尺寸要素（feature of size）时，当这个尺寸要素是公称要素（nominal feature，即图样尺寸）或模拟要素（associated feature，即实际零件的理想模拟几何体）时才有意义。图 1-2 是一个柱面特征，直径尺寸 $\phi 35$ 是定义在理论的柱面上的，不难理解这个柱面的每一个截面直径都是 $\phi 35$。但是对于实际生产的零件，每一个截面都是有变差的，如图 1-3 所示，实际的零件加工表面总是存在偏差（图示对于这种偏差放大表示）。拟合组合要素（associated integral feature）圆柱面就是由这个零件的实际表面高点形成的柱面，这个柱面要求满足尺寸定义 $\phi 35 \pm 0.1$。要注意的是因为现实中不可能取得这个零件的所有点来拟合柱面要素，所以提取出的点云只是近似拟合了真实零件的表面变化，这个点云提取形成的弯曲拟合表面称为提取组成要素（extracted integral feature）。为了测量尺寸，使用提取组成要素来明确拟合组成要素（associated integral feature），确定理想几何柱面得到这个尺寸要素的值，然后进行评判。每次测量的拟合组成要素的圆柱面值都不同，这是测量不可避免的变差来源之一。

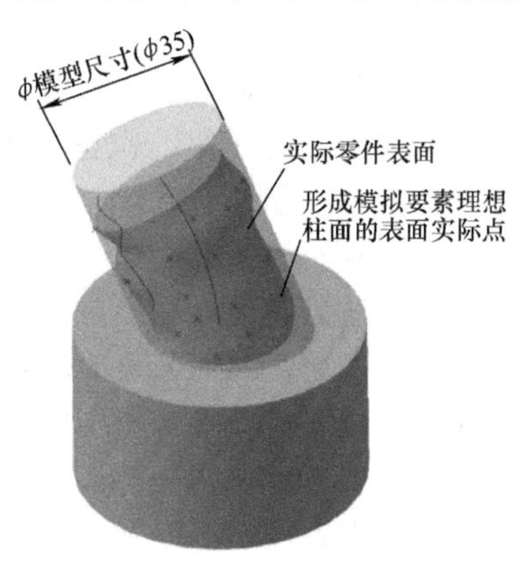

图 1-2　实际零件表面及模拟点云

那测量中如何测量评价这个拟合组成要素？也就是哪些圆柱面部分的实际零件表面相对点的直径尺寸代表测量结果？为了能够解决这个问题，还需要引入一个概念局部尺寸（图 1-4）。每个截面尺寸代表这个圆柱面的局部尺寸，可见，这个圆柱面有无数个截面尺寸，每个截面尺寸用两点尺寸（直径）描述。

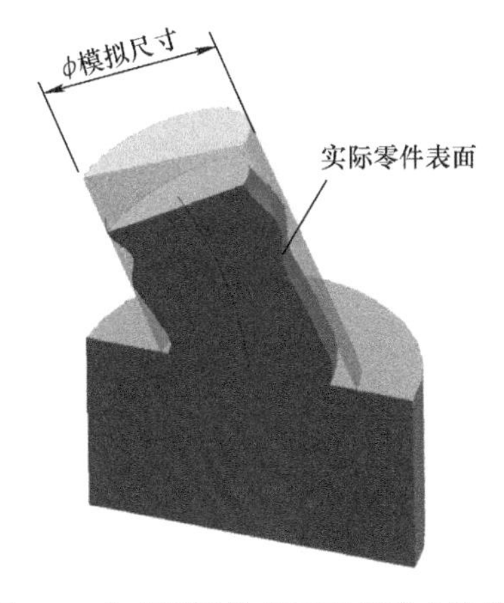

图 1-3　由实际零件表面高点形成的柱面

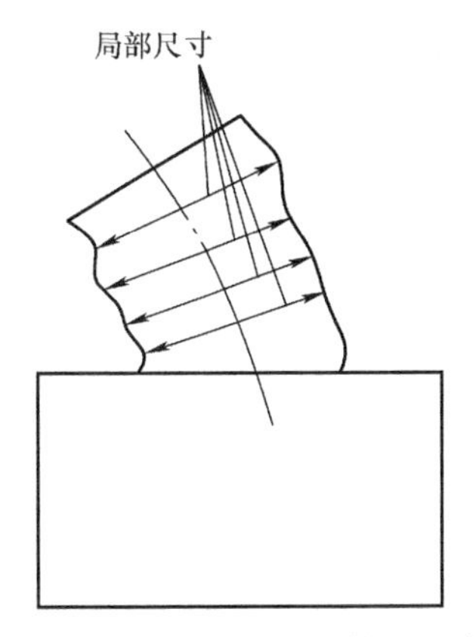

图 1-4　提取表面上的截面尺寸

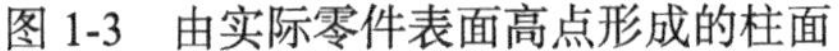

两点尺寸（two-point size）定义是提取组合线性尺寸要素（extracted integral linear feature of size）上的两个相对点距离，即局部尺寸。这里圆柱面上的两点尺寸称为“两点直径”（two-point diameter）。一个柱面的两点尺寸的创建如图 1-5 所示。

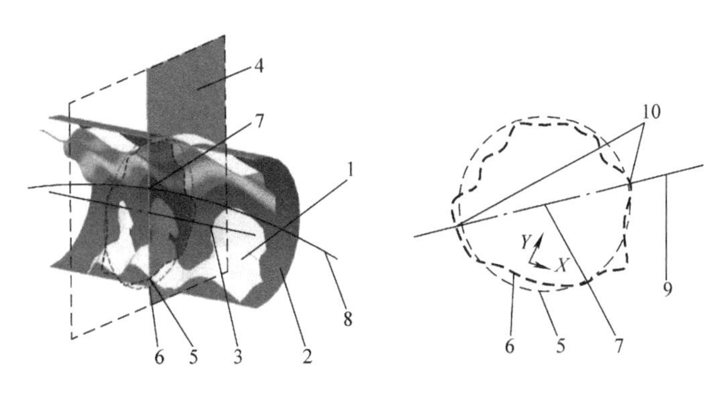

图 1-5　一个柱面的两点尺寸的创建

1—提取组合面（extracted integral surface）　2—拟合圆柱面（associated cylinder）
3—拟合圆柱面轴线（associated axis）　4—主要实现要素（primary enabling feature）：垂直于轴线 3 的相交面
5—提取组合线（Extracted integral line）　6—拟合圆（associated circle）　7—拟合圆心点（center of associated circle）
8—拟合中心线（extracted median line）：所有相交面 4 形成的拟合圆心点 7 的集合
9—次要实现要素（secondary enabling feature）：通过拟合圆心点 7 的直线
10—相对点（opposing point pair）：次要实现要素 9 和提取组合线 5 的交点

以尺寸公差标注的圆柱面的尺寸值究竟如何评估？哪个尺寸是设计的目标尺寸？这些目标尺寸又如何提取拟合？在直径测量前必须要明确这些问题。本书的目的是在介绍几何公差的应用时，也期望读者能够体会几何公差在定义问题的逻辑思维，这样才能提高对于尺寸工程的应用思辨能力。

以上是解决两点尺寸的测量评估的必要过程。但对于这个轴的尺寸的认识还是不够完全。相对点的尺寸只是确定了 ϕ35 这个圆柱面的局部尺寸。局部尺寸只是定义了这个柱面的任意截面，但是整体圆柱面尺寸的评估还需要两个定义，它们是非方向全局尺寸（undirected global size，ISO 术语）即图 1-6 中的无基准参考面（ASME 术语）和方向全局尺寸（directed global size，ISO 术语）即图 1-6 中相关（垂直于）基准 *A* 装配包容面（ASME 术语）。注意图中没有给出相对于基准 *B* 的同轴位置包容面。

这个圆柱面在装配的时候很有可能还要参考其他特征来保证装配，如垂直于 *A* 面和同轴于 B 轴，也就是说这个轴的装配除了两点距离（直径）大小，还要考察这个轴在一段长度的直径（形状）、倾斜于 *A* 面的变差（定向）和同轴于 *B* 圆柱面的位置这三个要素才能充分定义 ϕ35 圆柱面的装配情况，如图 1-7 所示。

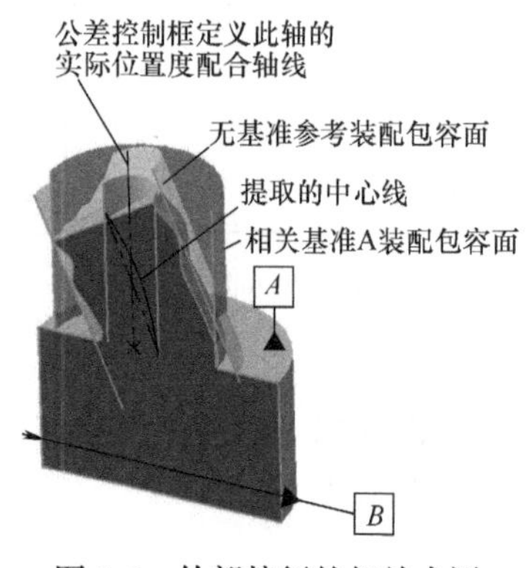

图 1-6　外部特征的相关术语

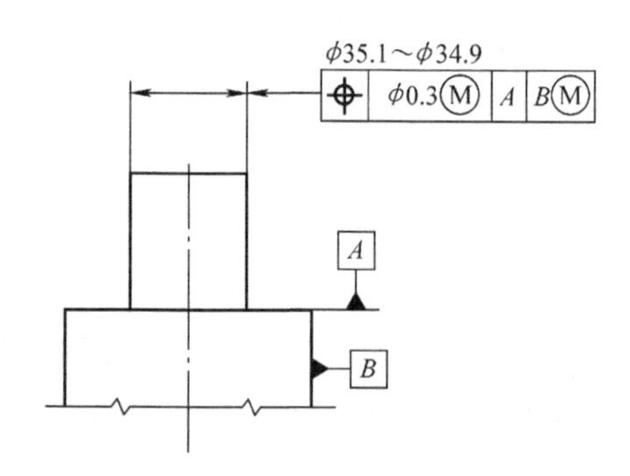

图 1-7　ϕ35 的装配充分定义

图 1-7 是 GD&T 化的符号标注，至此，ϕ35 圆柱面的尺寸才完整地确认了装配边界和测量方法，它的大小、形状、方向和位置都有了充分的定义。如果只有尺寸公差，对于圆柱面的评估缺乏充分的定义，正因为这些补充定义，才有 GD&T 的应用。图 1-8 所示也是定义尺寸公差时的一个问题，需要注意。

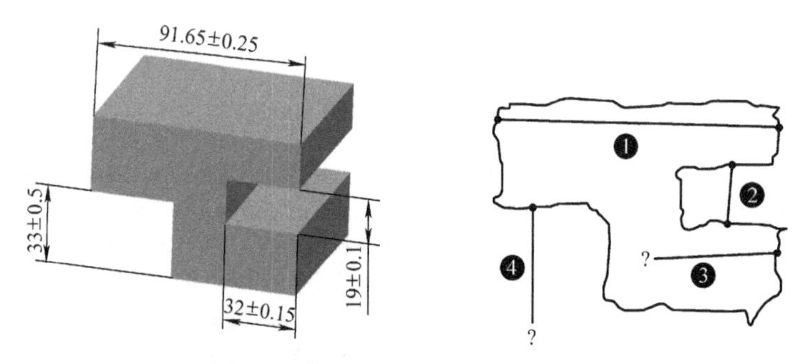

图 1-8　什么是相对点（两点尺寸）

零件有 4 个尺寸，1# 和 2# 尺寸能够在零件实体上找到相对点尺寸（两点尺寸），按照之前的定义方法测量。但是 3# 和 4# 按照之前的定义，不能找到另一个相对点，在逻辑上无法定义，这种几何要素定义就是无法评估的。

这种几何要素如果必须进行尺寸定义，如类似 3# 尺寸的深度，ASME 和 ISO 给出的方法是使用轮廓度定义。

图 1-9 是关于 32 尺寸的推荐定义和极限尺寸。设计者、加工者和检测者在判断逻辑上需要注意在这些公差定义设计上的边界位置。

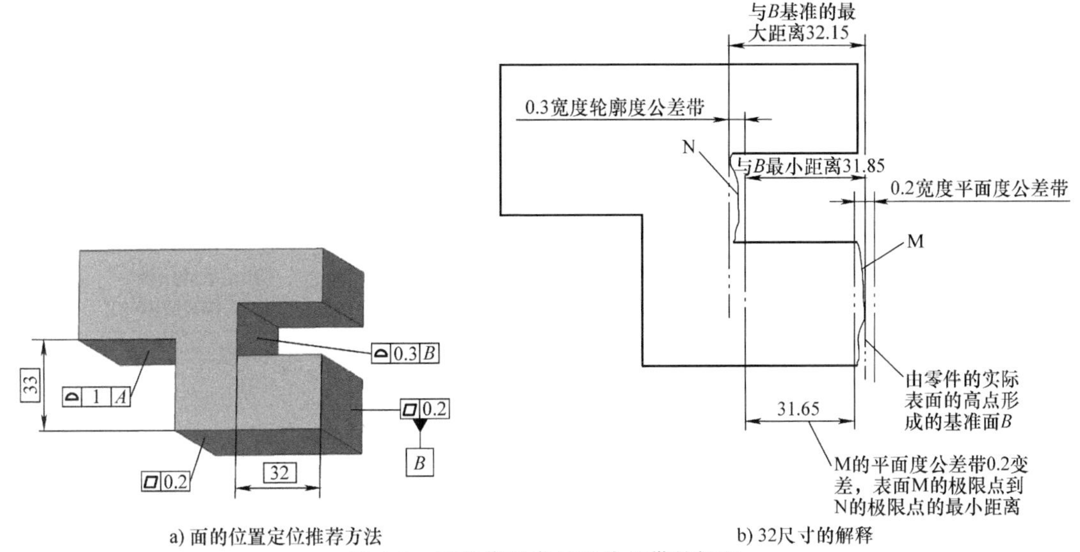

图 1-9　面的位置定义及公差带的解释

二、GD&T 的基本法则和默认法则

GD&T 的第一法则（Rule #1，the envelope principle），即包容原则，是一个重要的默认原则。这个原则是默认尺寸要素的极限尺寸（limits of size）控制形状误差（形状误差包括直线度、平面度、圆度和圆柱度）。

其要求包括：

1）尺寸要素的理想形状边界最大实体要求（MMC）不能被超越，图样和数模会使用真实几何形状 MMC 建立。除非 MMC 理想边界的要求被取消，否则都要遵循这个法则。

2）当规则尺寸要素的实际局部尺寸从 MMC 变化到 LMC，局部要素的形状允许等量的变化。这个原则就是经常提到的补偿原则，至此 GD&T 的公差思维同尺寸公差的思维产生明显的区别。

3）当规则尺寸要素在最小实体要求（LMC）极限尺寸时从真实几何尺寸的 MMC 理想边界得到最大变差。

4）如果零件某些部分没有相对点（两点尺寸），如图 1-10 所示，91.65 尺寸的右侧面有槽中断，在虚线部分没有相对点尺寸（两点尺寸），任何截面的无基准参考装配包容面到实际面上点的实际尺寸不应小于 LMC，即无基准参考装配包容面为参考线对应点作为第二个测量的端点。

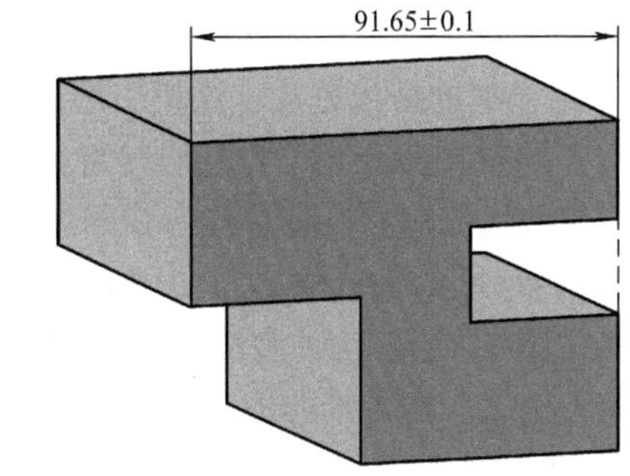

图 1-10　相对点（两点尺寸）

GD&T 的第二法则（Rule #2），即 RFS 和 RMB 的默认法则。这个法则要求公差控制框不声明任何材料修正符号（MMC，LMC）的情况下，默认为 RFS 或 RMB。这里强调跳动控制、面的方向控制、轮廓度控制、圆度、圆柱度，

因为工程的实际需要问题不允许使用 MMC 或 LMC 修正。

第二节　美标 ASME Y14.5 和欧标 ISO 1101 的介绍

一、ASME Y14.5 2018 对比 2009 版主要变化

ASME Y14.5 2018（图 1-11）是为了纠正以前版本定义和描述模糊的内容，对于工程师来说，在设计上按照 Y14.5 2018 版的 GD&T 图样能更有逻辑、更明确地定义产品，使设计的信息能够准确地传达到制造部门、测量部门或供应商。ASME Y14.5 2018 版的另一个重大变化是丰富了基于 ASME Y14.41 的数字化 3D GD&T 标注案例。对于类似三坐标软件中的数学算法规则也有重大改进。因此这次 ASME Y14.5 2018 的更新，对比 2009 版是一次重大的技术革新，使工程师的应用工具更加先进。

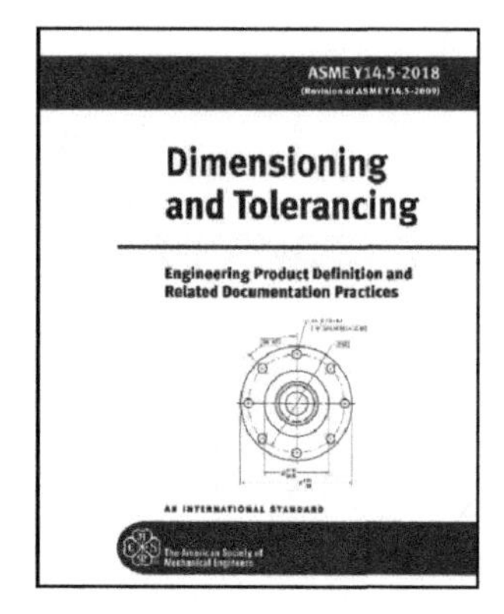

图 1-11　ASME Y14.5 2018 版封面

2018 版对比 2009 版有两个重要的更新对设计工作很有启发。一个是同轴（心）度和对称度的取消（图 1-12），另一个是轮廓度缩放符号的扩展应用。

名称	符号	名称	符号	名称	符号
直线度	—	线轮廓度	⌒	平行度	//
平面度	⏥	面轮廓度	⌓	位置度	⌖
圆度	○	倾斜度	∠	圆跳动	↗*
圆柱度	⌭	垂直度	⊥	全跳动	⌰*
				*箭头可以是填充或空白	

图 1-12　ASME Y14.5 2018 缩编的 12 个控制符号

同轴（心）度和对称度的取消会影响一些工程师在设计中习惯的同轴功能的控制。Y14.5 2018 给出详细的替代方法，这里引用几个主要的应用。

对于同轴（coaxial）控制旋转特征的关系，Y14.5 2018 建议使用位置度、圆跳动或面轮廓度方法替代控制。三种替代方式的建议如下：

1）当特征的轴或面必须使用 RFS、MMC 或 LMC 材料条件修正控制时，建议使用位置度控制（图 1-13）。这种装配条件一般为静态同轴或低速旋转的配合，因为补偿原则会导致同轴偏差更大。对于推荐的三种控制方式，也只有位置度可以使用 MMC、LMC。

2）当特征面必须相对于基准轴时，建议使用跳动控制（图 1-14）。这种情况应用在质量同轴分布均匀要求更严格的情况下。

3）当特征需要进行尺寸、形状、方向和位置的组合控制时，建议使用轮廓度控制（图 1-15）。这种控制方式兼顾了动平衡和几何元素控制。

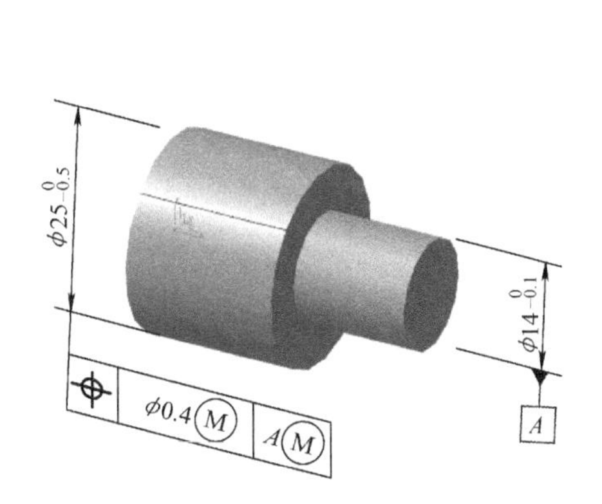

图 1-13　位置度控制同轴

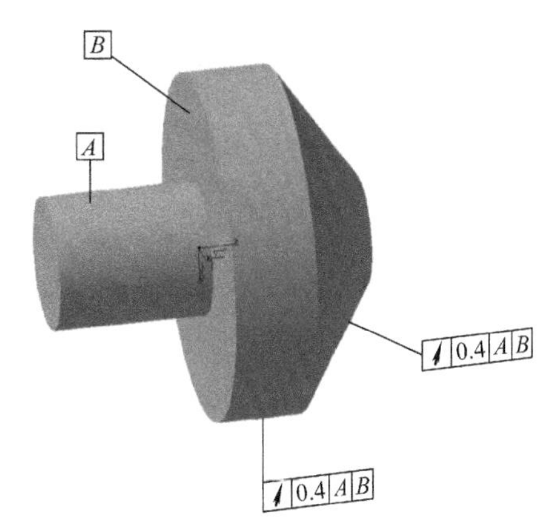

图 1-14　跳动控制进行同轴 A 的控制

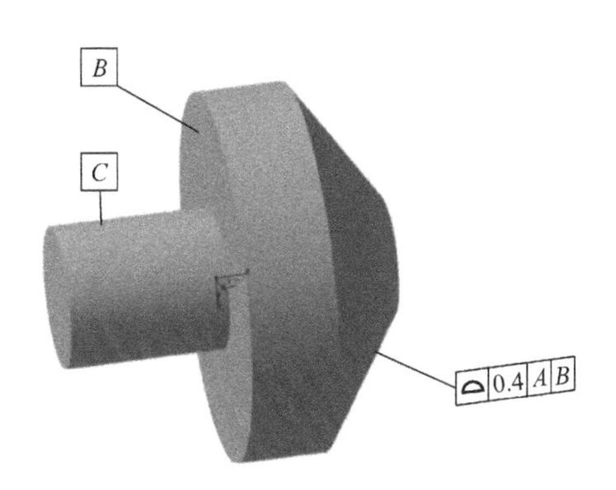

图 1-15　轮廓度进行同轴 A 控制

因为对称度（symmetrical）控制的是平面关系，所以 Y14.5 2018 建议使用位置度和轮廓度替代（图 1-16）。选择替代方式原则如下：当使用位置度控制对称关系时，受控元素的不相关实际匹配面提取的中心面或中心线应该同在准轴线或面的规定公差带要求范围内。

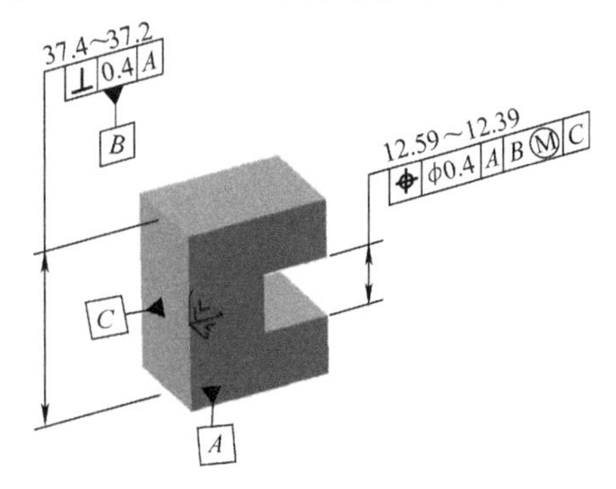

图 1-16　使用位置度控制对称关系

ASME Y14.5 2018 的另一个重大变化是关于轮廓度控制的扩展、缩放功能（图 1-17）。新引入了一个缩放控制符号，应用在更关心形状的比例变化，而不是几何元素大小的场合。

默认条件下，轮廓度公差带定义了特征的真轮廓（true position）。轮廓度静态控制了特征的形状和尺寸；动态轮廓度公差控制符号（Δ）修正是为了实现没有尺寸约束条件下的轮廓度公差带，独立于尺寸约束原则进行形状约束。其目的是丰富扩展轮廓度控制的精细功能（2 个功能增加到 3 个功能）。工程师有了更多的选择。

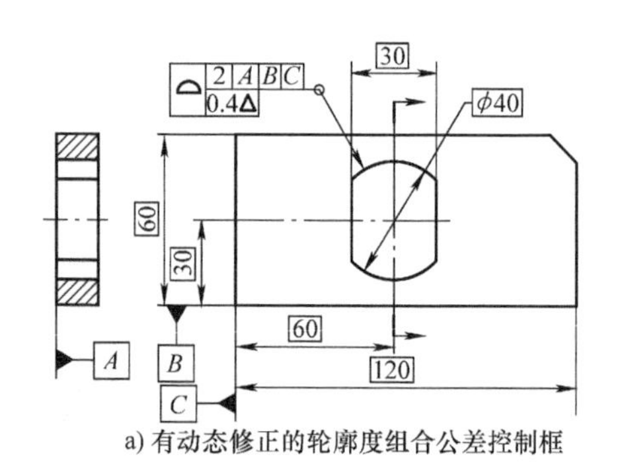

a) 有动态修正的轮廓度组合公差控制框

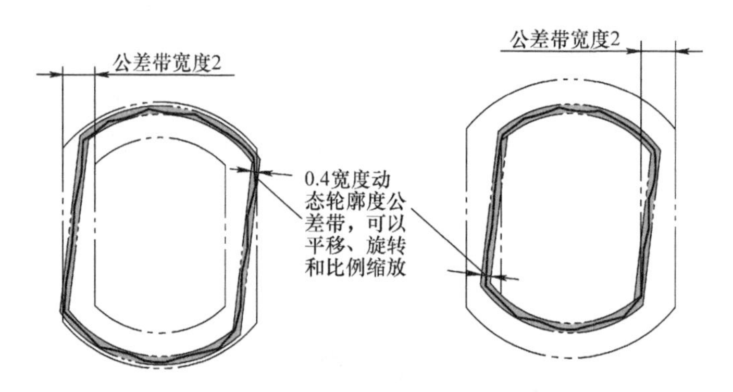

b) 组合公差控制框的缩放修正，可以让0.4公差带脱离原公称尺寸的约束

图 1-17　轮廓度的缩放功能修正

二、美标 ASME Y14.5 2018 和欧标 ISO 1101 2017 的区别

本节内容需要参考后面章节的位置度内容，如果是初学者，最好先完成位置度内容的学习再学习本节。

GD&T（ASME 标准的缩写）和 GPS（ISO 1101 标准的缩写）在标准上属于不同的发起区域，但它们都影响广泛。这两个标准在制定中也经常相互借鉴，目前来说 GD&T 和 GPS 在术语和规则上有 80% 以上相同。据行业预测，这两个标准最终会融合成一个标准。但即使是目前状态，大多数情况 GD&T 和 GPS 也可以相互解读，要注意的是 GD&T 默认包容原则，GPS 默认独立原则，在后续章节会列出这些不同点。

国标 GB/T 1182 同 ISO 1101 内容差异不大（图 1-18），这里不再扩展介绍。

基于应用的目的，这里重点介绍一下关于阵列元素（pattern features）的控制理念和方法在 GD&T 和 GPS 两个体系中的差别。

阵列元素的控制是装配设计中比较重要的定义方法。零件间的装配，对于可拆卸的装配设计，都需要至少两个以上的安装特征（如孔、轴或槽等）来实现。因此阵列元素的公差定义方法是设计活动的重要内容。

阵列元素是一组有相同几何要求的几何要素（如孔、轴或槽等），比如发动机缸盖的安装螺钉孔（图 1-19）、芯片的触点等。这方面的应用比较复杂，是几何公差的高级应用。GD&T 和 GPS 对于阵列公差的定义语法上有差异，但是两个标准的工程理念都是相同的。

GB/T 1182—2018 封面

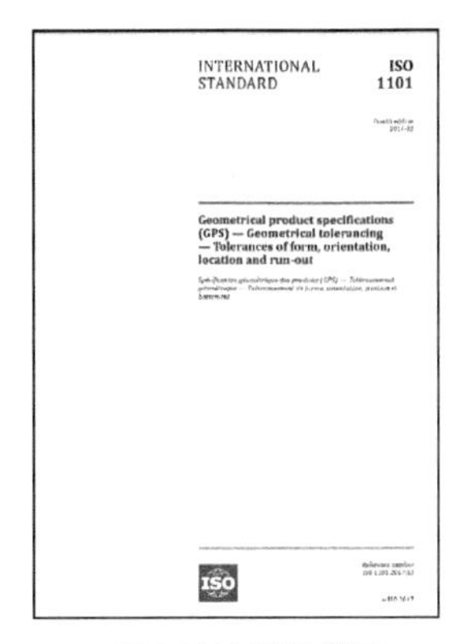

ISO 1101 2017 封面

图 1-18　国标和欧标的几何公差标准封面

图 1-19　发动机缸体上到处可见阵列孔

GD&T 和 GPS 两种方式都是通过解锁一个或几个自由度的方式来实现有意义的控制。先看一下 GD&T 的阵列元素的定义方法。

GD&T 使用组合公差控制框的方式来定义解锁自由度的方法，阵列元素的公差分成两部分来定义：

1）整体浮动 (PLTZF)：约束整体阵列相对基准框架的位置。

2）阵列内几何元素之间的约束 (FRTZF)：几何元素之间的方向和定位。

实现方法是用组合公差控制框，一般是第一行控制阵列整体位置浮动，其他行变为方向浮动，公差值依次加严（变小）。两行公差控制框名称为

PLTZF（Pattern-locating tolerance zone framework）：定义阵列位置。

FRTZF（Feature-relating tolerance zone framework）：定义特征间的相对位置和方向。此行的基准在某些情况下只是标识引用基准框架，无约束意义。

如图 1-20 所示，3 个孔元素有统一的公差要求（相同的基准框架和公差值），因此是阵列元素控制方法，组合公差控制框被引用定义。第一行公差控制框（PLTZF）控制这 3 个孔在板上的整体浮动量为 ϕ0.5（孔为最大实体尺寸 ϕ14，当向 LMC 变动，达到 ϕ14.2 时可以得到最大位置度 ϕ0.7，根据公差第一原则）。第二行公差控制框（FRTZF）约束 3 个孔元素之间的相对位置，同时约束 3 个孔对于 *A* 基准面垂直度，这 3 个垂直于 *A* 基准面的公差带

值为 ϕ0.1（孔为最大实体尺寸 ϕ14，当向 LMC 变动，达到 ϕ14.2 时可以得到最大位置度 ϕ0.3，根据公差第一原则）。这 3 个孔的检测也需要分两次进行，因为它们在不同的基准框架约束上。以上的例子是组合公差控制框对于孔元素阵列的约束方法，另外常用的是针对轮廓度的定义应用。本节的内容主要目的是对比 GD&T 和 GPS 的理念和方法，后续轮廓度章节将详细介绍关于阵列面元素的定义方法。

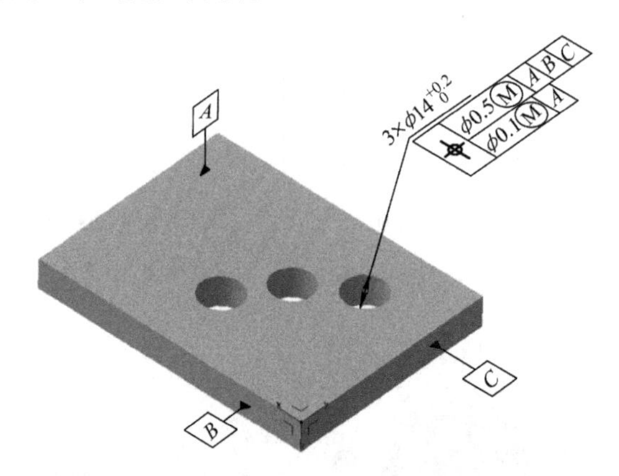

图 1-20　GD&T 的组合公差控制框控制组合孔的方式

相对于 GD&T，GPS 在定义阵列元素时的符号更多，语法更加复杂，相关要求在标准 ISO 5458 中。国标 GB/T 13319 是对应欧标 ISO 5458 关于阵列元素的标准，国标内容改动很大，实际没有引述 ISO 5458 的定义方法，而是采用了 GD&T 同样的组合公差控制框的方式。

GPS 在阵列元素的定义理念上和 GD&T 是相同的，都是通过解锁不必要的基准约束来实现阵列元素的变差。这是阵列元素的本质决定的。

GPS 阵列元素解锁自由度的方法：

1）外部约束：参考基准的整体变差。

2）内部约束：阵列内各个几何要素之间的方向和定位。

其实现方法也是一行或多行公差控制框，但与 GD&T 的组合公差控制框方法不同。GPS 使用的多行公差控制框，每一行按照既定的语法判断，通常先定义内部约束（相当于 GD&T 的 FRTZF），再定义外部约束（相当于 GD&T 的 PLTRZF），因此公差值依次宽松（变大），这与 GD&T 顺序相反。虽然有可能使 GD&T 的学者不习惯，但是这也提高了辨识度，能够一下分辨出技术文档是遵循 GD&T 还是 GPS 体系。GPS 所使用的解锁自由度方法通过修正符号实现，包括：

SIM：同步要求（simultaneous requirement）。

CZ：组合公差带（combined zone）。

CZR：仅旋转控制组合公差带（combined zone rotational only）。

以下是在 ISO 5458 中给出的应用案例。

图 1-21 的定义为 4 × 2 阵列形式。这个应用类似于 4 个开关安装在一个基座上，每个开关有两个安装点。对于每个开关的装配如果只是控制美观，那么 4 个开关的间隙就需要进行控制，但是即使间隙不均匀，也不会影响这个零件的性能。这就要求每 2 个孔的尺寸需要精确定位，但是 4 组孔不需要同样的严格要求，只要 4 个开关不安装到基板以外或相互碰撞就可以。

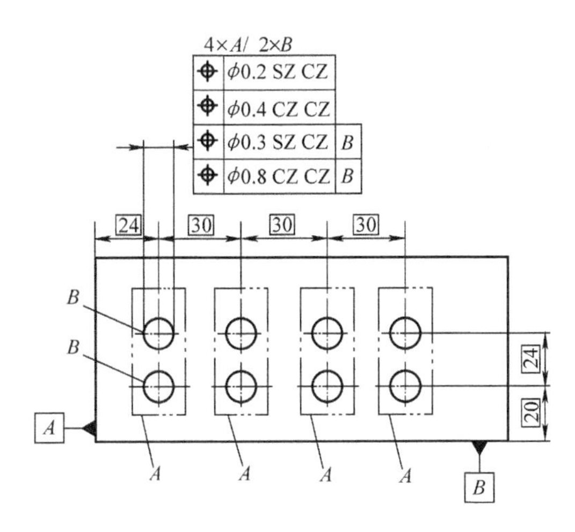

图 1-21 GPS 的阵列要素定义案例（ISO 5458）

这种技术在电子、半导体行业应用比较广泛，如图 1-22 所示。比如芯片的贴片精度、PCB 的触点精度，这些紧凑的设计在加工制造过程中的保证手段就是使用这种阵列元素控制方法实现。

在电路板贴片精度的应用

纳米级的芯片内部精度应用

图 1-22 电子行业产品有密集的阵列特点

下面通过解释图 1-21 来了解欧标的阵列元素控制特点。

第一行：4 × *A*/2 × *B*

4：表示 4 组孔，图样上 *A* 符号指定的几何元素。

2：表示每组 2 个孔，图样上 *B* 符号指定的几何元素。

第二行： ⌖ | ϕ0,2 SZ CZ

公差要素：2 个提取中心线要素，无基准。

公差带：两个 ϕ0.2 圆柱面公差带相互平行，且互定位在 24 的距离上。

第三行： ⌖ | ϕ0,4 CZ CZ

公差要素：8 个提取中心线要素，无基准。

公差带：8 个 ϕ0.4 圆柱面公差带相互平行，且互定位竖直方向 24、水平方向 30 的距离上。

第四行： ⌖ | ϕ0,3 SZ CZ | B

公差要素：2 个提取中心线要素，参考 *B* 基准。

公差带：2 个 ϕ0.3 圆柱面公差带相互平行，且互定位距离 24，距离 B 基准 20。

第五行：⌖ | ϕ0.8 CZ CZ | B

公差要素：8 个提取中心线要素，参考 B 基准。

公差带：8 个 ϕ0.8 圆柱面公差带相互平行，且互定位竖直方向 24、水平方向 30，距离 B 基准 20。

以上的 GPS 定义方法比 GD&T 的表达方法复杂，但是如果产品嵌套多级子组，要求精密，比如电子行业电路板的贴片、芯片内部的结构，使用 GPS 表达明显更精确。在这些高精度产品的自动化控制中，GPS 在算法上更好实现。目前国家在大力发展半导体行业，需要考虑该技术的应用。

GD&T 和 GPS 另一个差别要点是在默认原则上的规定。

GD&T 在 ASME Y14.5 中默认同步原则，如果需要表示独立原则，则需要在公差控制框旁注明 SEP REQT。

GPS 在 ISO 1101 2017 和 ISO 5458 2018、ISO 8015—2011 中规定默认独立原则，这与 GD&T 默认包容原则明显不同。

图 1-23 所示有两组阵列孔，4 个 ϕ15 的孔和 4 个 ϕ8 的孔，两组孔有不同的公差要求。因为参考的基准框架相同，都是 B 和 A 基准，这两组孔有可能需要各自独立检测（宽松要求），也有可能同步要求（加严）。工程师必须在图样上明确这个要求（2 组孔独立或同步）。如果没有任何符号，表示 2 组孔独立检测。GPS 使用 SIM 符号表示具有相同基准框架的阵列元素中，哪几个组是同步或独立要求。因为图 1-23 的两组孔有 SIM 符号，所以两组孔为同步要求，也就是一次基准设置检验。

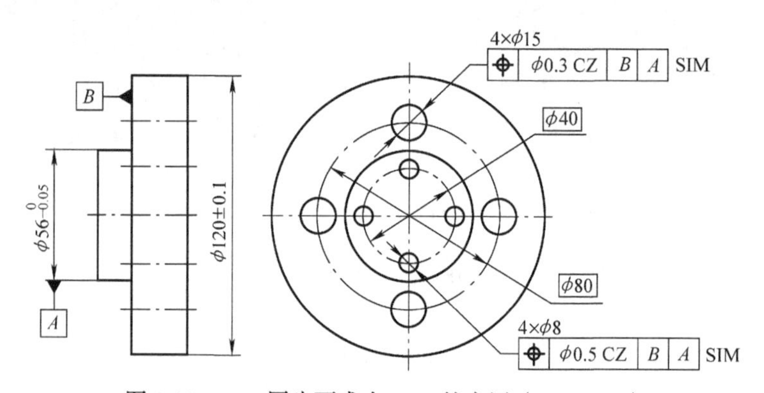

图 1-23　SIM 同步要求在 GPS 的应用（ISO 5458）

注意这是和 GD&T 不同的语法规则的地方，GD&T 在默认（没有任何符号）的情况下，表示同步要求。

三、图样上的三种尺寸公差

图 1-24 所示为三种常见的线性尺寸，图 1-24a 所示为公称尺寸不包含公差。公称尺寸用来定位公差带的位置。公称尺寸被包含在矩形框内在图样上表示出来，并非需要检测的尺寸。

一个特征的理想尺寸或定位就是公称尺寸，距理想尺寸允许一定范围内的偏差，就是传统的尺寸公差。公差是被用来控制特征的加工变差。被控制的特征（如孔、轴、槽、面等）

通常会有一个公称尺寸和公差控制框（如位置度，轮廓度等）联合控制。控制框中的公差规定了相对于理想尺寸的偏移量。

公称尺寸不意味着零件上的特征必须符合理想位置或尺寸。这些公称尺寸只用于理想的定位或理想的尺寸，公差给出了允许的偏移量，并显示于控制框中。公差可以要求的较窄（成本高）或者很宽（低成本）。

公称尺寸就是图样上或数模上标注或量取的尺寸，是一个特征的理想尺寸。公称尺寸定义了特征的理论轮廓线或公差带的起始位置，体现的是设计者的设计趋势。这不同于基孔制或基轴制配合的相关标准中公称尺寸的定义，例如，这种标注方式在 GD&T 中是不允许的。公称尺寸 23.0 落在公差带之外，不是设计或加工的理想尺寸。公称尺寸 23.0 在基轴 / 孔制中不是设计者的设计趋势。

图 1-24b 所示线性尺寸为参考尺寸，通常是尺寸链中作为工艺参考的验证尺寸，一般为尺寸链中的冗余尺寸，同样不需要检验。参考尺寸在图样中应标注在括号内。

如果公称尺寸后有公差就是尺寸公差，如图 1-24c 所示。这样的尺寸是需要检验的。在图 1-24d 中，这个尺寸标注的公差默认在标题框中。通常这些尺寸如果没有特殊要求，不需要检测，通常由生产过程中的设备保证精度。GD&T 要求只有非功能性的尺寸可以使用默认公差。

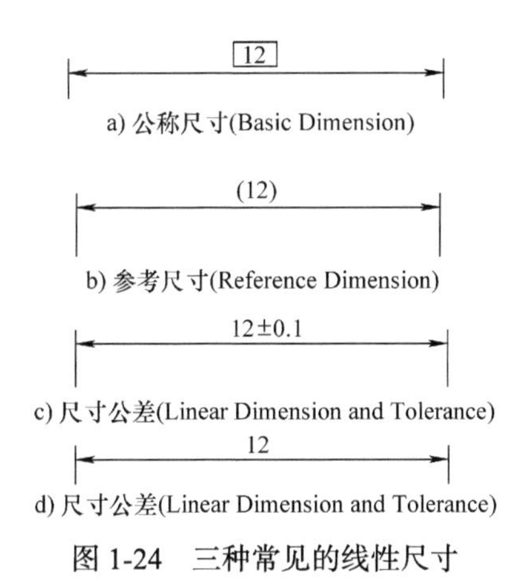

图 1-24　三种常见的线性尺寸

四、几何公差和尺寸公差的比较

1. 公差带的比较

首先我们从这个经典的例子说起，图 1-25 所示是一个孔位置和大小的尺寸公差定义，并示意出这个尺寸公差控制的正方形公差带。

通常情况下尺寸公差带是正方形的，在一些特殊的要求下（如保证某一方向上的壁厚或特定的功能），尺寸公差带也可能是矩形的。

在实际装配中，孔和轴的真实配合间隙在 360° 方向上都是相等的。这就意味着配合轴的浮动范围（轴的轴心线的位置公差带）应该是一个圆柱面。因此实际装配情况的公差带要求与尺寸公差定义的矩形公差带形状上是不相符合的。

正方形的公差带没有反映出孔的实际装配条件。轴的轴心线在矩形的公差带内浮动，在

360° 方向上距离理论的装配中心是不等的。轴心线处于正方形的对角线位置是最差边界，距离理论装配中心最远，导致装配间隙最小。轴心线处于正方形的 4 个正交方向上配合间隙相较对角线的位置点要更接近真实位置的中心。因此为了保证装配间隙或避免干涉，设计者应该以最差边界，就是这个矩形公差带的对角线的距离来计算。但是通常的做法，都是以正交方向上的浮动距离来计算，这就导致了产品在最终成品上的干涉风险。

可以判断出，这个实际配合的圆形公差带外切于尺寸公差的正方形顶点。即如果正方形的公差带能够满足配合，那么以这个正方形对角线为直径的圆柱也能满足装配。对于这个装配的实际圆柱面公差带，我们可以如图 1-26 所示进行等效 GD&T 设计，这个位置度公差控制方式描述了一个柱面公差带 ϕ 1.4，为正方形公差带的对角线长度。

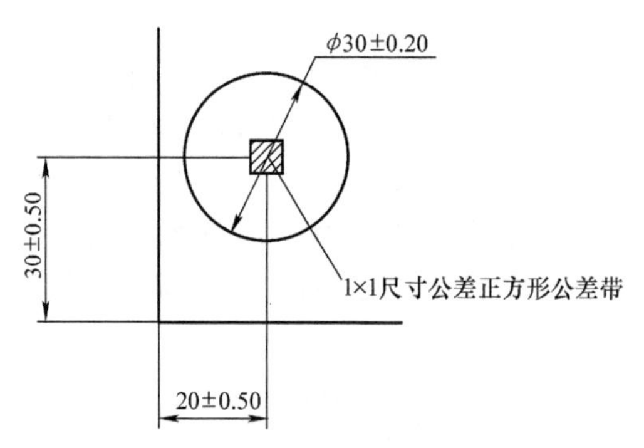

图 1-25 尺寸公差约束的公差带

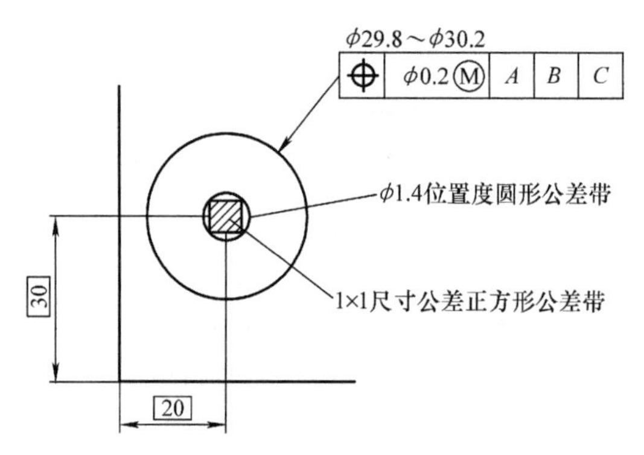

图 1-26 几何公差（位置度）约束的等效公差带

如果实际零件尺寸落在圆和正方形不相交的区域，就意味着合格的零件被当作不合格的零件拒收。这一部分的面积是尺寸公差带不可避免产生的，造成了浪费，同样地，也因为公差控制更严，加工成本也会增加。

两种公差带的面积计算比较如下：

正方形的尺寸公差带：

$$S_1=1 \times 1\text{mm}^2=1\text{mm}^2$$

圆形的几何公差带：

$$S_2 = \pi \times \left(\frac{\sqrt{2}}{2}\right)\text{mm}^2 = 1.57\text{mm}^2$$

两种公差标注的面积差：

$$S_0=S_2-S_1=(1.57-1)\text{mm}^2=0.57\text{mm}^2$$

几何公差比尺寸公差带多出的面积比：

$$S_0/S_1=57\%$$

几何公差的公差带比尺寸公差的面积区域大出 57%（见计算式），并且，如果应用最大实体要求，意味着当尺寸由最大实体尺寸增大到最小实体尺寸时，这个值还可以随着扩大，这就是几何公差中的公差补偿。更大的公差意味着更加经济。但是不应该判断至少 57% 的零件被浪费掉了，因为稳定生产的零件尺寸遵循不相关随机分布，是一个正态分布，特点是零件的尺寸集中在中值附近，如果确认相关的标准差，就能计算出浪费的 57% 面积产生的不合格零件数量。

对于这个装配孔，要满足装配功能，需要一个位置公差。尺寸公差定位这个孔的公差带是一个方形，如图 1-25 所示。如果不考虑壁厚影响和其他特殊要求，在此例中几何公差规定的公差带应该是一个圆形。就是这个孔和轴的装配在任何方向上应该是等间隙的，如图 1-26 所示。假设一个螺栓穿过此孔，合理的理解是围绕螺栓在任何方向上的间隙（即设计公差带）的分布是均匀的（圆形的公差带）。但是很明显，尺寸公差的公差带的分布是不均匀的，对角线方向上的变化最大，这就导致了方形公差带必须内切于圆形公差带，牺牲了空白区域内的公差带，尺寸公差无法描述这一合理公差带区域。位于这个区域内的公差（实际能够满足装配）被作为不合格的零件检出。这部分的面积比达到了 57%！从这个例子可以看出，尺寸公差定义方式缩小了可用公差带的大小。这就意味着，合格的零件被误判，造成浪费。而缩小公差带，也增加了工艺成本。并且几何公差定义的公差带不是固定的，可以应用公差补偿的理念，获得额外的公差面积，能够进一步降低生产成本；而尺寸公差定义的是一个固定的公差带，无法优化，给公差分配带来困难，成本相对较高。

尺寸公差的矩形公差带无法适应复杂的装配。对于异型孔，如锁孔特征的公差带是何种形状呢？另外一些工程图的标注习惯是将长圆孔的位置度描述成圆形，或者尺寸公差的矩形，要注意这些标注方式会造成最终无法装配的风险。对于公差带的理解直接关系到检测销的形状设计。在讲述位置度的时候会详细解答这个问题。

几何公差的公差带可以按照实际的装配要求去定义，也容易验证，能够实现检具检验。

2. 基准的问题

尺寸公差往往需要假设测量基准点，造成两个配合零件即使都按照图样制作，也可能造成实际不能够装配在一起，如图 1-27 所示。

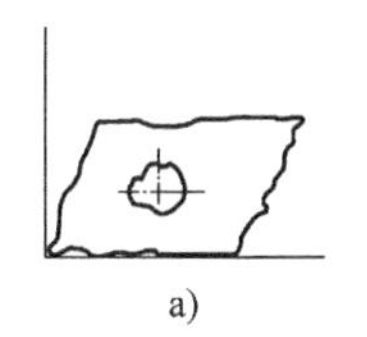
a)

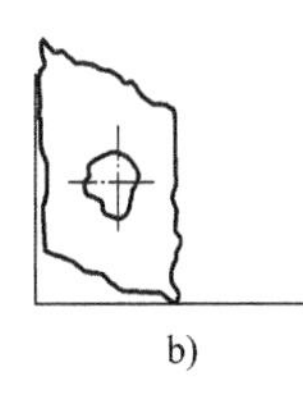
b)

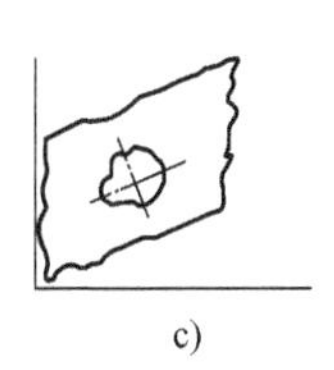
c)

图 1-27 尺寸公差的基准不确定性

对于任何实际加工零件，如图 1-28 中的孔板，在微观状态下会产生这种平行四边形的情况。这个零件如果在设计的时候以底边定位，设计者无法使用尺寸公差语言来表达这个要求。当加工者或其他的供应商无法直接与设计者沟通时，会按照设备的情况进行工艺定位加工中间的孔，如图 1-27b 所示。这种假设按照尺寸公差图样理解没有错误。检测者也可能假设出另一个测量基准来测量中间的孔，如图 1-27c 所示。从这个流程可以看出，尺寸公差存在合理假设，描述逻辑不严密造成了最终检测可能合格，但是无法完成装配的情况。基准的不确定造成了项目的风险。

图 1-28 存在两种合理的解释：①先加工孔 *B*，然后由孔 *B* 定位加工 *A* 边；②先加工边 *A*，然后由边 *A* 定位加工孔 *B*。这两种工艺方式实际上在一定精度要求下会造成明显的变差。类似存在假设的尺寸公差标注还有很多。假设就意味着多种可能，处于假设状态的设置也会因人不同。对于复杂的零件，这种基准不明的情况会导致不同的公差积累结果。图 1-27 和图 1-28 的标注不能明确加工的工艺和测量的基准。

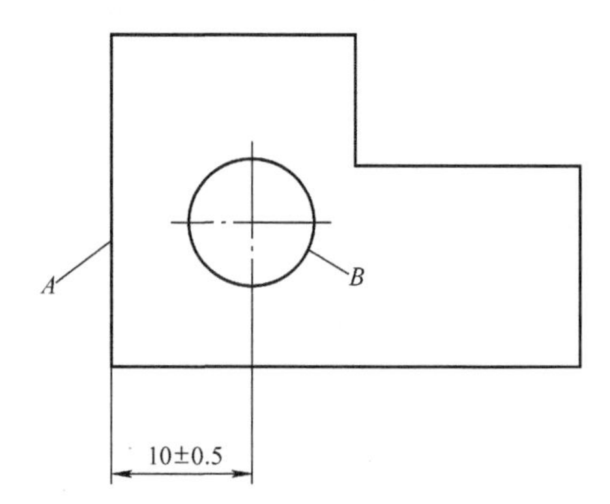

图 1-28　尺寸公差的工艺不确定性

（不能确定是孔定位边，还是边定位孔）

另外，尺寸公差不能体现实际测量加工或工装检具设计时基准选择的顺序性。几何公差有完善的基准定义。这个优点虽然是几何公差的核心内容，但不是被很多人了解。基准的不同设置会产生不同的加工结果，这个在尺寸公差中也会体现，一个复杂的零件，对于一个有经验的工程师，他会将所有的尺寸尽量设置在一个基准点上，也就是说所有的测量起始于相同的一点，但不能解决所有的基准定位问题。

总之，尺寸公差体现不了基准顺序，有时候缺少测量的基点，并很难描述一个复杂零件。一个零件在空间中有六个自由度，几何公差可以很容易地通过基准约束这些自由度，而尺寸公差没有这方面的功能。

本章内容问题练习：

1）什么是真实位置度（true position）？

2）请给出图 1-29 轴的两点尺寸验收测量方法。

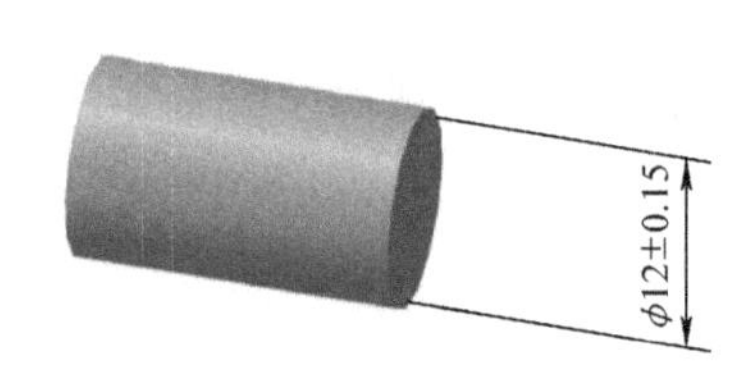

图 1-29　轴的直径验收

3）请分析图 1-30 标注合理吗？会有什么歧义？如何能够准确评估圆的位置？

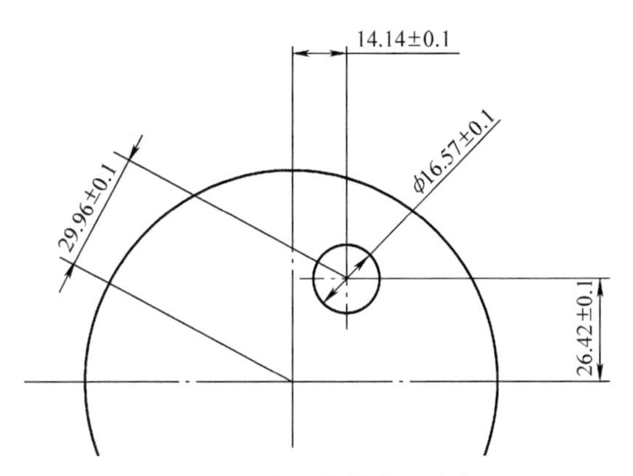

图 1-30　中心点的位置定义

4）请叙述 GD&T 的第一法则和第二法则。

5）请叙述 GD&T 的 CF（组合元素，continuous feature）和 GPS 中的 UF（组合元素，united feature）定义的区别？

6）请列出进行同轴控制的 GD&T 方法有哪些？

第二章　几何公差的符号

第一节　几何公差的公差控制符号

几何公差符号的功能是传递尺寸控制信息，是图样或技术文档中组成工程语言的基本语言要素。本文基于标准 ASME Y14.5 2018 版的内容介绍几何公差主要应用的符号。

从 ASME Y14.5 2018 开始，几何公差控制符号由 14 个缩减到 12 个，原来的同心（轴）度和对称度因为在定义上不明确，因此被取消（其中对称度是 ASME Y14.5 历史上第二次被取消）。图 2-1 是 Y14.5 的 12 个公差控制符号。

CHARACTERISTIC	SYMBOL	CHARACTERISTIC	SYMBOL	CHARACTERISTIC	SYMBOL
STRAIGHTNESS	—	PROFILE OF A LINE	⌒	PARALLELISM	//
FLATNESS	⏥	PROFILE OF A SURFACE	⌓	POSITION	⌖
CIRCULARITY	○	ANGULARITY	∠	CIRCULAR RUNOUT	↗*
CYLINDRICITY	⌭	PERPENDICULARITY	⊥	TOTAL RUNOUT	⌰*
				*Arrowheads may be filled or not filled	6.3.1 3.64

名称	符号	名称	符号	名称	符号
直线度	—	线轮廓度	⌒	平行度	//
平面度	⏥	面轮廓度	⌓	位置度	⌖
圆度	○	倾斜度	∠	圆跳动	↗*
圆柱度	⌭	垂直度	⊥	全跳动	⌰*
				*箭头可以是填充或空白	

图 2-1　Y14.5 的 12 个公差控制符号的中英文列表

被取消的两个符号：

同心（轴）度：◎。

对称度：⌯。

与 ASME Y14.5 2018 同期更新的 ISO 1101 2017 和 GB/T 1182—2018 的控制符号仍保留同心（轴）度和对称度。关于 GD&T 中这两个控制符号的替代应用问题请参见本书的第一章第二节内容。

12 种几何公差控制（下文简称 GD&T）方式分为三类：

1. 不相关性控制方式（形状控制）

形状控制含直线度、平面度、圆度、圆柱度。

不相关控制方式即不能参考基准使用，由四个形状控制组成，经常用于零件建立的主基准的定义。通常用平面度定义零件的第一个基准面，第二、第三基准相对这个平面顺序定义零件的参考坐标系；或用圆度定义零件的第一个圆柱面作为这个零件的整体的参考基准轴线，常见如轴承或阀体的内外圆柱面。

圆度和圆柱度因为检测方式困难、设备成本高、检测节拍时间长、对操作者的技能有要求，所以不是必要情况下、不推荐用圆度或圆柱度控制。圆度控制通常使用在轴承安装孔、

阀或有均匀间隙、过盈量要求的产品上。

2. 相关或不相关方式（轮廓控制）

轮廓控制含线轮廓度、面轮廓度。

轮廓度定义方式可以独立使用（不参考基准），等同于形状控制功能。除了包含四个形状控制的规则几何元素外，轮廓度还可以控制不规则的轮廓形状。当轮廓度是相关方式（参考基准）时，一般使用在不连续面的定义上，或者是产品外观面的控制。把轮廓度排列在这个位置是因为，轮廓度通常补充形状控制，作为主基准的定义。

3. 相关方式（定向控制、定位控制和跳动控制）

（1）定向控制（倾斜度、垂直度、平行度）　这三个控制方式必须参考基准使用。因为这三个控制方式不能够定位位置，所以是辅助功能控制方式。通常倾斜度和平行度很少应用，主要使用的是垂直度，接续形状控制的主基准，来定义第二、第三基准面或基准孔，完成基准的定义。

（2）定位控制（位置度）　定位控制必须参考基准，是 GD&T 的装配设计、同轴设计采用的控制方式。在 GPS 的符号清单中，位置度标记可以不参考基准。其实在 ISO 5458 标准里的补充说明是针对阵列元素的设计的，只是不参考外部基准，没有基准的位置度是没有意义的。

（3）跳动控制（圆跳动、全跳动）　跳动控制必须参考基准，这是不同于圆度和圆柱度的重要特点。跳动控制通常被应用在高速旋转且要求动平衡的零件上，通过控制质量绕旋转轴线分布均匀来减少零件振动。

第二节　几何公差的修正符号

表 2-1 列出了 GD&T 常用的修正符号。通常 12 种公差控制方式需要结合这些修正符号完成一个几何元素的定义，这些公差控制方式因此能够产生丰富的变化。

表 2-1　几何公差修正符号

名称	符号
最大实体要求（应用于公差值）　MAXIMUM MATERIAL CONDITION 最大实体边界（应用于基准）　MAXIMUM MATEIRAL BOUNDARY	Ⓜ
最小实体要求（应用于公差值）　LEAST MATERIAL CONDITION 最小实体边界（应用于基准）　LEAST MATERIAL BOUNDARY	Ⓛ
平移　TRANSLATION	▷
投影公差　PROJECTED TOLERANCE ZONE	Ⓟ
自由状态　FREE STATE	Ⓕ
贴切要素　TANGENT PLANE	Ⓣ
不等边分布　UNEQUALLY DISPOSED PROFILE	Ⓤ
独立原则　INDEPENDENCY	Ⓘ
统计公差　STATISTICAL TOLERANCE	⟨ST⟩

（续）

名称	符号
联合要素 CONTINUOUS FEATURE	⟨CF⟩
直径 DIAMETER	ϕ
球直径 SPHERICAL DIAMETER	Sϕ
半径 RADIUS	R
球半径 SPHERICAL RADIUS	SR
受控半径 CONTROLLED RADIUS	CR
方形 SQUARE	□
参考 REFERENCE	( )
弧长 ARC LENGTH	⌒
尺寸起始点 DIMENSION ORIGIN	⌖→
区间 BETWEEN	↔
全周（轮廓） ALL AROUND	↙○—
全表面（轮廓） ALL OVER	↙◎—
动态轮廓度 DYNAMIC PROFILE	△
区间方向 FROM-TO	→

注：术语的中文翻译参考 GB/T 1182—2018。

1）最大实体要求 Ⓜ：可缩写为 MMC、MMB，代表材料最多的状态。MMC 修正公差值，MMB 修正尺寸要素基准。最大实体是公差第一法则包容原则的变化公差的具体应用，这个应用可以保证在不影响装配质量的前提下，尽可能放大可用公差。因此使用最大实体要求是为了节省成本。因为主要以装配为目的，所以最大实体配合位置度应用的情况最多。但 MMC 不可以应用到轮廓度、跳动等控制方式。

2）最小实体要求 Ⓛ：可缩写为 LMC、LMB，代表材料最少状态。LMC 修正公差值，LMB 修正尺寸要素基准。公差第一法则中，如果 MMC 是理想边界，那么 LMC 代表最大公差变差值点（也就是工艺最优化的尺寸点）。用 LMC 修正的公差值图样很少见，LMC 在功能上适合应用于材料有加工余量要求的情况，如铸造件的毛坯尺寸要求，另一个常用的应用是电路板上的触点位置要求。LMB 修正基准的情况在过去一段时间都认为不适合，因为 LMB 修正的基准都在零件的材料内部（干涉），实物检具上零件和基准不能够装配。但是因为先进的数字化测量工具的使用，允许在零件上建立虚拟基准，就不存在实物装配的问题，这样的项目应用也逐渐多起来。

3）自由状态 Ⓕ：表示在不受到除重力以外的约束力下进行测量评估。在车身冲压件、内外饰注塑件这样的柔性零件设计时十分关键，主要是配合轮廓度的应用。与这个术语相对的是受约束（constrained），定义是除重力外，还受到其他外部力下的测量评估。这两个术语就是通常检具或工装上夹紧或非夹紧状态下测量。在后续章节将结合轮廓度给出详细的应用方法。

4）统计公差符号〈ST〉：是图样上的关键尺寸标识，这些符号标识的尺寸需要进行 SPC 跟踪，在 IATF 16949 中规定这些图样上的关键尺寸也需要进行特殊管理，进行 Cpk 和 Ppk 的跟踪，是 PPAP 文件的关键提交内容。一般汽车公司都有自己的关键特性符号，图样上其他重要的特殊尺寸符号还有同法规相关的安全特性符号、排放特性符号。

这些修正符号丰富了以 12 种控制方式为主的几何公差定义方法，产生上百种控制组合，能够准确地描述工程师的设计意图。这些修正符号是 GD&T 的应用内容特点。在介绍 12 种公差控制方式中会展开这些修正符号的应用。

不相关原则有 RFS（regardless of size）、RMB（regardless material boundary）。

按照公差原则二，因为 RFS/RMB 在公差控制框中是默认条件，所以 RFS 在公差控制框中没有符号，但是 RFS/RMB 非常重要，几乎所有零件都应用这个符号修正。在检具工装设计上也有应用。RFS/RMB 起到装配对中的作用，对中装配的目的是获得均匀间隙的径向密封、如阀体装配等。

第三节　公差控制框

一、公差控制框的组成

GD&T 的表达是通过公差控制框实现的，公差控制框通过引线指示受控元素。公差控制框的组成如图 2-2 所示。公差控制框内容有三部分：

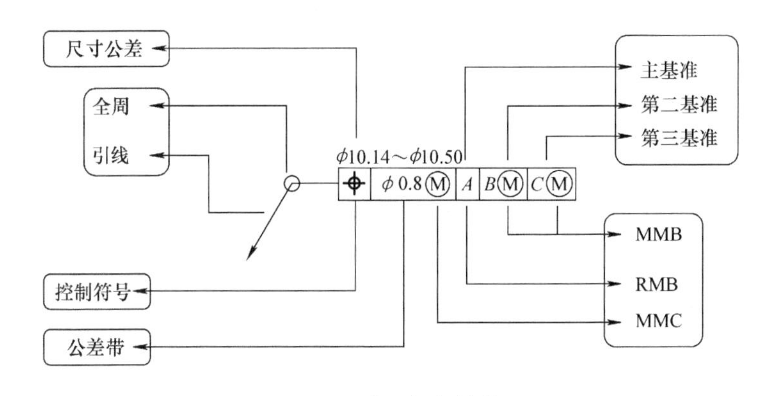

图 2-2　公差框架结构

第一部分是公差符号框，为任意的 12 个公差控制符号，基于设计的功能引用，如装配或密封等。

第二部分是公差带框，分别规定公差带的形状（如 ϕ 表示圆柱面公差带，无符号表示可能为平行面、平行线或等距线），以及公差带值和公差修正符号（分别是 RFS、LMC 和 MMC）。除了材料修正，在这一部分还可以有投影公差、不等边公差等修正符号。

第三部分是基准框架，定义了特征的约束空间。这一部分最多只能有三个子框，表示坐标系的三个基准平面定义的三维空间。从左向右依次定义了主基准、第二基准和第三基准元素。如果基准是尺寸要素，可以使用最大实体要求 MMB、最小实体要求 LMB 和尺寸不相关原则 RMB 修正（默认）。

二、公差控制框的语法

公差控制框的语法是从左到右来解读的。请看图 2-3 的例子，这是一个位置度公差控制框，第一行是尺寸公差，假如这个受控几何要素是孔，则这个孔的最大实体尺寸是 ϕ7.2，最小实体尺寸是 ϕ7.7。如果受控特征为轴，则这个轴的最大实体尺寸是 ϕ7.7，最小实体尺寸是 ϕ7.2。

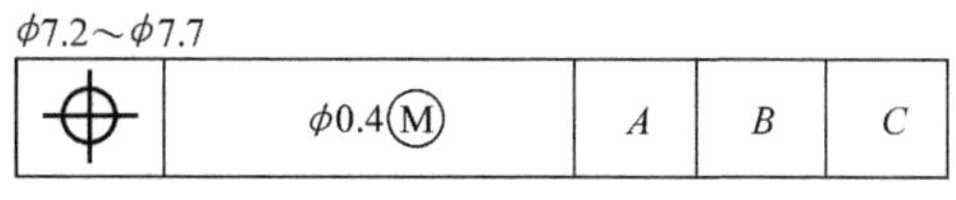

图 2-3 位置度公差控制框

公差控制框内容有严格的语法规则，下面逐一解读。

解读公差框要按照从左向右的顺序：此特征的几何公差控制为孔（或轴）的位置度控制，因为公差带由 MMC 符号修正，当孔（或轴）为最大实体尺寸时（孔为 ϕ7.2，轴为 ϕ7.7），公差带为直径是 ϕ0.4 的圆（或圆柱面）。这个公差带定位在 *A*、*B* 和 *C* 基准框架内。模拟方法是先将零件置于主基准 *A* 上，然后是第二基准 *B* 上，最后将零件紧靠在第三基准 *C* 上（这些基准可以由最大实体要求 MMB、最小实体要求 LMB 和独立要求 RMB 来修正。本例为 RMB 修正）。基准的符号使用英文字母（除了 *I*、*O* 和 *Q* 外），还可以写成 *AA*、*AB* 等，因此标号足够设计使用。

当 MMC/LMC 修正位置度公差带时，公差带将随实际尺寸变化而变化。MMC 修正时，当特征的尺寸由 MMC 向 LMC 变化时，孔变大，轴变小，因此配合间隙也相应增大，位置度公差可以获得相应的浮动补偿，这是 Parker 首先提出真实位置度（true position）的重要概念。另外对于基准的顺序，如前面所提到的，不能按照字母顺序，一定要按从左到右的顺序解读。原因是基准的顺序是零件的建立顺序，零件的第一个特征是整个零件建立的参考原点，而后有第二、第三基准参考建立。这个定义顺序意味着零件的散差被分配到不重要的几何元素的方向上。GD&T 标准规定除了在使用检具和 CMM 检测的时候，这个顺序也是基准的建立顺序。

这个公差框也规定了基准的尺寸要求。此例是不相关原则 RMB 修正，如果使用基准销，表示使用实际零件的基准要素的高点相切的包容面作为基准要素（模拟基准和实际零件几何要素之间接触，没有间隙），一般使用锥销或膨胀销作为基准要素模拟。如果使用 MMB 修正，将使用间隙基准销或套。当基准要素是尺寸要素的情况下，可以使用 MMB 和 LMB 进行修正，以获得最大的成本减少。要注意的是面要素不是尺寸要素，简单的判断方法是面要素不存在最大、最小实体尺寸，因而不能被 MMB 或 LMB 修正。

第三章　基　　准

一、基准的定义和 3-2-1 原则

公差的定义是有顺序性的，如果哪个流程环节出错，后面的工作就没有任何意义。而基准是建立公差要求的第一步，因此基准在 GD&T 内容中最为重要。

基准（datum）是从真实几何模拟体（the true geometric counterpart）提取出理论的点、线、面或这三者的组合。设计基准的原则是可重复性高，即在不同的时间、不同的地点和不同的人测量的结果尽可能一致。关于检具可重复性的评判方法，请参考测量系统分析手册（Measurement System Analysis，MSA）。

基准要素的主要目的是通过几何公差建立几何要素间的相互关系，进而实现约束零件的自由度（Degree of freedom）的目的。

• 图 3-1 的符号直接标注到零件的几何要素上，如果不特指，表明使用完整的面作为基准要素。也可以标注到尺寸要素上，表示使用尺寸要素的提取中心线或面作为基准要素。

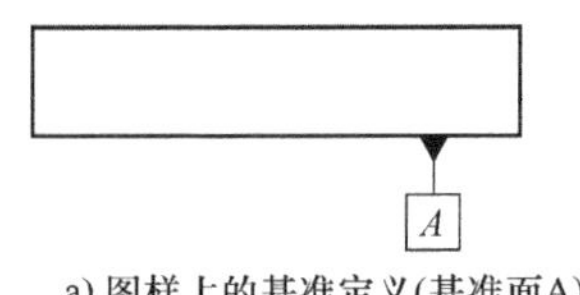

a) 图样上的基准定义(基准面A)

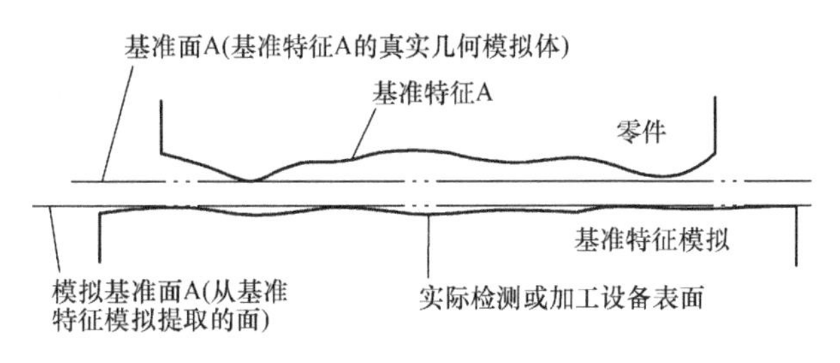

b) 对基准的解释

图 3-1　基准术语的定义

• 图 3-2 的符号是对于基准目标的定义，符号下半部分中的 $B1$ 是基准的标识名称，上半部分代表了基准与零件接触面积的大小，此例中其支撑面积为 $\phi 8$ 的圆面，目的是保证测量的可重复性。如果上半部分为空，表明基准的支撑为点或线接触。

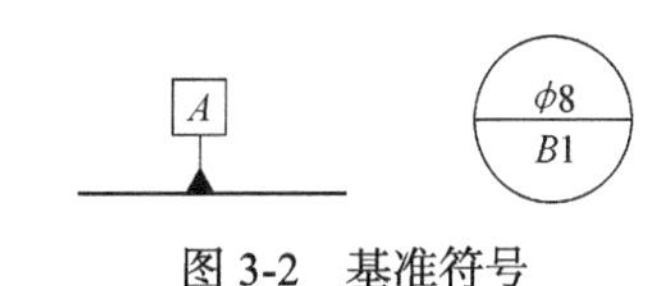

图 3-2　基准符号

所有的零件都有 6 个自由度，包括 3 个平移（x，y，z）和 3 个旋转（u，v，w）自由度，如图 3-3 所示。这 6 个自由度可以通过定义基准参考框架（Datum Reference Frame，DRF）来进行约束。

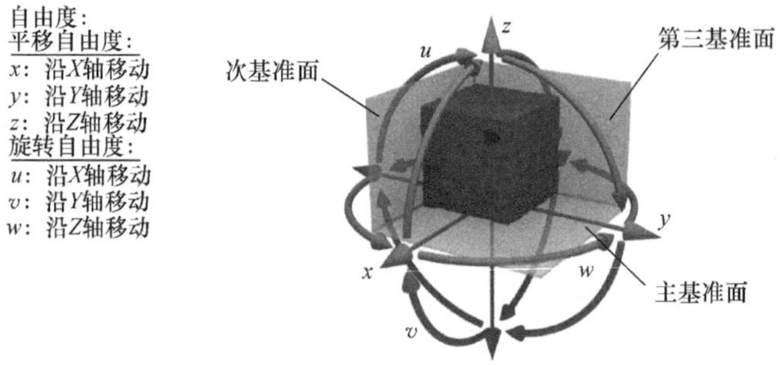

自由度:
平移自由度:
x：沿X轴移动
y：沿Y轴移动
z：沿Z轴移动
旋转自由度:
u：沿X轴移动
v：沿Y轴移动
w：沿Z轴移动

次基准面　第三基准面　主基准面

图 3-3　零件在空间的 6 个自由度

图 3-4 所示零件在 2D 图中需要在至少两个正交视图中显示零件的坐标系，如果需要，避免图样产生分歧，可以在基准后注明约束的自由度，如 $A[x, y, u, v]$、$B[z]$。

3D 视图在零件上注明坐标系的起始点和坐标轴的方向，坐标系遵循右手法则。

这个零件的基准实际上只去除了 5 个自由度，还有一个 [w]，即绕 Z 轴旋转的自由度没有去除。因此零件在空间中是可以旋转的，那是不是需要增加一个基准元素来约束这个零件呢？实际上是不需要的，因为在加工 ϕ7.1~ϕ6.9 孔之前，这个轴在 360° 方向上对称，也就是轴在任何一点夹紧加工，孔都能够满足设计要求。

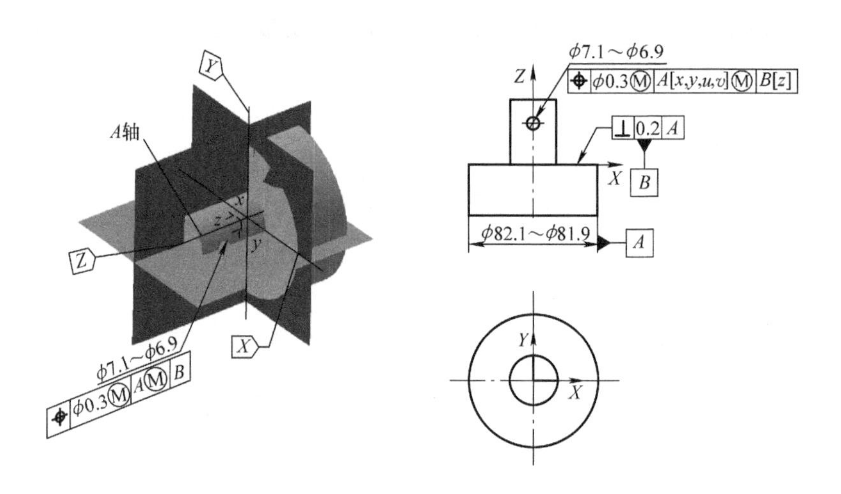

图 3-4　基准在 3D 和 2D 图样上的表示

了解以上关于基准的定义后，那应该如何设计零件基准来实现零件的定位呢？通用方法是 3-2-1 原则。3-2-1 原则的目的是以最少的基准数量实现将零件的 6 个自由度完全去除，以实现零件的"固定"。其中每一位数字对应的是一个坐标平面的接触点数，如"3"是在主基准面 3 点接触，"2"是第二基准面 2 点接触，"1"是第三基准面 1 点接触。这也是设计零件充分定位的一个判断原则。下面来了解 3-2-1 原则的定位原理。

如图 3-5 所示，主基准面上 3 点接触，即面接触，约束了 z 向平移，u、v 向旋转。这相当于三坐标测量时，在零件的底面取三点建立零件的 xy 平面作为主基准面。也相当于检具或工装的 3 点支撑。6 个自由度经此定位后，剩下 3 个自由度，需要继续设置基准。

如图 3-6 所示，第二基准面（垂直于主基准面）2 点接触，约束了 x 向平移、w 向旋转。这相当于三坐标测量时，在零件侧面取二点建立零件的 yz 平面作为第二基准面。也相当于检

具或工装的 2 点侧面支撑。6 个自由度经过主基准面和第二基准面定位后，剩下 6-3-2=1 个自由度，零件仍然能够滑动，需要继续设置基准。

如图 3-7 所示，第三基准面（垂直于主基准面，然后第二基准面）1 点接触，约束了最后一个平移 y 方向。这相当于三坐标测量时，在零件的第三个垂直面上取一点建立零件的 xz 平面作为第三基准面。也相当于检具或工装的 1 点支撑。至此零件的 6 个自由度完全被约束，自由度为 0，零件被“固定”了。图 3-8 是具体化的 3-2-1 原则的表示，黑色为接触点形成 3 个基准面。

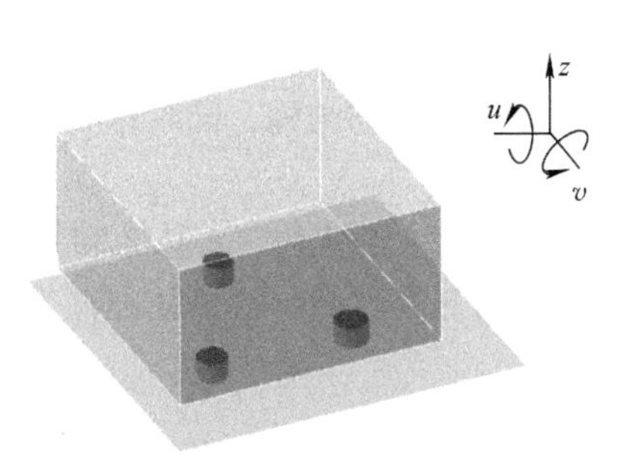

图 3-5　主基准面 3 点接触约束 3 个自由度

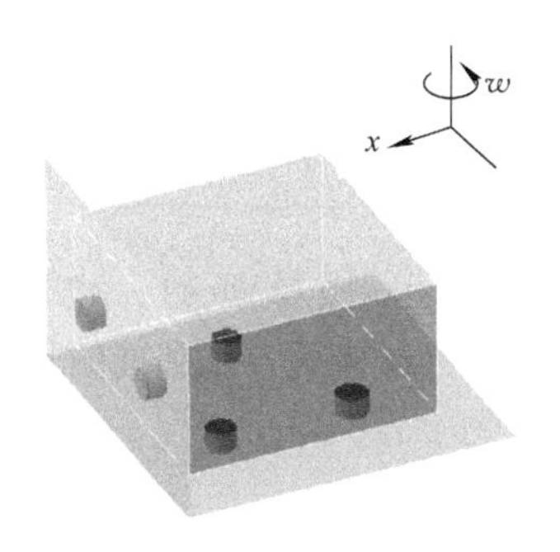

图 3-6　第二基准面 2 点接触约束 2 个自由度

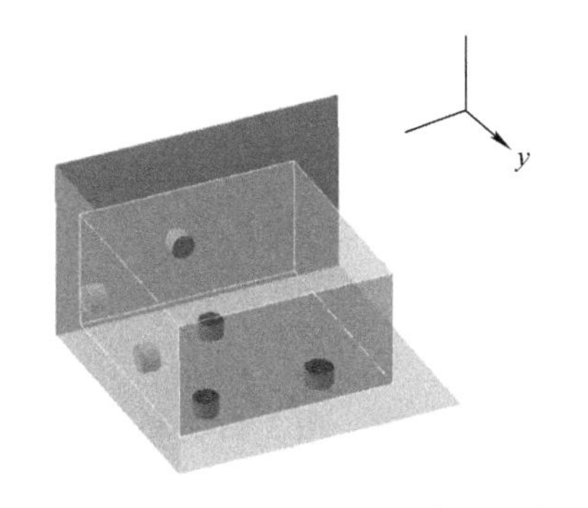

图 3-7　第三基准面 1 点接触约束 1 个自由度

图 3-8　3-2-1 原则

上述 3-2-1 过程是零件定位过程。实际在三坐标测量、检具设计和工装设计的时候完整的零件操作过程需要三个步骤：①支撑；②定位；③夹紧。

支撑是为了克服零件的重力，如放置在加工设备的台面上。定位就是刚才说明的 3-2-1 方法。夹紧也是比较重要的设计，夹紧和定位的目的不同，通常是为了克服测量或加工的力来设置。夹紧力应该垂直于坐标系，不能对定位产生干扰，通常夹紧点设置在定位支撑的相对方向。夹紧点的重复精度必须一致性好。

二、孔槽定位

应用 3-2-1 原则的一个问题是很少有零件具有三个垂直的平面可用来直接选定为基准面。

经过大量的生产实践，人们总结出了一套孔槽定位的方式来设置基准。这种方式的定位可重复性高，容易在检具工装上实现，适用于大多数结构的零件。

图 3-9 是一个冲压件孔槽定位的示例，也称为 2 孔 1 面法。这种定位其实也符合 3-2-1 原则,2 孔 1 面的目的也是为了构造三个垂直的基准面，形成直角坐标系，就是笛卡儿坐标系。

图 3-9 冲压件孔槽定位的结构设计

有必要理解 2 孔 1 面法的定位原理。下面分解 2 孔 1 面法的结构，同时理解三坐标测量的原理。

如图 3-10 所示，支撑面 *A*1、*A*2 和 *A*3 代表主基准面的 3 个定位，*B* 基准和 *C* 基准中心连线联合建立第二基准面，*B* 基准的另一个方向定义了第三基准面。这个基准框架建立的坐标原点在 *B* 孔的中心。

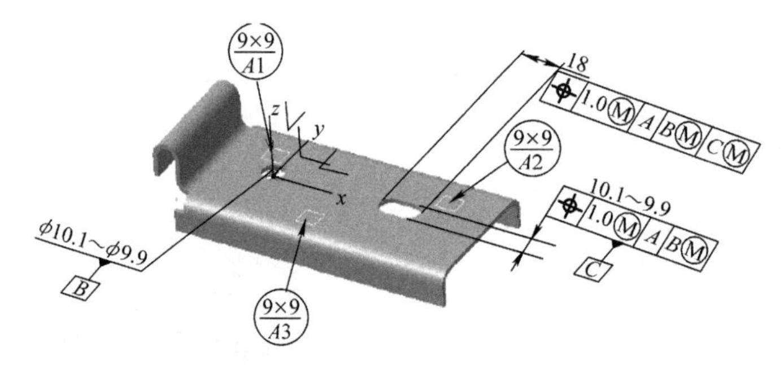

图 3-10 孔槽定位的标注方法

三坐标的坐标对齐方式一般有两种，6 点法（即 3-2-1 法，图 3-11）和 2 孔 1 面法。当使用 2 孔 1 面法进行三坐标测量零件时，（如本例）需要通过主定位孔 *B* 和次定位孔 *C* 进行如上 3 个坐标平面的构造，才能建立、对齐坐标系，进行下一步的零件测量。因此如果零件是 3 孔 1 面法的情况，三坐标构造基准面的方法完全不同，这个需要注意。

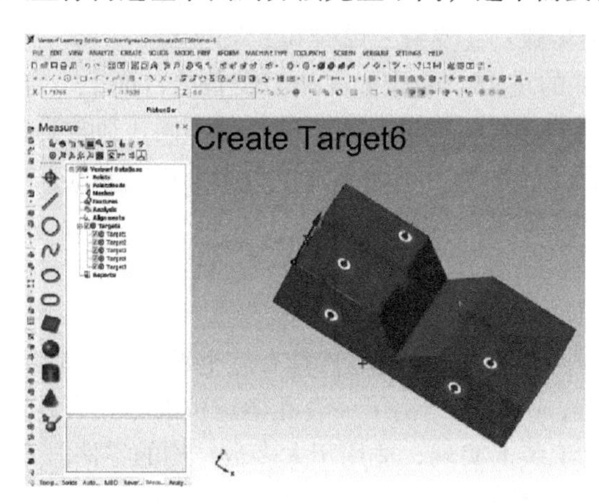

图 3-11 三坐标的 6 点法取点对齐坐标系

参考点系统（Reference Point System，RPS）的工程概念由欧洲提出，相对应美国提出的是主定位点系统（Principle Location Points，PLP）。RPS/PLP 的工程目标是降低装配过程中因基准导致的累积误差，是实现车身焊接总成的偏差目标“2mm 工程”的主要工具。

RPS/PLP 的设计应该保证较高的可重复性，位置选择在零件刚性较好的部分，在后续的生产或装配中不应该导致该点的变化（变形）。RPS/PLP 的设计因为在生产和检测中可重复使用，所以可以减少定位带来的公差累积效应。但是也要保证 RPS/PLP 的坚固耐磨。RPS/PLP 的设计面向改善加工工艺、装配、过程能力和质量目标。

RPS/PLP 在设计上也遵循 3-2-1 原则，在整车企业，对于 RPS/PLP 更多的是管理流程。这个流程包括：

1）建立整车坐标系。所有总成及零件基准都是按照整车坐标系建立的，如图 3-12 所示。RPS/PLP 的设计理念是基于整车一个原点来建立坐标系，这个坐标系扩展到装配工装和焊接工装的定位系统上。

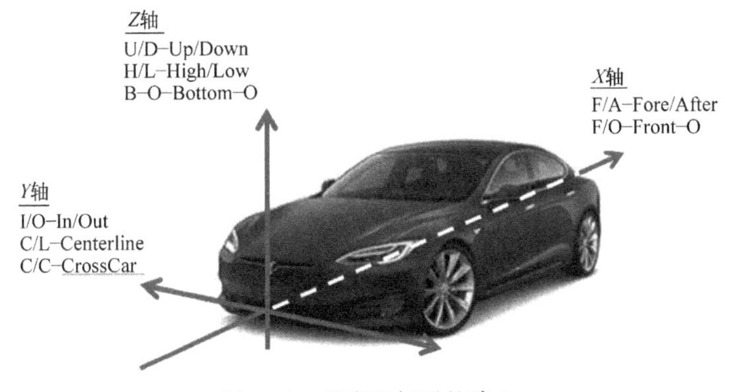

图 3-12　整车坐标系的建立

2）标准化 RPS/PLP 的结构，各个公司都有相应的应用准则。图 3-13 是推荐的基准规格系列。标准化 RPS/PLP 基准结构的好处是在零件结构上可以简化设计，模具（如冲压模具）的设计成本可以降低，在检具或工装维护保养时也可以提前准备相应的标准备件。

孔	方形	长方形	圆面
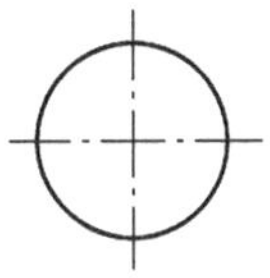	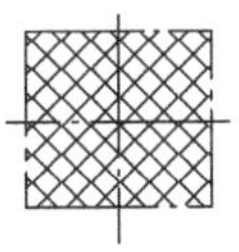	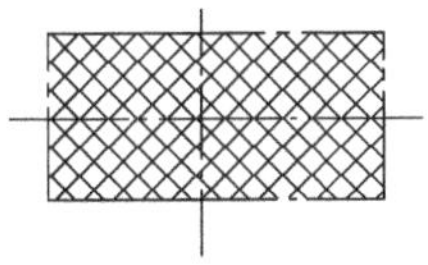	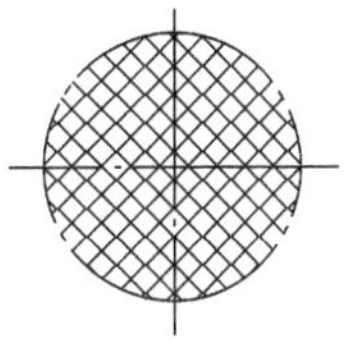
尺寸系列：按设计要求	尺寸系列：10，15，20，25	尺寸系列：6×20，10×20，15×20	尺寸系列：ϕ10，
ϕ20，ϕ25			
公差：按设计要求	公差：+1	公差：+1	公差：+1

图 3-13　推荐的基准规格系列

3）RPS/PLP 的编号。不同的公司有不同的 RPS/PLP 编号规则（图 3-14），统一编号可方便测量数据的管理、质量数据库的输入和跟踪，以及问题原因的查找。

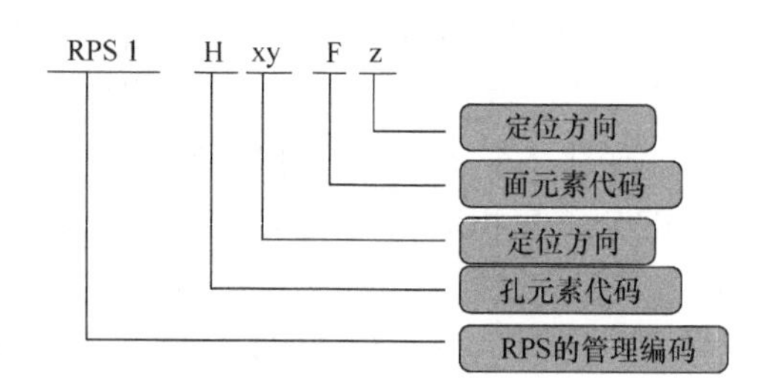

图 3-14　RPS/PLP 的编号例子

4）图样上的 RPS/PLP 的标记。通常使用阴影线的方式表示 RPS/PLP 的位置（图 3-15）。

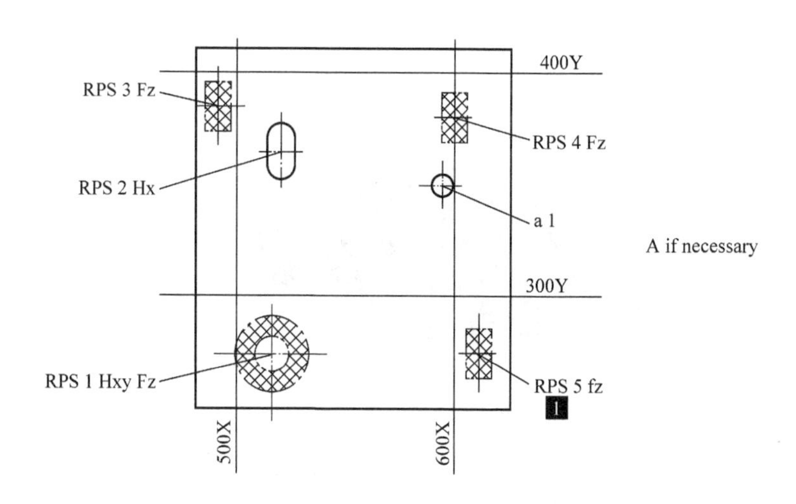

Feld Sect.	RPS / F.–Pkt./Funct. point	Globale Koordinaten Global coordinates			Aufnahmeart/Bemerkung Mounting type/note	Bezugspunkt: Reference point: x:515 y:275 z:725 Theor. Drehwinkel um Achse: Theor. angle of rotat. around axis: x: y: z:						
						Nennmasse/Nominal sizes			Toleranzen/Tolerances			
		x	y	z		AE x/a	AE y/b	AE z/c	x/a	y/b	z/c	⌖ 0.1
	1HxyFz	515	275	725	Hole ϕ14.5+0.2	0	0	0	0	0	–	.
	......				Surface ϕ34.5+1				±1	±1	0	.
	2Hx...	520	365	725	Long hole 13+0.2×26+0.4	5	90	0	0	±0.5	.	.
	3F...z	490	385	725	Surface 10+1×20+1	25	110	0	±1	±1	0	.
	4F...z	600	380	725	Surface 10+1×20+1	85	105	0	±1	±1	0	.
	5F...z	610	275	725	Surface 10+1×20+1	95	0	0	±1	±1	±0.5	.
	a 1	595	350	725	Hole ϕ8+0.2			.	.	.	.	0.2

图 3-15　图样上的 RPS/PLP 表示方法，必要时列表

为了保证 RPS/PLP 的可重复性高，在设计时应尽可能使用孔槽定位方式，孔槽在布局上应该符合图 3-16 所示形式。主定位孔应该在孔槽连线的 30° 范围内。

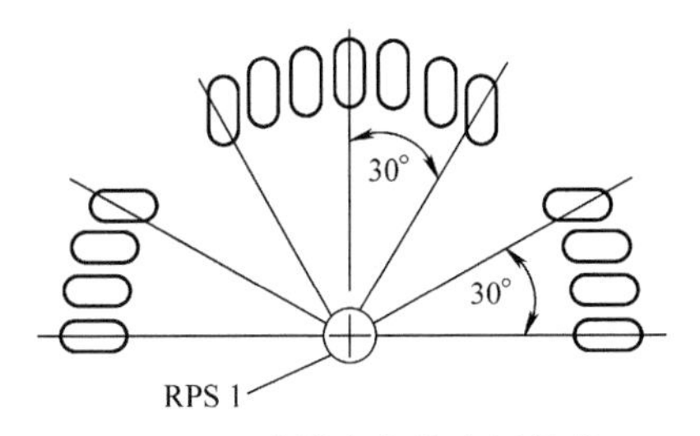

图 3-16　孔槽定位的布局推荐

三、基准布置的深入探讨——基准阵列的问题

图 3-17 是一个微孔板，这个微孔板的作用是使用板上的微孔（EDM 加工或微型钻头）渗漏气体或液体，达到精确控制流量的目的。加工方式是，先加工这个板上的四个安装孔，然后加工微孔。

对于这个零件的 GD&T 设计，可使用孔槽定位方式，但有不同的基准设置方案供选择。图 3-18 是一个实际应用中的可能的基准设置方式。先分析一下这两种基准设置方式，再按照实际需要选择重复性高的方案。

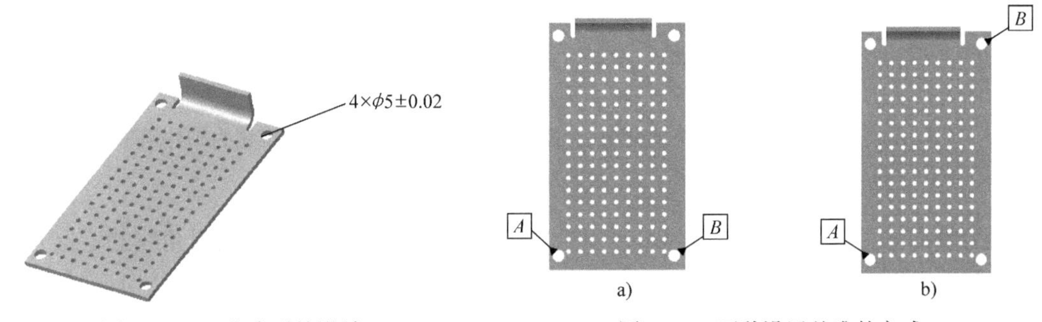

图 3-17　四孔阵列的设计　　　　图 3-18　两种设置基准的方式

图 3-18a 设计者的意图是使用两个圆柱销作为基准销 *A* 和 *B*（零件的底面作为主基准面），来定位这个零件。基准布置方式产生的坐标系如图 3-19 所示，零件上所有的特征都是以主基准孔中心为基础建立的。这里产生的一个问题是基准销 *B* 的设计，因为 *B* 基准销只是用来限制旋转，所以次基准销应该是菱形销，这样才符合 3-2-1 的基准定义条件，基准条件充分。

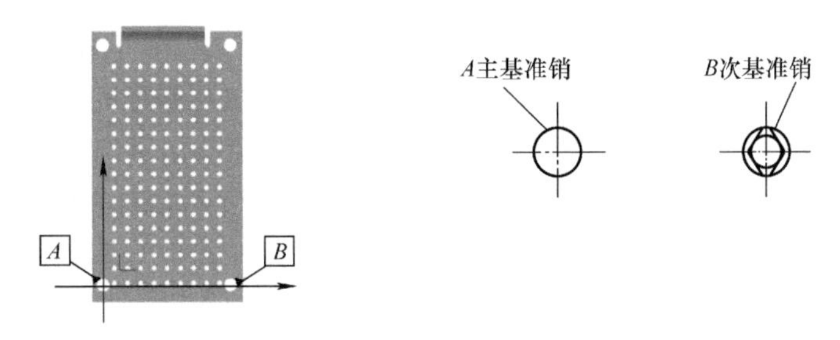

图 3-19　第一种方式的坐标系（*B* 为菱形销）

如果基准销 *B* 设计成圆柱销，产生的坐标系如图 3-20 所示。因为如果 *A*/*B* 都是圆销，这两个销没有主次定位关系，两个基准销对于零件的功能相同。这个坐标系产生对称中线的

效果。

图 3-19 中设置的坐标系与图 3-20 产生的效果不同，对于测量评估的结果有一定的偏差。图 3-19 中的微孔阵在靠近左下角的基准孔 A 处一致性较好，零件中间的微孔整体可能产生偏离中线的情况。图 3-20 中的微孔居中性较好，但是可能在旋转方向上的偏差一致性较差。

图 3-20 中的设置方法 *A* 和 *B* 的检测定位都是圆形销，零件必须保证一定的设计精度，或 *A*/*B* 基准孔的设计间隙足够大。不然在插入 *A*/*B* 的情况下，因为零件的加工变差导致 *A*/*B* 的中心距变化，会使零件和检具不能装配或零件变形卡紧到检具上，导致零件的测量误差。

如果需要 *B* 基准销是圆柱销（原因是菱形销的加工成本较高，操作工需要一定的检具工装装配技巧），可以将零件的 *B* 基准孔改为长圆孔，也能获得图 3-19 中一样的功能效果，如图 3-21 所示。

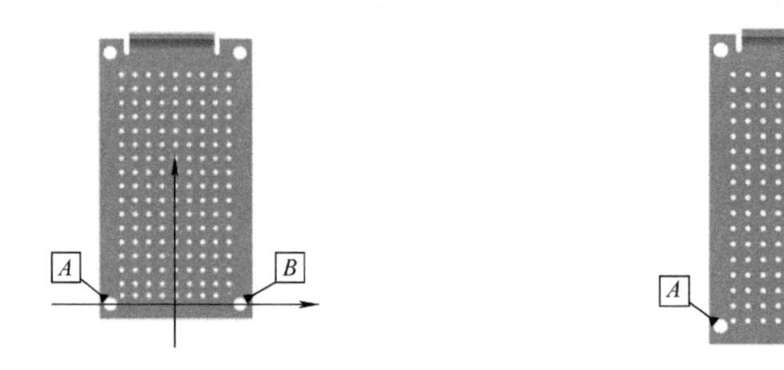

图 3-20　*B* 基准销是圆柱销的情况　　图 3-21　当 *B*（长圆孔）基准销为圆柱销时如何设计

因为基准的可重复性要求，*A* 和 *B* 的中心距越大定位越稳定，故采用对角线的定位方式，如图 3-22 所示。

图 3-22 中的定位确实比图 3-21 中的方式更为可靠，因为 *A* 和 *B* 基准销之间的线距离较长，但是其形成的坐标系产生了扭转。这个基准设置使零件的其他几何元素（微孔）对于零件的边缘偏斜一致性较好，但并不意味着图 3-22 所示定位方式产生偏斜大于图 3-21，因为图 3-22 较为稳定。

关于对角线的设置，*B* 基准在这里是菱形销设置，检具或工装的菱形销应该倾斜方向对齐 *A*/*B* 基准要素的中心连线。如果使用圆柱销槽型孔，应该斜方向对齐 *A*/*B* 基准要素的中心连线。菱形销、槽型孔的选择方案取决于加工成本是零件还是模具工装高。

图 3-23 是一种容易出现的设计，采取对角线定位的方法和基准的设置没有问题。但是零件的坐标系不是和零件的几何元素方向成正交关系，图中箭头指示出的两个尺寸，如果是手动三坐标测量，需要注意这些公称尺寸坐标值产生的位置度不是对角线建立的坐标系的值。通常解决的方式是将坐标系旋转偏差的角度值，但是这种方式对于基准有补偿的调整情况变得复杂。

如果零件的精度足够高，比如模具的四个导柱孔，可以使用四个圆柱基准销定位的方案，这种方式的基准设置是所有以上所列方案中定位最可靠的，加工的零件的几何元素在对中性方面保证较好。对中性有利于模具的成型，所以建议在模具的制造过程中使用这种方式定位。

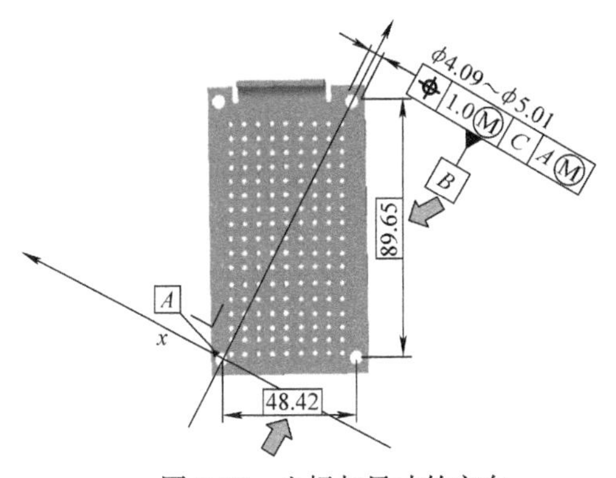

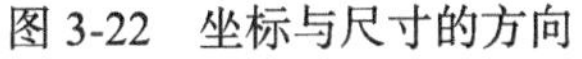
图 3-22 坐标与尺寸的方向

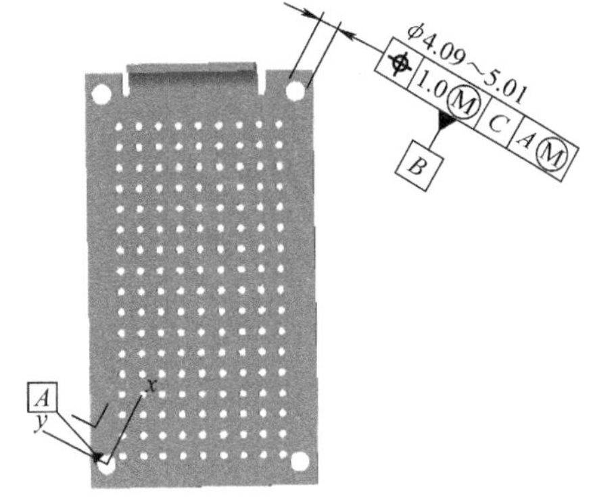

图 3-23 当使用对角线方向定位的时候

定位时使用四个基准孔（图 3-24），四个基准孔形成两个中心面，形成正交坐标系，坐标原点在四个基准孔的几何中心，相当于零件的中心。这种基准的设置使中间的微孔特征阵有居中分布的倾向。如果四个孔的加工精度足够高（避免产生零件和基准销卡住的情况），可以使用这种定位方式。设计者的责任是明确两销方式是否可以保证足够定位精度的零件，加工出理想的特征，如果精度不够的时候才以更高的成本，四个孔的定位方式生产。基准控制方式可以按照实际的生产需要，选择成本低、定位可靠的方式设置，一味最求高精度是不经济的做法。

图 3-24 所示的基准销设置方式，基准 *A*1 到 *A*4 互为参考基准。这种设置方式是四个基准孔阵列定位技术，请参考第二章中关于阵列特征的内容。

从以上的例子可以看出，设置基准的时候有多种选择，不同的基准定义产生不同的功能效果。选取的原则是在保证定位可靠、可重复性足够、精度足够的条件下，成本最低的方案。以最低的成本生产出达到市场同等质量水平的产品，市场竞争力最高。

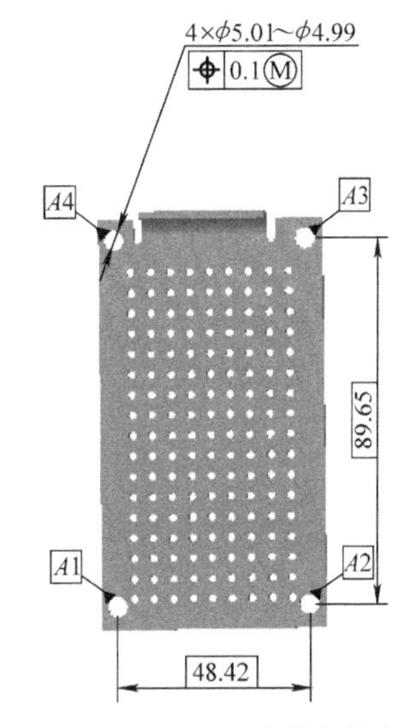

图 3-24 四个基准孔的定位方法

四、可移动基准（movable datum）

ASME Y14.5 和 ISO 1101 都提出可移动基准的设计方法，两个标准的符号方法也一致。这对于机加工夹具设计来说是一个非常重要的技术。

图 3-25 是一个连杆结构，基准定义的方式采用了基准目标的方法，注意其中如果基准目标的引线是虚线，表示该基准在零件的另一面。比如上图中的 *A*1、*A*2、*A*3 都是在这个零件的下表面支撑。*A*1、*A*2、*A*3 是 3 点支撑基准，形成 3 点阶梯面作为主基准面。下图的坐标系表示，这个阶梯面是以 *A*1-*A*2 为 *xy* 面（主基准面），*A*3 点需要向下平移公称尺寸 20，同和 *A*1-*A*2 一起来模拟真实几何模拟面。*B*1-*B*2 是两个线元素的几何模拟体，在零件公称尺寸 10 高的位置，产生对中的定位。这个零件的特点是中间对称，*B*1-*B*2 相当于 V 型架的效果。*B*1-*B*2 可以由圆柱接触来模拟。*C*1 和 *C*2 是移动基准元素。*C*1-*C*2 与零件的右端圆弧面接触，但不同于其他五个基准，这个基准可以沿 *x* 方向浮动，功能等同于一个弹簧或气缸的夹紧机

构。这个定义明确了左端的圆定位对装配比较关键。制造过程中，为了能够把连杆装夹到夹具内，夹具和连杆会预留一定的空隙，而这个空隙如果在加工中不去除就会带来很大的变差。那只能在 *x* 方向推紧零件，究竟从左端推动还是从右端推动，设计者必须给出哪个几何元素比较关键。这个案例明确设定了左端比较关键，所以左侧的 *B* 基准固定，右侧的 *C* 基准随动补充装夹的间隙。可移动基准给出了明确的散差方向，这个信息可以指导夹具设计和机加工操作者的作业方法。

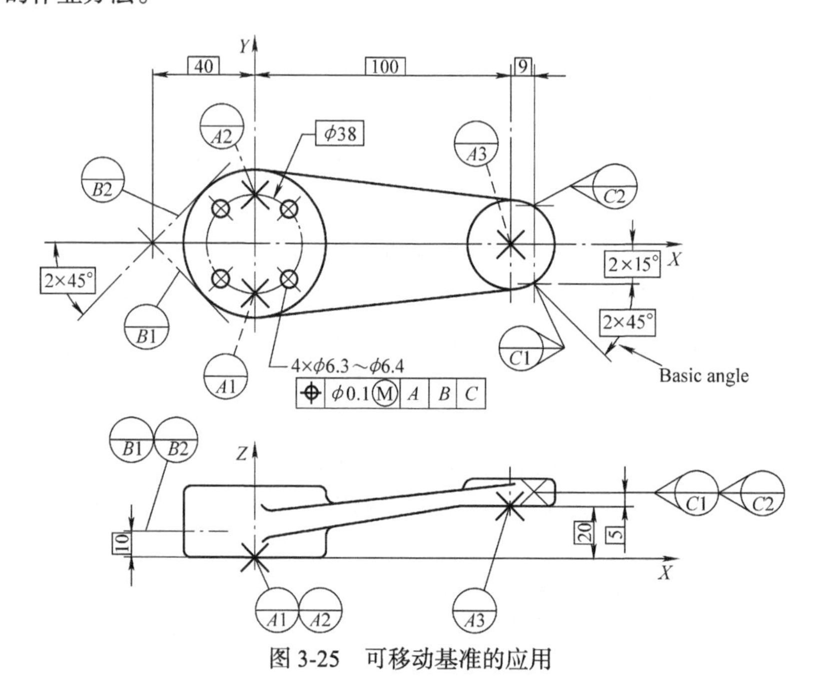

图 3-25　可移动基准的应用

五、RMB、LMB 和 MMB 基准修正

RMB、LMB 和 MMB 修正基准是设计的难点，也是几何公差的重要内容，只要出现基准的地方都要明确这三个材料条件，它们各自有不同的功能目的。图 3-26 是 MMB 修正的基准应用，*B* 基准在定义 *C* 基准和面轮廓度元素时，是 MMB 修正。*B* 基准的尺寸不会超过孔的最大实体尺寸 ϕ23.3，所以在使用模拟基准销来定位 *B* 基准孔的时候，模拟 *B* 基准销将和基准元素 *B* 基准孔有至少 1.4 的间隙。这说明，当零件在 *B* 基准上定位时，可以有一定的浮动量（不一定是 1.4，因为不清楚 *C* 基准的共同作用）。因此 MMB 修正的基准销又被称为间隙销，间隙销允许零件在检测的时候第二次调整来验收零件。MMB 起到的作用是，首先保证零件能够安装到总成的位置上，然后零件又允许一定的浮动量。MMB 相当于允许一定量的公差补偿，但是这个补偿值在 ASME Y14.5 中不建议计算，因为影响的是 *B*/*C* 两个孔的综合效果。一些三坐标软件有对于 MMB 的计算功能，使用时最好校核结果。

图 3-27 的两个基准孔使用的是 RMB 不相关原则修正。图示的 *B* 基准轴为固定的 *B* 基准元素的真实几何模拟体的中心轴线（*B* 孔提取的高点的最大内切圆）。这个冲压件实际加工的 *B* 孔虽然大小不同（在规定公差范围内），但是会同锥面接触，最后稳定在锥面上。这时候的零件不允许 MMB 定位的第二次调整，因此 RMB 和 MMB 比较，MMB 能够允许同一批产品更多的零件通过检验。

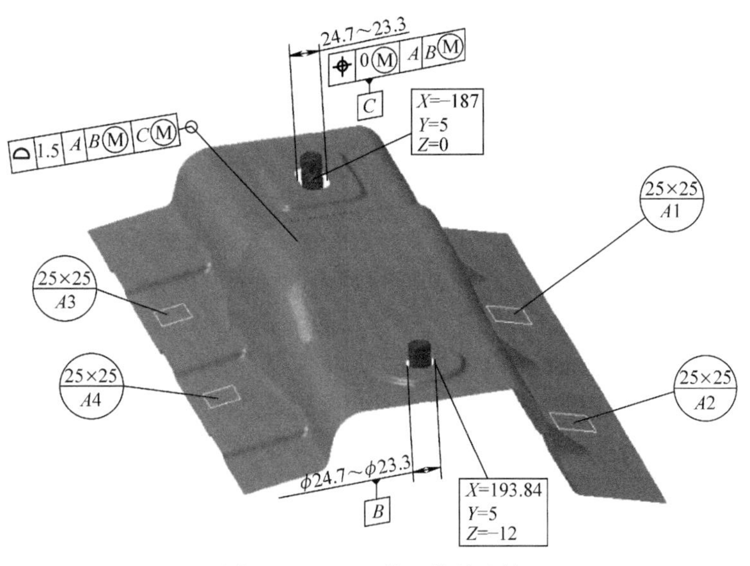

图 3-26　MMB 修正的基准销

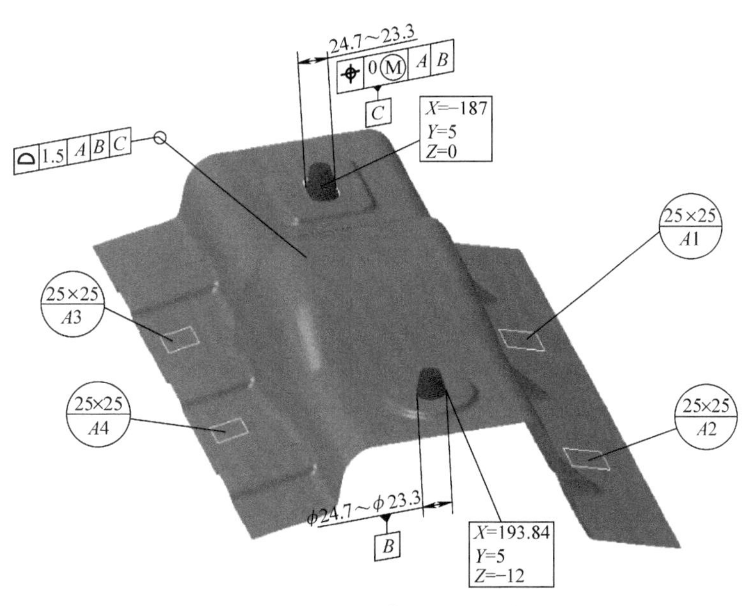

图 3-27　RMB 修正的基准销

对于最小实体边界 LMB 定义的基准元素方法，过去一段时间曾被认为是荒谬的，没有应用意义。因为 LMB 定义的基准进入了零件材料内部，这在以具体的检具和工装来定位零件的时代被认为是不能实现的。但是近年来随着科技进步，检测技术不断提高，有很多的数字化模拟测量技术出现，模拟的 LMB 边界因此得以在虚拟检具中实现辅助检测。比较一下，MMB 是基准和零件有间隙，RMB 是基准和零件 0 间隙，LMB 是基准进入零件材料内部。LMB 接触有限制平移和旋转的功能。

这个案例是针对冲压件这种薄壁零件来说的。对于机加工零件（具有一定的厚度），RMB 销不适合使用锥销来模拟真实几何模拟体，最好使用三爪夹盘或膨胀销套一类的方法定位，以真实模拟在整个厚度方向上的变差，而不是仅仅一个截面的状态。

六、联合基准（common datum）

联合基准是使用两个以上基准元素的真实几何模拟体来建立一个独立的基准要素，这些组成基准同等重要。

图 3-28 所示发动机舱盖的轮廓 GD&T 公差要求中，因为冲压件的柔性问题，重力会影响零件的形状，所以引入了九个支撑点来克服零件的变形，以保证零件的稳定。其中 *A-DF* 是起到 *z* 方向（*U/D*，车身上 / 下定位）支撑作用的主基准面。按照联合基准的定义，*A* 和 *D* 是同等重要的主基准，但是在测量时 *A* 被指定为夹紧状态，*D* 是自由状态，仅仅起到支撑的作用。在设计中明确指定是自由状态还是夹紧状态测量是冲压件的重要设计信息，设计者有责任明确在图样上。*F* 正是这样的符号，表示只受到重力的影响。如果基准后没有符号，表示受到除了重力之外的外力测量。

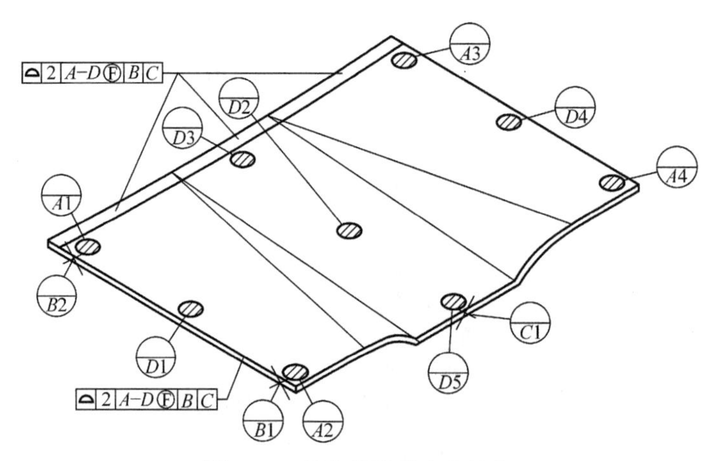

图 3-28　联合基准及自由状态

七、基准设计的注意事项

1）基准是想象的，基准特征是实际零件上用来建立基准的特征。

2）基准的优先顺序（主基准、第二基准和第三基准）是按照基准框中从左到右的顺序建立，而不是按照字母表的排序。

3）功能基准通常指的是零件保证装配关系的几何要素，而不是按照零件的加工要求（工艺基准）。如面作为功能基准，通常是由于它在总成中的匹配关系。

4）非功能基准（工艺过程中临时的基准）经常是出于加工因素而选择的，它存在于工艺过程中，需要在图样或其他技术文档明确这些工艺基准。

5）模拟基准是检测中使用的一些辅助工具，如面板、检具块、高精度平行板、检具销和检具环等。它们在检测过程中与零件的基准特征接触，建立基准点、基准线或基准面。

6）基准的设置应该确保测量的可重复性，基准，尤其是主基准需要形状公差来约束，如圆度、平面度等。

7）基准由基准要素的真实几何模拟体建立。

第四章　几何公差控制——形状控制

形状控制有四种方式：平面度、直线度、圆度和圆柱度。这四个形状控制方式都不参考基准，除了控制尺寸要素，如中心轴线或中心面的特殊情况，只能采用不相关原则（RFS）修正。形状控制用来评估特征与相应理想几何特征的差异（这些理想的特征为规则的平面、直线、圆或圆柱面）。在评估形状公差之前，必须先确认是否形状公差定义的特征在尺寸公差范围内。默认情况下，每一个受控几何要素必须位于最大实体和最小实体尺寸边界之内，例外的情况是对于尺寸要素的形状控制，如使用直线度控制拟合中心线或使用平面度控制拟合中心面的情况。

形状控制需要考虑包容原则和不相关原则，美标 ASME（GD&T）和欧标 ISO（GPS）的几何公差规则上的重点差异在两个规则的默认上，GD&T 默认包容原则，GPS 默认独立原则。本书如果不做特殊说明，遵循 GD&T 要求，默认包容原则。

因为形状控制无法定义特征的位置，所以经常联合尺寸公差或其他控制方法来充分定义特征。需要注意的是，对于联合了尺寸公差和几何公差标注的同一几何特征，在检验上，首先要验证并通过该特征的尺寸公差定义，然后才进行评估该特征公差控制框内的几何公差定义。在进行这些形状控制之前，需要考虑到其他控制方式已经建立的形状约束，如几何公差法则一、定向控制、跳动控制和轮廓度控制。在形状控制中，尺寸公差可以定义几何公差的功能，来控制受控特征与理想边界的允许形状偏差。附加于尺寸特征的形状控制又进一步给出更严的公差定义，当然这个公差带在尺寸公差定义的更大的公差带范围之内（相对于几何公差的定义的公差带）浮动。拟合中心线或中心面的直线度控制通常需要更精确的，在尺寸公差范围内更严格的公差定义（通常称为加严公差定义），也有直接使用尺寸公差定义的情况（通常称为宽松的公差定义）。一些几何要素没有尺寸定义，也就没有尺寸来限定相应几何要素的形状变差，这种情况下，就需要一些额外的定义要求，例如一个轮廓度控制的公差控制框来限定这个特征与理想形状的变差。

平面的形状控制要求所有受控面的元素或平面的受控部分位于公差带之内。平面度的公差带是两个平行面之间的范围，圆度公差带是同心圆环之间的范围，圆柱度是两个同心圆柱面之间的范围，直线度的公差带是两个平行直线间的范围。圆度定义了组成圆面的每一个截面圆元素的独立公差范围，同理，定义面的直线度定为每一个组成这个面的直线特征独立定义了一个平行线公差带。每一个面上的线元素必须位于本身的独立公差带内。拟合中心线的直线度的公差带为一个圆柱面或平行线，如果公差控制框中使用材料条件符号（最大实体或最小实体符号）修正，那么受控的公差带是变化的，这取决于受控特征面的实际尺寸（如直径变小）。拟合中心面的公差带由两个平行面组成，同样，如果公差控制框中有实效边界修正符号，意味着公差带是一个变量，这个变化取决于实际尺寸要素的变化量。

形状控制（不包括中心线、中心面的形状控制），第一不允许使用最大实体或最小实体的修正符号；第二不能使用直径符号（即使是圆度和圆柱度的控制也不需要，因为是半径量的控制），第三就是不允许有基准参考。形状控制经常用来定义主基准要素，作为后续的基准要素或几何要素的参考，因此形状控制是其他控制的基础层。

下文将详细介绍平面度、直线度、圆度和圆柱度的定义，并列出实际的工程实例和检测手段。

第一节　直线度的定义、应用及检测方法

一、直线度的定义

直线度是一种形状控制方法，无基准参考，可以用来定义一个面的线元素或拟合中心线，在图样上表示为视图方向上的线元素。

如果用来控制一个面，那么相对于理想平面的偏差必须首先位于定义的尺寸公差限定的最大实体范围内。非尺寸要素的直线度控制框里通常只有直线度符号和一个几何公差值，没有 MMC 或 LMC 修正，也没有直径符号和基准要素符号。待检测的面必须做好定向设置，以去除做指示器移动全量（Full Indicator Movement, FIM）时产生的不平行因素。如果使用三坐标检测，必须给出最小的取点步长，得到尽可能多的有代表性的数据用来分析，以避免漏掉实际加工平面上的代表性的最高点。

如果直线度用来控制一个圆柱面特征形成的拟合中心线，不管是否规定了 MMC 或 RFS，MMC 最大包容边界不再是实际的装配边界，用来创建拟合中心线元素的整体特征包容面可以超出尺寸公差定义的 MMC 边界，直线度变差为定义的几何公差值。如果Ⓜ符号出现在这种情况的公差控制框中，那么这个定义创建了一个常量边界，即实效边界（virtual condition）。实效边界是一个虚拟的边界，经常用来计算匹配特征的尺寸和几何公差，是在检测过程中需要评估的重要结果。

二、直线度控制一个平面

图 4-1 是直线度控制一个平面的典型方法，在图 4-1a 上组成上表面的无限个线元素都有自己独立的平行线公差带，每一条实际表面的线元素都要处于两个相距 0.5mm 的平行线公差带内，这组平行线以最小的距离和一定的空间倾斜来包容相应的实际零件表面的线元素。每一个独立的公差带被定向于图样视图方向，这些公差带是创建在平行于坐标轴 x、y 和 z 面上的真实几何模拟平行线。也可以在图样上如图 4-1a 所示画出直线度的代表线来注明控制方向。根据几何公差第一法则，这个例子的直线度不能超出（25 ± 0.5）mm 的极限尺寸要求。基于测量成本考虑，通常先验证尺寸约束，再验证直线度约束。

直线度不约束面或线的位置，直线度公差不应该大于与其配合使用的尺寸公差，因为尺寸公差也定义了一个更宽的平行面公差带，直线度公差带在尺寸公差带内可旋转、平移。如前文所述，因为尺寸公差也有形状控制的功能，所以如果直线度公差带大于尺寸公差带，就不再有形状控制的意义。

对于图 4-1 的例子，GD&T 的包容原则要求被测尺寸不能超出最大实体的包容界面（设计的理想界面）。ISO 1101 中规定使用符号Ⓔ来定义为包容原则。因为默认最大实体尺寸为理想边界，这个零件最大高度（或高度方向最大实体尺寸）25.5mm，并且在每一个截面上的尺寸不能小于 24.5mm。检测时，零件的能够通过最大实体尺寸定义的零件长度的平行距离（通规），并且验证零件的每一个截面尺寸（两点尺寸）大于最小实体尺寸 24.5mm。原理是

最大实体尺寸边界保证了装配的边界，而最小实体尺寸保证了零件的强度。直线度在这里不会改变零件的尺寸公差约束的最大实体尺寸和最小实体尺寸。

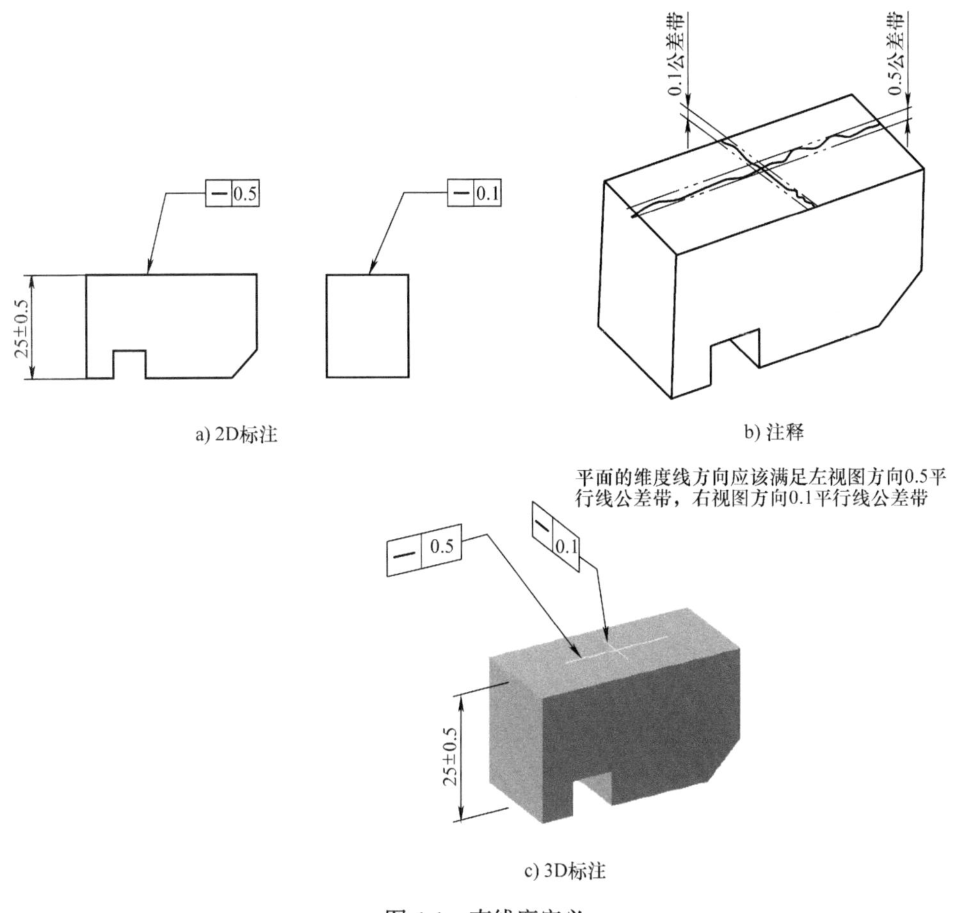

图 4-1 直线度定义

直线度控制平面的应用注意事项：

1）公差带是两条平行线。

2）无参考基准。

3）直线度公差小于相应的尺寸公差。

4）实效边界（装配边界）就是 MMC（高级应用，后续会详细介绍）。

5）直线度可以应用于非平面（如圆柱面或直线扫描而成的曲面）的表面控制，不能完全控制零件的平面度。

三、直线度控制圆柱面

图 4-2 所示的圆柱面是由纬线组成，这些纬线必须位于公差带范围内（图 4-2 是 ϕ0.01mm），这个公差带形状是两条平行的直线。同时这个公差带不影响尺寸定义的最大实体和最小实体尺寸。直线度控制圆柱面元素，实际圆柱面可能有鼓形、腰形、锥形或弓形等变差。圆柱面应先满足 MMC 的最大实体边界，然后再验证每个圆柱面纬线的直线度公差。

解释直线度还需要了解一个重要概念，实际模拟包容（Actual Mating Envelope，AME）。AME 是由实际零件表面的高点模拟的理想几何体，如实际加工孔的高点形成的最大内切圆柱面，或实际轴的外表面高点形成的最小外切圆柱面。

AME 有两种形式，第一种是不相关原则 AME，包容面不受任何基准约束；第二种是相关 AME，这种需要考虑同基准的定向和定位的基准参考约束。

有了 AME 的概念，才有充分条件创建的测量环境。首先公差定义轴（图 4-2）表面的线元素应该在两个相距 0.01mm 的平行线公差带内。这个平行公差带是由不相关 AME 创建的，组成公差带的两个平行线需要和不相关 AME 的轴线在同一个平面内。

直线度不影响零件的最大实体尺寸，也就是说这个轴（图 4-2）的最大尺寸为 ϕ16.03mm。

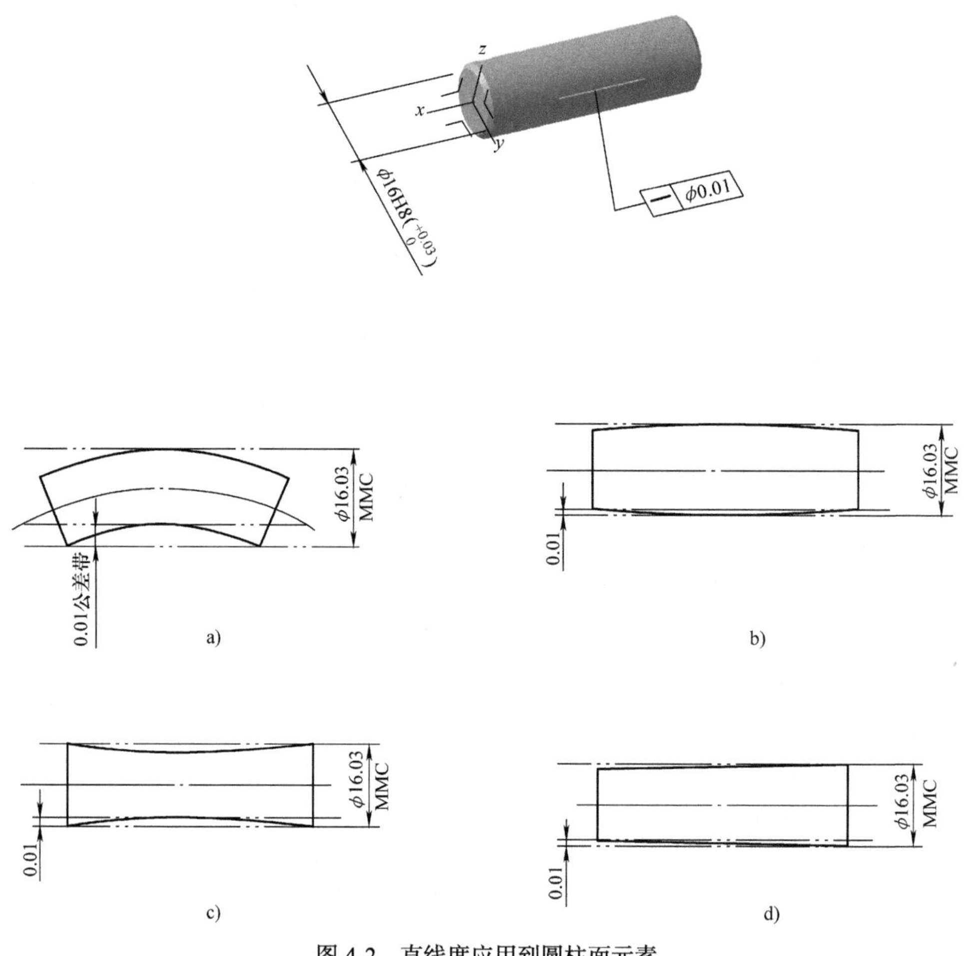

图 4-2　直线度应用到圆柱面元素

四、直线度控制中心线

图 4-3 是一个外圆柱面拟合中心线的直线度控制，公差控制框中有一个直径符号，定义了一个公差带形状是以轴提取中心线为轴线，直线度公差值为直径的一个圆柱面公差带。要注意，如果是一个拟合的中心面，则没有直径符号，这时的公差带为两个平行面。无论是由

圆柱面特征拟合的中心线还是由两个平面特征拟合的中心面，都可以用 MMC 修正。根据几何公差的第二法则，如果公差框中没有任何修正符号，那么即为默认尺寸不相关原则 RFS 修正。一些检查分析经常需要特征轴线和中心平面的辅助来稳定测量的稳定性，相对面可以是桶形或腰形，但是不会影响拟合中心线或面的直线度。因此圆柱面特征的稳定性要优于单平面特征的定位。

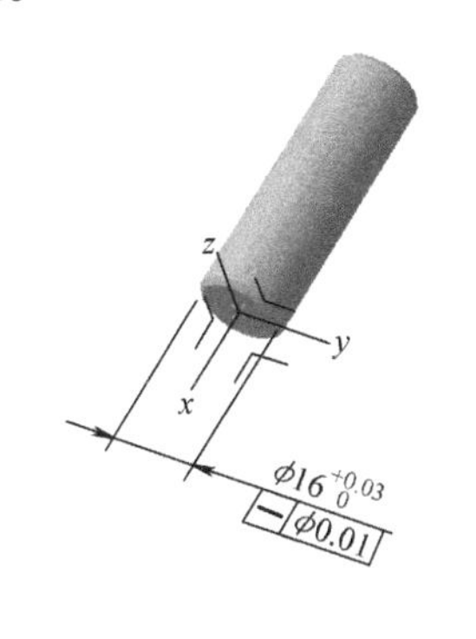

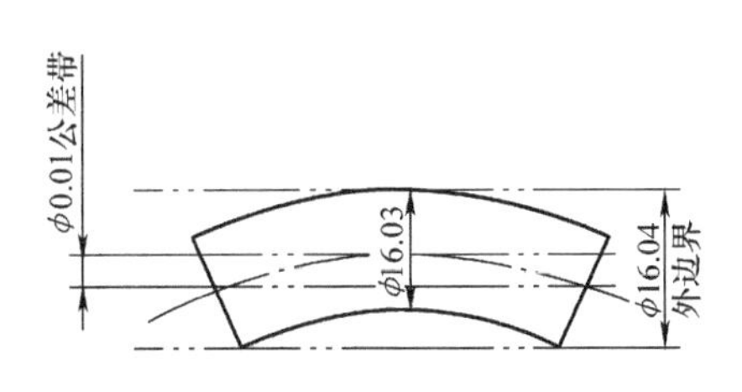

图 4-3　直线度控制中心线

定义到几何元素的提取中心轴线的标注方法是将直线度公差控制框和尺寸标注在一起，或标注在尺寸线的延长线上。直线度定义提取中心轴线的情况可以使用 RFS、LMC 和 MMC 的符号修正公差带，而且几何公差值可以大于尺寸公差值，但不能大于联合控制的定向或定位控制的公差带，MMC 的理想边界不再适用。这个轴的表面必须符合尺寸要求，提取中心线的公差带最大 ϕ 0.01mm，这个轴的最大外边界是 ϕ 16.04mm。

图 4-4 引用的案例是使用Ⓜ修正的提取中心线的直线度。通过这个案例，认识一个贯穿 GD&T 的重要定义——实效边界（Virtual Condition，VC）。几何元素在 MMC 和 LMC 修正下才有 VC，VC 是一个常量边界，是由该几何元素的几何公差和材料状态计算的一个抽象边界。既然图 4-4 使用Ⓜ就有 VC 的计算，那么通过这个案例来逐渐认识 VC 的计算和功用。

圆柱面元素每一个截面必须满足尺寸公差规定的最小实体尺寸界线，对于提取中心线的包容边界有以下通用计算公式：

包容边界尺寸（装配边界）= 实际特征尺寸 + 直线度公差（RFS 修正）

VC 包容边界尺寸（装配边界）= 最大实体尺寸 + 直线度公差（MMC 修正）

RFS 修正的轴的检测只能使用数值型检具，比如三坐标测量仪、千分表等。对于 RFS 修正的拟合中心线直线度，其配合尺寸（最大包容边界）为实际的零件尺寸加上轴线的浮动量（直线度）。这样不同的实际加工零件产生不同的最大包容边界。

MMC 修正的轴的检测可以使用数值型检具和属性检具，属性检具如专用检具和通止规等，对零件只判断合格或不合格。数值型检具和属性检具各有优势。数值型检具能够探测零件的偏差量，可以用作设计研究和根本原因分析，缺点是检测效率低。属性检具检测效率高，常作为 100% 检测方法，对于检测操作人员的技能要求不高，因此检测成本低。但是因为没有偏差数值，所以还需要数值型检具配合使用。目前在线检测技术发展迅速，通过光学、声学、电磁学的在线探测获取测量信息，然后进行数据比对，快速而且准确。GD&T 的判断规则整合在在线检测设备的服务器中，对于复杂结构的零件，还需要高精度的定位工装。对于 MMC 修正的拟合中心线直线度，需要验证的是常量边界 VC，这个值就是检具设计的理论尺寸。

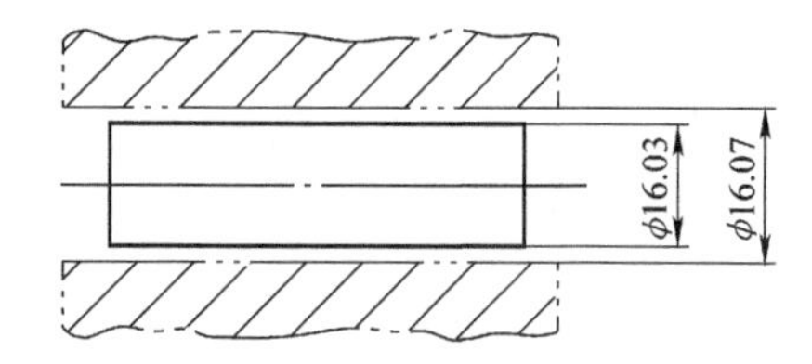

轴在最大实体尺寸理想边界 φ16.03和模拟的 φ16.07的孔

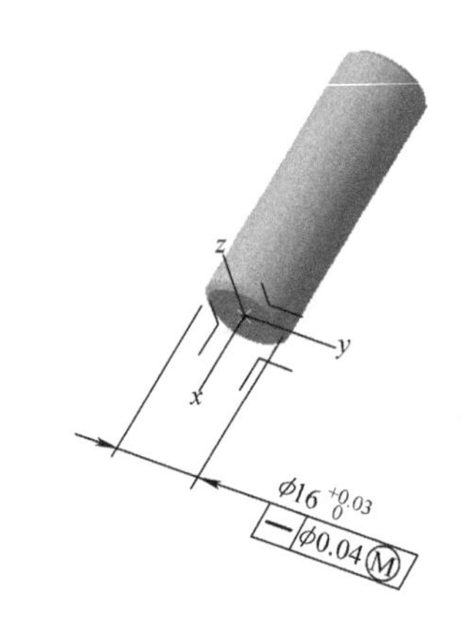

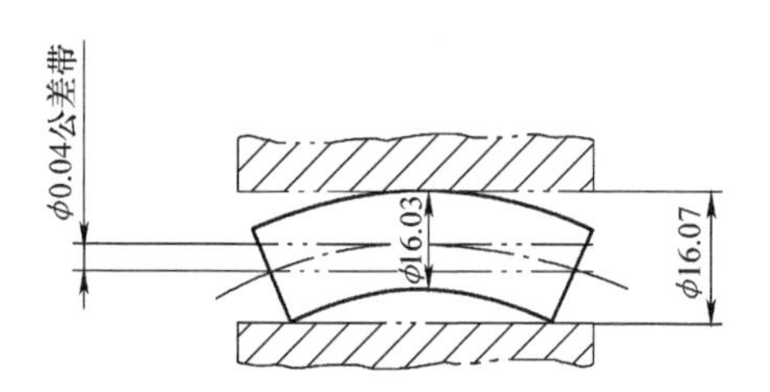

当轴在最大尺寸 φ16.03时，这个模拟边界可以接收直线度变差为 φ0.04弯曲量

直径 φ	直线度 φ
16.03	0.04
16.02	0.05
16.01	0.06
16.00	0.07

当零件实际局部尺寸从MMC变化到LMC,提取中心线的公差带等量增加

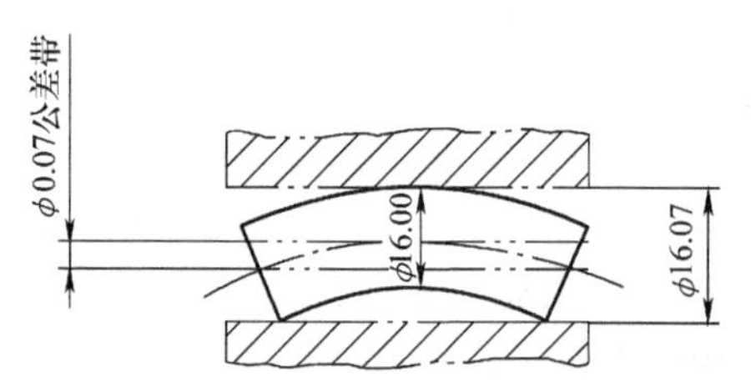

当轴在最小尺寸 φ16.00时，这个模拟边界可以接收直线度为 φ0.07弯曲量

图 4-4　MMC 修正的直线度控制的中心线

直线度的应用取决于匹配、形状要求和零件的功能。例如，在间隙装配设计的时候，一个轴和匹配零件在总成体完成间隙配合。这种情况只关心轴可以装配入匹配零件。如果要求轴线的直线度，那么轴的配合边界（即实效边界）受控，比较装配特征的边界条件，确保产生需求的配合间隙。这种情况属于控制轴对于外形的控制。另外一种情况是过盈或过渡配合，当轴与配合零件有接触，或者需要过盈配合的时候，需要要求轴的表面直线元素的直线度提高，以达到更多的接触面，这样也就是约束轴的鼓形、腰形或弓形到直线度允许的范围内。通常对于过渡、过盈配合在机械设计手册有推荐尺寸公差系列，按照过盈夹持力的需求和直径值，选择推荐尺寸公差。

直线度控制一条拟合中心线应用注意事项：

1）拟合中心线的直线度公差带为一个直径为规定公差值的圆柱面。

2）拟合中心线的直线度可以使用 MMC、LMC 和 RFS 修正。

3）当使用 MMC 修正时，可以使用属性检具检验直线度，直线度检具尺寸是 VC 值。

4）拟合中心线的直线度没有控制轴的面柱面，但组成轴的圆柱面的线元素直线度却控制轴的拟合中心。

五、直线度的测量及应用

直线度可以做两方面应用，一是面控制，二是对拟合的中心线控制。当控制尺寸元素的拟合中心线的时候，特征控制框需要标注在尺寸上或尺寸延长线上。

当使用直线度控制一个平面的时候，因为平面的公差带是由两条平行线组成的，所以需要至少两个方向的直线度定义。组成公差带的两条平行线必须是理想的直线，且相距公差框中规定的直线度公差值的距离。相应面上的元素线必须位于这两条平行线内。对于曲面上的纬线直线度，公差带是也是相距直线度公差值的两条理想平行线，且这两条平行线位于这个垂直于曲面切线的平面上。

如图 4-5 所示是锥面的直线度定义及测量设置。这个直线度控制应用于每一个视图方向的线元素，并且相互独立设置（每次测完一个线元素，千分尺归零设置测量下一个线元素）。每条线的公差带是两个相距 0.01mm 平行的直线。

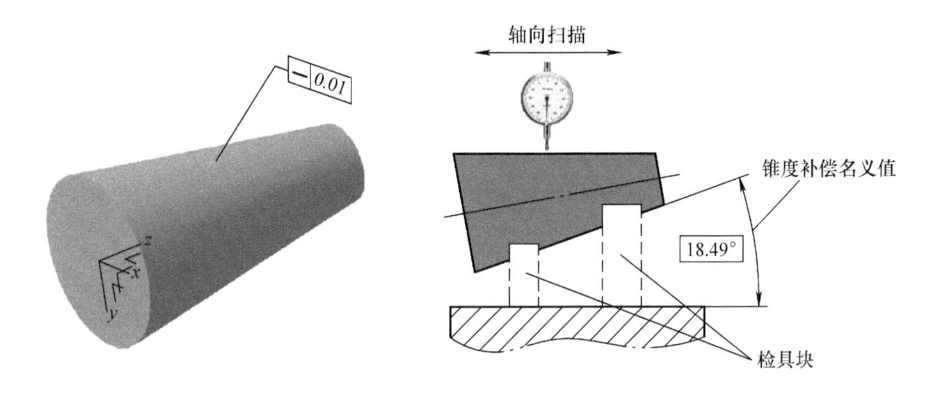

图 4-5　锥面的直线度测量设置方法

检测的设置要求线元素尽可能地与测量台面平行，然后沿视图方向滑动高度尺，千分尺上的每一条线的读数都不能超出 0.01mm。这个直线度也可以约束锥体上沿视图方向上的表面粗糙度。

一个面上的直线是无限多的（设计和检测者需要规定测量密度），测量时每一个线元素都是独立的，且位于各自独立的公差带内。每条线的测量都需要重新归零。如果一条线元素检测通过，旋转零件，进行下一个线元素的测量。继续这样的操作，直到检测最后一个线元素。

当直线度用来控制拟合中心线或中心面的时候，尺寸元素和公差带的形状完全不同于对于面直线度控制的情况。对于拟合中心线或中心面的直线度公差控制框，无论有无 RFS 或 MMC 修正，公差控制框都要标注尺寸公差（功能性的尺寸不能使用默认公差），通常位于公差框的上方，连接到尺寸线的延长线上。

对于直线度约束的中心线，它的公差带一般定义为圆柱面形状，圆柱面的轴线即为真实几何模拟圆柱面的轴线。受控的实际中心轴线要素的拟合中心线必须位于这个圆柱面的公差带内。这个拟合的中心线由受控的实际面产生，这个特征面在实际加工过程中可能弯曲或发生其他变形，但其中心线绝不能超出这个公差带（但是当公差控制框中有Ⓜ符号修正时，这个公差带是随实际的尺寸加工误差变化的，也就是说可能这个直线度的公差带变大）。Ⓜ修正下的外部特征的直线度公差的检测验收计算方法如下：

外部尺寸的验收直线度值 = 直线度公差 +（受控元素的最大实体尺寸 – 实际加工尺寸的差）

内部尺寸的验收直线度值 = 直线度公差 +（实际加工尺寸 – 差受控元素的最大实体尺寸）

而在实际生产过程中，特征的加工尺寸都会小于最大实体尺寸，因此每一个公差带的直线度如果被 MMC 修正，都会有一个相应量的增加，这也是 MMC 修正的意义。将容易加工检测的尺寸公差补偿难于加工检测的几何公差补偿，达到节省成本的目的，因此对于加工成本来说，使用Ⓜ修正的话，工艺的最佳选择都是在 LMC。而对于 RFS 没有成本控制功能。

Ⓜ条件下的尺寸公差产生的最大实体理想包容界面就不再有效，不必担心这个直线度控制的面元素超出尺寸公差定义的最大实体包容面的情况。拟合的中心线或面的直线度创造了一个新的界面，这才是不可以超出的新界线。这个新的界线是一个常量，即 VC 边界。VC 是非常有意义的一个测量参数，常被用来确定最差的匹配尺寸，或者用于检具销的尺寸计算。

第二节　平面度的定义、应用及检测方法

一、平面度的定义

平面度是形状控制，理想的单一连续面上所有的元素点必须位于同一平面上，不应用参考基准，可以控制平面或拟合中心面。平面度公差带由两个平行直平面组成，所有受控的被加工要素必须位于这个公差带之内。平行度应用比较广泛，主要是用于主基准的定义，作为建立其他两个基准面或零件尺寸要素的第一参考平面。对于定义一个能够保证配合平稳的装配面是非常有效的控制方式。平面度也用来控制一个平面的表面粗糙度。

平面度应该小于尺寸公差，除非在自由状态要求Ⓕ或独立要求Ⓘ状态下（Ⓘ应用到尺寸公差）。当平面度控制宽度尺寸要素时，可以使用 RFS、Ⓛ、Ⓜ修正，平面度公差值可以大于尺寸公差值。拟合的中心面必须位于允许的公差值宽度的平行面公差带内。

平面度公差控制框通常由一个平面度符号和一个几何公差值来表示。一些情况也用两行组合公差框来定义，第一行公差框用来定义一个全域的平面控制，而下部公差框定义了单元区域的平面度公差控制，目的是通过约束更小单位区域的平面度来控制面的平滑，其公差带只能浮动于第一行公差框定义的两个平行面公差带之内。图 4-6 的例子是组合公差平面度控制，整个面的平面度要求为 0.05mm，并且，在连续 25mm × 25mm 的方块内的平面度更精细的要求为 0.01mm。图 4-7 是平面度组合公差控制框的全域和单位区域控制的另一种形式，全域上的平面度要求是 0.5mm 平行面公差带，在 ϕ 8mm 的面积上连续面积内的平面度要求在 0.1mm 范围内。

代表公差带的两个平行面在空间中没有方向、位置的要求，是能够包容待测特征平面上所有点的最小距离的两个平行面，类似于三坐标测量值评价中的最佳拟合（best fit）方式。注意的是特征的尺寸定义先于平面度检查，且独立验证。

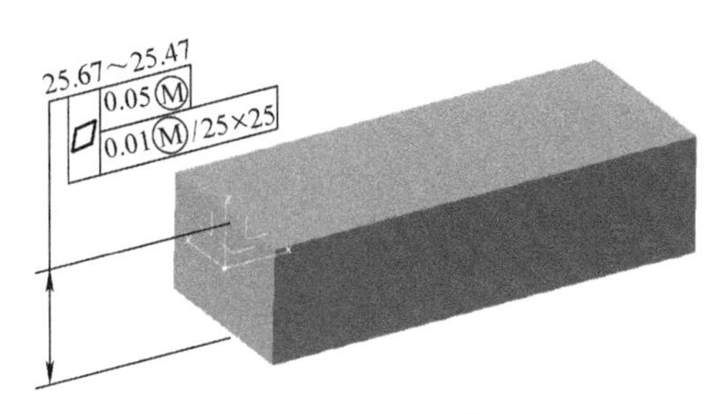

图 4-6　平面度控制拟合中心面

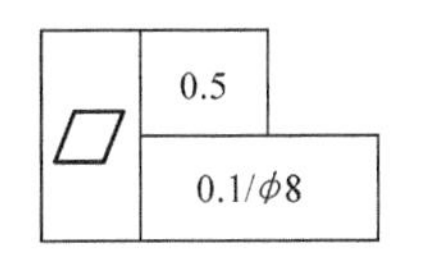

图 4-7　平面度组合公差控制框

平面度用来比较实际零件表面与设计的理想面之间的变差。现实中的零件表面是有缺陷的（如凸凹不平）。因为平面度不像平行度和垂直度可以约束到另一个面来确定平坦的程度，没有基准可以参考，所以当试图使用可读数的指示器来做全平面的扫描检测时，得到的数值是相对工作台面的结果，这是一个平行度的测量，如图 4-8 所示。因为同一元素的方向控制包含平面度，所以检测的零件合格的话也可以使用，但不是要求的平面度检测，这个做法是将本来合格的零件可能误判为不合格，导致浪费。

图 4-8　实际是平行度检测

测量设置方法是可以使用夹具同时卡住零件的上下表面，且夹具能够调整受控上表面平行于检测台面，直到受控面尽可能平行。可以使用高度尺长带刻度的千分尺指针接触受控面并且扫描特征面来检查是否合乎要求。变差必须小于或等于公差控制框中的公差值。

平面度测量的时候需要做指示器移动全量（Full Indicator Movement，FIM），即一次设置的指示器全表面检测。RFS 修正的平行度不能够使用属性检具检验（止通方式），必须是数值型的检测工具。

测量和加工一样，无法达到理想的检测，比如不可能测量一个面上所有的点来验证平面度。工程上通常使用直线度检测来替代评估平面度，设计者应该给出一个面上能保证平面度功能的直线密度（如间距 10mm 取线元素）来替代验证平面度，或测者选取具有代表性的几条平面上的直线来验证平面度。要注意，因为取点的遗漏，有可能实际平面度会超出检测的直线度公差。

平面度的应用：

1）可以作为装配面的参数设定控制。

2）用于基准面的定义，比如作为零件第一个特征的主基准面的定义。

3）确保密封面参数满足密封功能。

4）进行密封面的磨损量的维护。

5）受控面必须完全处于给定公差值的平行面内，所有面上的点都应该处于尺寸限度范围和平面度范围内。

6）平面度公差必须小于相应的尺寸公差。

7）不能使用基准参考。

8）平面度的检测要注意测量要取具有代表性的点，包含这个平面的最大波峰和最低波谷点，以确保这个公差带的重复性。

9）平面度不能应用于不连续的平面，不连续的面意味着这些平面互为参考基准，与平面度的不参考基准的逻辑法则相悖。通常使用轮廓度来控制不连续的平面。

二、平面度控制一个平面

图 4-9 是平面度控制一个平面的应用例子，图中平面度同尺寸公差联合定义零件的上平面元素。平面度的公差带是间距 0.1mm 的平行面，这个平面度公差带可以在 0.5mm 的尺寸公差带区间浮动。这个零件的最大高度是 25.25mm，每个截面的高度不能低于 24.75mm，不参考基准。0.1mm 的平面度公差带按照 GD&T 的包容原则，不会破坏零件的 25.25mm 的最大实体尺寸。在 0.5mm 的尺寸公差带内，这个平行面公差带可以平移和旋转，等同于表面粗糙度控制。

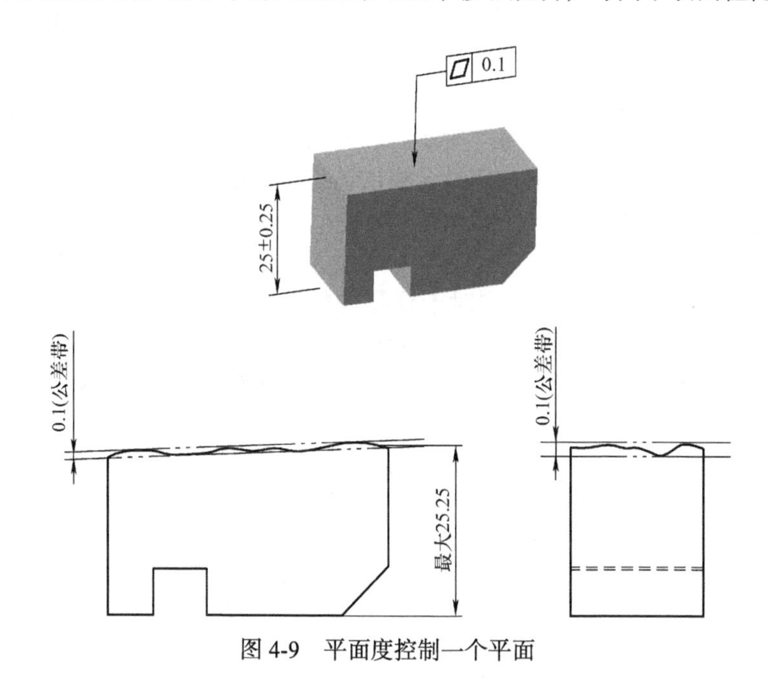

图 4-9　平面度控制一个平面

三、几何公差第一法则与平面度控制

在 ASME Y14.5 中几何公差第一法则：尺寸公差可以控制特征的形状（直线度、平面度、圆度和圆柱度）。这也是 GD&T 中的包容原则的要求，就是零件的最大实体尺寸为理想边界，零件在最大实体时对应的是相应的形状公差值，当零件从最小实体尺寸变化到最大实体尺寸时，形状公差相应变小。这个最大实体包容边界也是装配边界。如果是独立原则，需要使用Ⓘ符号修正。

欧标中 ISO 8015 默认独立原则，对于包容原则的定义符号Ⓔ，解释的方式与 ASME Y14.5 相同，只是在标注方式上有区别。在默认情况下，欧标遵循独立原则，最大包容边界需要加上相应的形状公差，相当于美标的Ⓘ。

对于平面度的检测设置非常相似直线度，尽可能使用千分表的检测方法，在设置上区别于直线度的是使用三点调整方式模拟最小平行面。

第三节　圆度的定义、应用及检测方法

一、圆度的定义

圆度的公差带是两个同心圆环包围的区域，受控面上的每个截面圆上的点都应该位于这个同心圆环公差带之内，这些圆截面评估时各自独立，且不参考基准定义。圆度是二维的形状控制，应用于圆截面元素，圆度公差控制框标注到几何元素表面，而不是同尺寸公差一起（不能控制拟合几何元素）。没有对被测圆心位置有要求。圆度公差带是两个在半径方向上差等于设定公差值的同心圆环。

圆度的公差控制框标注如图 4-10 所示。图 4-11 是 ASME B89.3.1 的完整圆度定义。

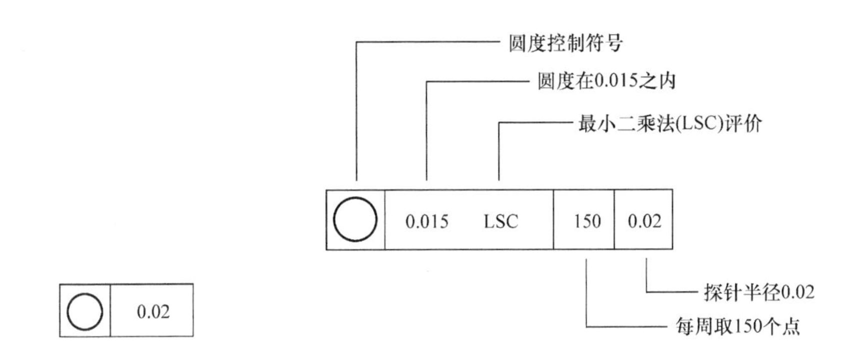

图 4-10　圆度公差控制框　　　　图 4-11　ASME B89.3.1 中圆度完整定义

二、圆度控制的应用

圆度控制是为了评估几何元素的真圆度，一般是为了得到均匀的间隙，如阀类产品和径向密封产品；或均匀的干涉量，如轴承安装。在应用时应注意以下几项：

1）圆度不可以使用属性检具测量。

2）圆度公差值必须小于 1/2 的尺寸公差值。

3）圆度与尺寸公差控制遵循不相关原则。

4）圆度公差不参考基准。

5）每个圆截面的圆度互相独立，即每一次测量需要重新设置。

6）圆度可以应用在截面是圆形的特征上，如锥面。

三、圆度控制的测量

评价整个旋转面是非常难以实现的，通常使用多个圆截面来描述一个圆。圆度控制应用的零件通常是在高精度加工的领域，通常在微米（μm）级的范围。圆度测量方式因此超出了传统测量的概念，不是如卡尺那样直接观察获得结果，通常都是由数学的方法评估，一般由设备内部计算给出。因此圆度的精度取决于设备和它的软件算法。圆度通常使用极差图表示，如图 4-12 所示，分度单位为 10μm，15upr 是每周波动数为 15，upr 是为了去除干扰，去除如装夹偏差、设备误差、人工等原因分量。

对于评估圆度值，请参考相关美标 ASME B89.3.1 和欧标 ISO 12180-1&2。评估圆度值的难点在于创建同心原点。对于圆度测量，推荐的测量方法是通过高精度心轴带动零件旋转，表面取点，通过测量圆截面的方法实现。圆度评估的算法有四种方式（图 4-13）。圆度评估有四种方式中，LSC 法一般为设备的默认设置。

圆度评估除了以零件旋转的方法评估外，ASME B89.3.1 不限定使用直接测量直径的方法来评估（如千分表或 V 形架），但是需要注意零件的轮廓叶瓣影响，如果轮廓的叶瓣是奇数个，如图 4-14 所示，那么测量的圆度值可能偏小。

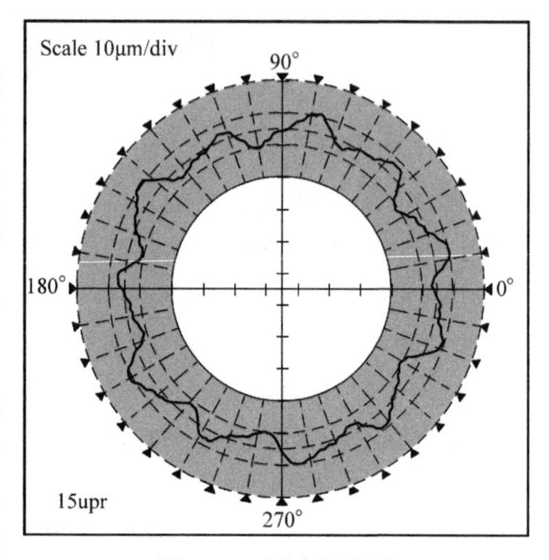

图 4-12　圆度极差图

最小二乘法 （Least Square Circle，LSC）	最小范围法 （Minimum Zone Circle，MZC）
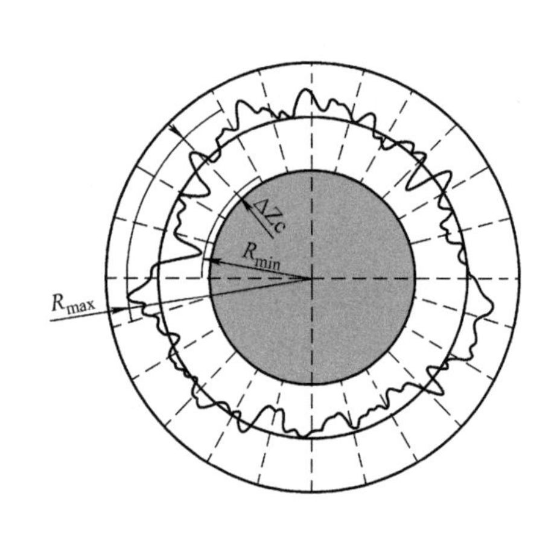	
$\Delta Zc = R_{max} - R_{min}$ ΔZc：这个符号表示通过 LSC 方法得到的圆度值	$\Delta Zz = R_{max} - R_{min}$ ΔZz：这个符号表示通过 MZC 方法得到的圆度值
定义一个最小二乘基准圆，使实际轮廓上的测量点到该基准圆之间距离的平方和为最小。与该基准圆同心做实际轮廓的外接圆和内接圆，将内外接圆的半径差作为圆度公差。一般为设备的默认方式	用两个同心圆包容实际轮廓，使其半径差为最小，则两同心圆之间的区域为最小区域，圆度误差即为两同心圆的半径差。这种方式符合 GD&T 圆度定义。（ASME B89.3.1 的术语是最小半径法 MRS，因为作者接触的几款设备普遍使用 MZC，为方便读者应用，所以使用 MZC）

图 4-13　圆度的四种评估算法（摘自三丰设备手册）

最小外接圆法 （Minimum Circumscribed Circle，MCC）	最大内切圆法 （Maxmum Inscribed Circle，MIC）
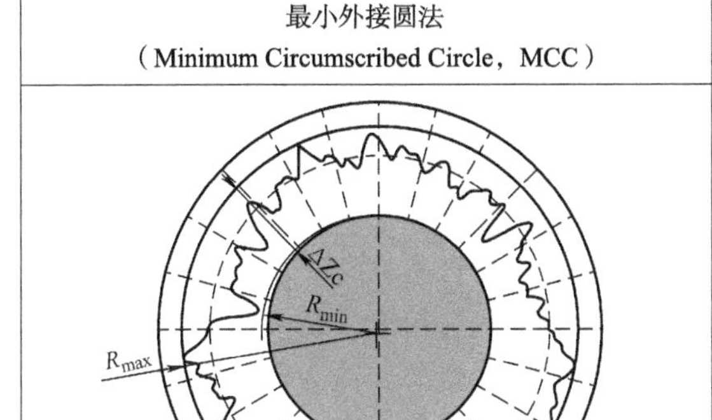 	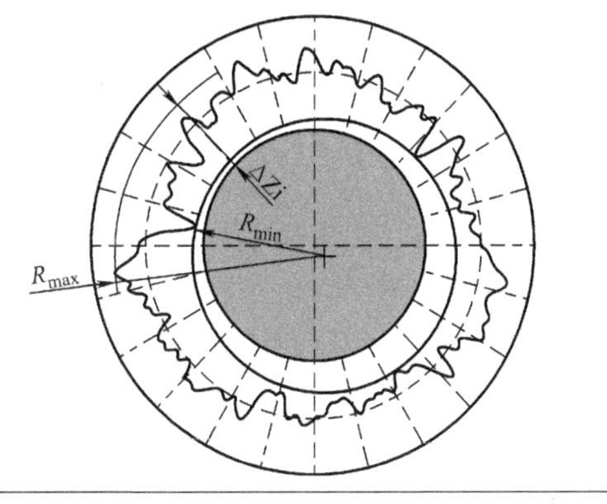
$\Delta Zc = R_{max} - R_{min}$ ΔZc: 这个符号表示通过 MCC 方法得到的圆度值	$\Delta Zi = R_{max} - R_{min}$ ΔZi: 这个符号表示通过 MIC 方法得到的圆度值
最小外接圆是指包容实际轮廓，且半径为最小的圆。其圆度误差值为实际最小外接圆的最大半径 R_{max} 和最小半径 R_{min} 之差。一般应用到外部元素	最大内切圆指内切于被测实际轮廓，且半径为最大的圆。该圆度误差值为实际最大内切圆的最大半径 R_{max} 和最小半径 R_{min} 之差。一般应用到内部元素

图 4-13　圆度的四种评估算法（摘自三丰设备手册）（续）

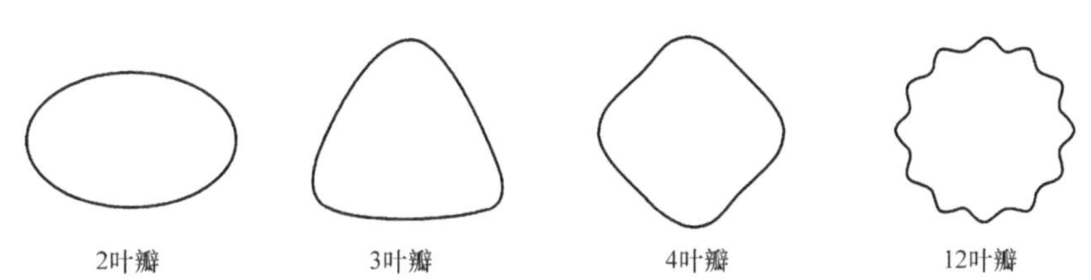

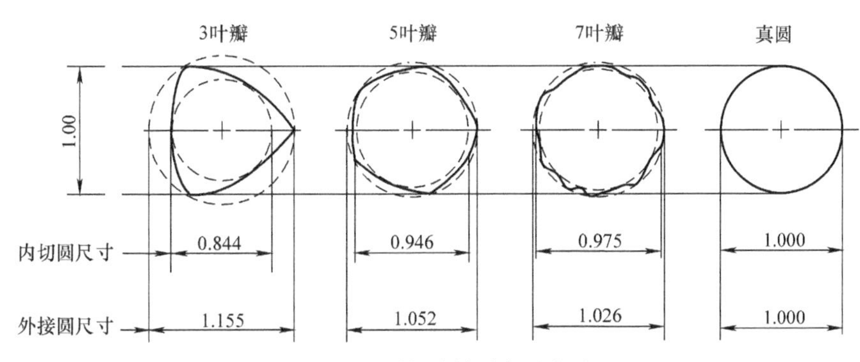

图 4-14　圆的叶瓣形态及变差

四、圆度的讨论

应当理解的一点是，所有的测量程序都是有缺陷的，原因如下：

1）测量设备本身也是制造出来的产品，也不可能是理想状态。

2）不能保证检测者的操作流程的准确或完全符合要求。

3）检测时的工装夹具会对基准的建立造成偏差，更差的情况是，有时候根本没有工装夹具可以利用（圆度控制没有基准要求，是非约束公差值，但是圆截面的方向是有偏差的）。

4）检测设备的内部评估算法是有缺陷的。

5）检测设备的探针不能够实现测量所有的点，或者这些点的选取没有代表性。

检测者的培训并不完善，造成检测任务在有缺陷的方式下进行。通常这些检测者知道设备的功能，而不知这个标注在零件特征上的几何公差控制的实际意义，不知道如何来验证检测的结果是否符合要求。最糟糕的情况是，检测者常常自认为自己非常正确，造成了没有继续研究、学习、探索而不具备评估能力的局面。这种能力不足和检测验证程序上的错误是很常见的。当你提出纠正意见时，自大的态度又会让这些检测者恼怒，认为你在影响他们的工作，从没有意识到他们在收集数据时实际在做无用功，这就是现状。

V 形架的应用就是一个很好的实例，这个经常使用的工具的一个缺陷是不能够稳定一个零件的轴，轴线的位置在测量的过程中是跳动的（建立了一个不稳定的基准轴线）。这个缺陷会对实际特征的圆度或后面将要介绍的圆柱度造成误判，因为从这些公差控制定义来讲，评估这个面的几何特征是基于一个稳定的轴线，然后得知这个受控特征的圆度或全跳动、位置度、锥度。这种测量方式将基准特征面在旋转的时候产生的变差累积到测量结果中，最终导致基准轴的偏移和指示器移动全量（FIM）的不准确，由此得到结果可疑的数据。一个椭圆形的物体会被误认为球形，或者一个在公差范围内的圆跳动会被误判为不合格。因此 V 形架的检测不能确定一个零件的好坏，只能是一种粗略的估计。

如果使用两个具有不同倾斜度的 V 形架来测量一个相同零件，就很容易发现这种缺陷。

圆度的测量设置非常困难，因为经常和跳动检测混淆。同样地，直径方向上的相对点测量也不能可靠地检测圆度或直线度是否满足最大实体材料的尺寸，如一个三叶瓣柱状的物体，显然直径上相对点的测量不能满足检测要求，这样得到的结果可能是一个圆。这也是一个推荐为粗略检测的方式。由于不参考基准的特性，圆度可更多应用于初始基准设置，作为其他基准或特征的参考基准，如轴承的内径定义。

五、零件的自由状态

自由状态通常是用来描述一个非刚性零件的可能状态。零件通常是在一个加工或检测工装上测量的，但是当去除这些工装的约束时（比如夹紧装置），零件的尺寸会变化很大，如汽车里的冲压件（如车身顶盖）和塑料件（如防溅板）。ASME Y14.5 标准中规定当零件隐含或使用自由状态时，用Ⓕ符号表示。也可以在图样中给出技术要求去说明零件在自由状态检测，或在一定的模拟装配情况下有约束地测量。

因为圆度是不参考基准的，所以一定是在无约束状态下测量的，对于非刚性件，通常应用平均尺寸。平均直径（Average Diameter，AVG）就是一个常见的工程例子。AVG 如同圆度控制是一种形状控制方法，是圆或圆柱面元素在自由状态下的测量，通常在尺寸后附加缩写 AVG。AVG 方法规定了一个非刚性零件的平均直径的圆度，以保证零件形状能够满足一定的装配约束。平均直径的计算方式是一个圆（或圆柱面的截面）的几个直径值的平均值。选取的直径数量（至少是四个）和位置要能代表这个圆或圆柱面特征。注意自由状态的圆度公差值可以大于尺寸公差值的 1/2。AVG 不适用几何公差法则一，在自由状态测量的 AVG 值不应超出零件规定的极限偏差。

如果 AVG 符号被添加到一个尺寸后面，这说明被验证元素要求有一个给定限度内的

平均值，比如对于锥形工件的测量，外圆就经常会用一个平均直径。如果要检测一个圆柱面的相对点，那么每个剖面需要取最少四个点，同样可以定义一个平均值。AVG 定义的方式取决于设计者的考虑，是否零件的平均值处于一定的尺寸范围，以满足零件在装配中的功能。

通常零件是要在一定的约束下检验的，目的是为了模拟功能或总成装配环境。这可以确保零件是在图样规定的约束条件下检测的，零件能够工作。如果有这个要求，零件图上的技术条件就要说明。

当薄壁零件被夹持在工装夹具上，零件的测量会有约束，与自由状态时的测量不同。这种尺寸在约束条件和自由状态的变差叫作自由状态变差。由于这一点，设计者需要谨慎定义几何公差的控制，能够充分实现加工和制造，并使成本最低。

图 4-15 是圆度自由状态标注的例子。

图 4-16 中圆度公差被用来确定零件的最大实体尺寸和最小实体尺寸在自由状态下测得。同时因为 AVG 的符号，故需要验证零件的平均值分布。

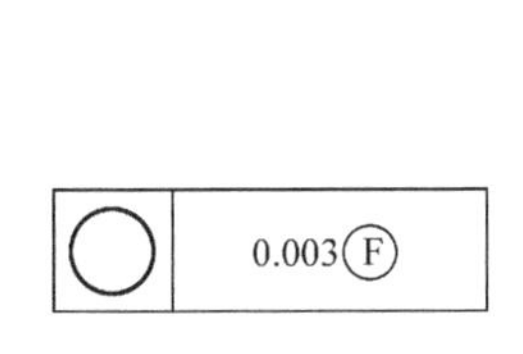

图 4-15　自由状态

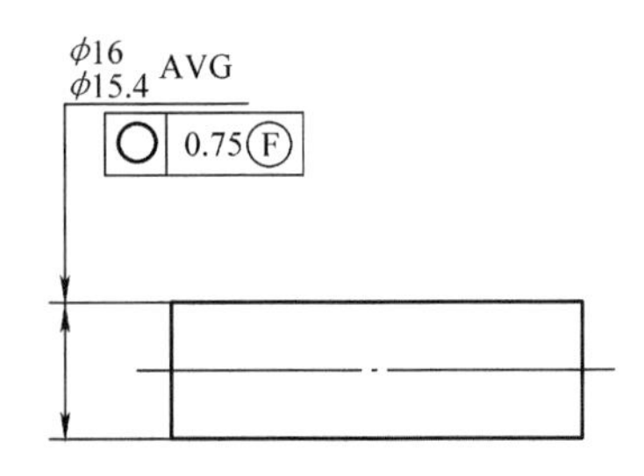

图 4-16　平均尺寸 AVG 的应用

其中，最大实体尺寸和最小实体尺寸是一个平均值域，用来确认检测的平均尺寸的检测范围。比如实际测得两个自由状态直径值是 15.30 和 16.20（同一断面，旋转 90° 方向测量），平均值是（15.30+16.20）/ 2= 15.75，那么 15.75 就是这个断面的平均直径（为了简化描述，这个断面应该实际至少取四个值），这个平均直径又必须在两个极限尺寸 15.4（LMC）和 16（MMC）之间，所以这个检测值合格。应注意，这个自由状态的圆度公差是大于尺寸公差的。

第四节　圆柱度的定义、应用及检测方法

一、圆柱度的定义

圆柱度是一种三维面的形状控制。这个几何公差控制同时约束了几何元素的圆度、直线度、锥度。几何公差控制框中的公差值是一个径向的值，这个公差带是一个径向有间距的两个同轴柱面环。被测实际零件表面元素都必须位于这个同轴圆柱面环内。圆柱度和尺寸公差是不相关原则，它们各自独立验证，检测顺序是待测元素先进行尺寸公差验证，待测几何元素不能超过规定的极限尺寸，再进行圆柱度验证。

圆柱度的公差控制框通常由圆柱度符号和圆柱度公差值组成，没有基准、直径符号或修正符号Ⓜ。图 4-17 是圆柱度的标注方法，圆柱度应该直接标注到受控表面上。

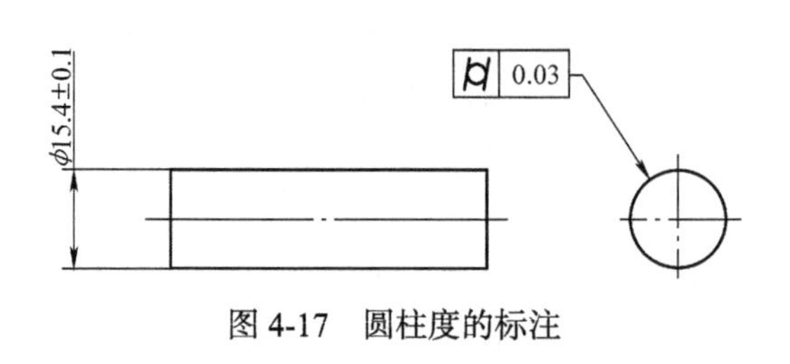

图 4-17　圆柱度的标注

理想的圆柱度特征是所有特征面上的点等距于共同的特征轴。因此通常的检测流程是先固定一个旋转轴线，然后旋转特征面，并且使用探针探测特征面，再然后评估这个特征面的凹凸点、桶形、腰形或锥度。因为实际上轴线很难稳定在一条线上，所以难于去除检测的不确定因素。

因为这种旋转检测，很多人将圆柱度错误地理解为后面将要介绍的全跳动检测。全跳动是测量几何元素围绕一个基准轴的旋转变差。圆柱度只是一个形状控制，只需要验证圆柱面是否位于一个同轴圆柱面环内，这个圆柱面环径向间距为公差框中的值。圆柱度在检测中不需要一个固定的轴线，通常需要计算机按照规则进行大量的数据运算，分析检测得到的点的位置是否位于一个公差带内。

圆柱度和全跳动的区别在于，圆柱度是先测量然后由数据拟合一个轴线。而跳动是先设置一个轴线（作为基准轴），然后进行圆柱面上点云测量。

圆柱度的形状控制方式和圆度非常相似。它们都是独立控制方式，不需要基准，不需要实体材料符号（如Ⓜ）修正。因此，当尺寸元素从 MMC 变化到 LMC 时，形状控制公差不能得到尺寸公差的补偿。对于这两个形状控制，以及这一类的几何公差控制，如平面度和直线度一样，它们本身在公差控制框中的公差值应该小于尺寸公差值的 1/2。相对于尺寸公差，它们是对零件更加精确的约束。圆度和圆柱度都是径向公差，应用尺寸不相关原则（RFS）。

圆柱度是最复杂的形状控制，最难检测。圆柱度经常用于高速旋转的零件轴承上。圆柱度同圆度一样难以设置，因此不推荐使用，要注意不要和全跳动混淆，圆柱度更像一个没有参考轴线的全跳动控制。

二、圆柱度的应用及测量

图 4-18 是一个圆柱度控制的例子。圆柱度是一个三维面形状控制方式，包含了圆度、直线度和锥度的联合约束。

对于刚性零件，圆柱度控制是对尺寸公差控制的一个补充控制，目的是更精确的约束特征面。圆柱度和尺寸公差不同的是，这里的尺寸公差是一个直径值，约束了特征面的最大、最小包容面。圆柱度约束了特征面上的点在一个径向间距为公差框中值的公差带之内。

这个例子说明了所有圆柱面上的点必须位于同轴的两个圆柱面之间，这里圆柱面的径向间距是 0.03mm。圆柱度的测量与尺寸不相关，各自需要独立认证。面上的凸凹点间距不能超过 0.03mm，锥度也不能超过 0.03mm。

这个零件可以通过很多方式来进行检测。一种常用的检测方式如图 4-18 所示。可调支座用来调整零件定向（通常由设备自动计算完成），目的是使设备旋转轴线和零件圆柱度轴线的偏差最小。检测设备的探针同待检表面接触。检测时，旋转零件，

图 4-18　圆柱度测量

同时机械臂带动探针上下移动，并保持与待测面接触。如果没有特殊要求，零件的尺寸也不能超出最大实体尺寸（MMC）。

通常圆度仪结果同时给出需要验证几何元素的MMC和LMC。对这个圆柱度进行评估的时候，先需要确认这两个极限尺寸满足要求的公差值。

圆柱度和圆度的区别在于圆柱度控制三维特征面，且圆柱度是一个集圆度、直线度、锥度功能于一身的控制方式。而圆度是控制二维特征面，能够用来控制由二维的圆元素组成的面，如圆柱面、球形、锥形等。

所有受控圆柱面的面元素都必须位于两个理想的同轴圆柱面形成的环形公差带内。对于一个外部几何元素，如轴的公差带的外圆柱面为最小能够包含所有圆柱面的面，是一个最小的外接圆柱面；内圆柱面为径向间距与外接圆柱面为圆度公差值的圆柱面，并同轴于外圆柱面。

对于内部特征，如孔的公差带的内圆柱面为与最大的内部特征相切的圆柱面，外圆柱面同轴于最大内切圆柱面，径向间距为公差控制框中公差值的圆柱面。当然还可以使用最小二乘法方式求圆心，然后构建一个公差带。

使用V形架来检验圆柱度的方式是一种粗略估计的方式，不能够精确地判断零件是否超差。

对于圆度检测，探针接触零件，在不同的截面上旋转360°。对于圆柱度检测，零件做360°旋转，探针沿着纬线方向平移。在检测过程中，记录下数据。然后将这些数据覆盖在代表圆度或圆柱度公差带的同心圆环下（极差图），检测测得的特征轮廓是否处于公差带内。其中圆度是针对独立的截面，圆柱度是针对整个的元素面。这是对于圆柱度公差控制框的引线直接指向受控元素的测量方法。

圆柱度应用注意事项：

1）圆柱度不需要参考基准。

2）圆柱度综合控制了一个圆柱面的圆度、直线度和锥度。

3）圆柱度与尺寸公差应用不相关原则。

4）圆柱度必须小于尺寸公差的1/2。

第五章　几何公差控制——轮廓度

轮廓度的控制可以有相关基准或独立应用。轮廓度控制方式有两种：控制线元素的为线轮廓控制；控制面元素的为面轮廓控制。

轮廓度定义的公差带可以综合约束形状误差、尺寸、定向和位置。设计时需要定义真实几何轮廓数据。轮廓使用的时候也应该注意解锁不必要的公差约束来降低生产难度或成本，比如同尺寸公差联合定义的时候，通常去除位置约束。

轮廓度的一些优点如下：

1）既可以做二维控制，也可以做三维控制。

2）公差带可以是等边公差，不等边公差。

3）可以应用基准来定向和定位，或者不引用基准。

轮廓度公差控制经常用在非规则形状几何元素上。设计者可以决定是否使用参考基准。通常，如果轮廓度公差没有参考基准，轮廓度仅仅控制形状，属于形状控制一类。如果参考了基准，轮廓度综合控制了一个轮廓元素的形状，以及大小和（或）位置。

默认情况下，轮廓度公差带是基于理论轮廓（由公称尺寸定义）并且等边分布于理论轮廓。

第一节　线轮廓度的定义、应用及检测方法

一、线轮廓度定义

线轮廓度是指在几何元素受控长度上由等距轮廓线建立的二维公差带。线轮廓度控制实际是一种二维线元素控制。这个控制通常通过控制组成面的线元素在一个特定的尺寸范围内浮动，进而达到控制面的形状的一种几何公差控制方式。这样，面的形状被控制在无限个线元素的公差带之内，每一个线元素公差带是基本轮廓的两条在规定公差值的等距线。每个公差带独立验证，公差带大小等于轮廓度特征控制框中的值。

定义需要线轮廓度控制形状的面，必须首先定义公称尺寸（如坐标，倾斜度或半径）或数学数据，然后公差带建立于理论轮廓。常用检验设备包括视觉检测（光学对比）、样板对比、读数指示器和对比表。CMM 也能够实现轮廓度检测，如果配备上光学对比设备，就同时具有了数量和属性检验的功能。

二、线轮廓度的标注方式及公差分布

轮廓度是一种多功能控制方式，既可以做二维控制（线轮廓度）或三维控制（面轮廓度）。可以引用基准也可以无基准参考。轮廓度通常需要一个基准或多个基准定向或定位公差带，但是基准不是必需的。线轮廓度通常不参考基准，但必要时，也可以相关于一个基准来定义。线轮廓仅仅控制一个几何要素的线元素（二维的，用于截面处的检查），但面轮廓控制一个几何要素的整个表面轮廓（三维）。也可以使用“应用到周围”的类似焊接符号标注来表示控制整

个轮廓（图 5-1），轮廓度公差控制延伸到一个零件的其他视图上；或标注到一个异型面上，这些不连续的面会使用“全部应用”拼接到一起来简明说明公差带的应用范围。

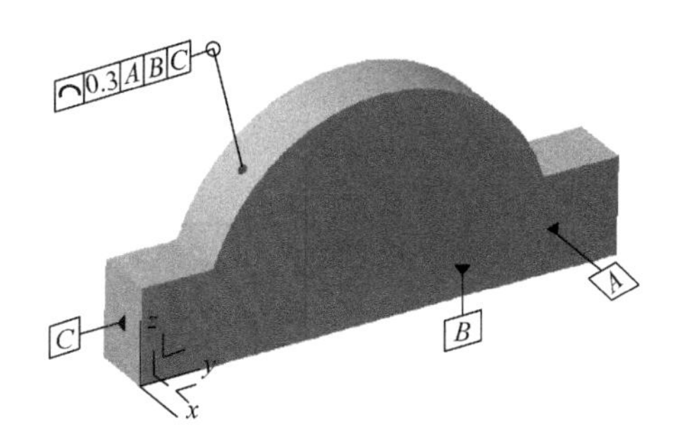

图 5-1　线轮廓度标注

理想轮廓必须使用公称尺寸定义，或有默认的公称尺寸关系。轮廓度的公差带可以对称分布在基本轮廓的两侧或者不对称分布。当使用等边分部公差带时，公差控制框中的公差值等边分布于理论轮廓两侧（图 5-2），一半公差分布在理论轮廓内侧，另一半分布在理论轮廓外侧。如果是等边轮廓度的控制，一个引线直接从公差控制框指向理论轮廓，不需要细双点画线提示公差分布位置。如果使用不等边公差，ASME Y14.5 从 2018 版后取消了用细双点画线标注在基本轮廓的两边的方法，只能使用符号Ⓤ在公差控制框中定义。

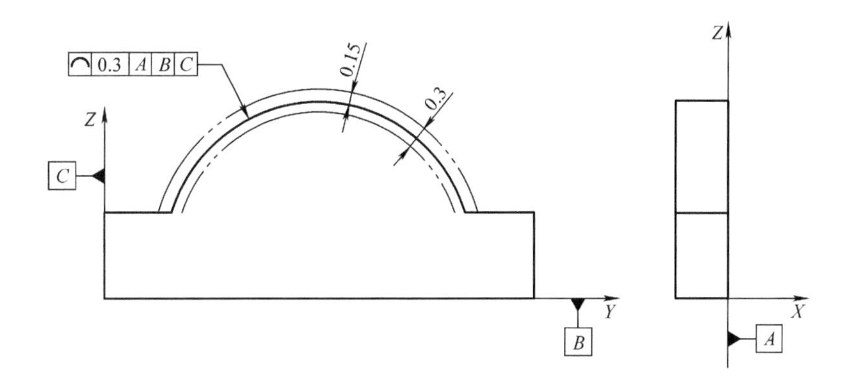

图 5-2　等边分布的线轮廓度公差带

图 5-3 中，线轮廓度控制中的公差代表整体公差带宽度，本例轮廓度的整体宽度是 0.3mm。Ⓤ符号修正定义了不等数量的公差带在理论轮廓两侧的分布。Ⓤ后面的数值表示公差带处于材料外部的数量，本例表示 0.2mm 的宽度在材料的外部，也可以解释为 0.1mm 分布在材料内部。

线轮廓度控制和面轮廓度控制可能同时出现在一个特征面上。在这种情况，线轮廓度公差值必须小于面轮廓度公差值，这样才有意义。轮廓度必须在视图中清晰表明控制了哪些基本面元素。在轮廓度的检具上，型板应尽可能地垂直于基本轮廓。检测的设备包括光学比较仪，带读数仪表的样板和 CMM 设备。

如果轮廓度控制包含一个零件的锐角特征，公差带必须延伸到零件边界线的相交点。

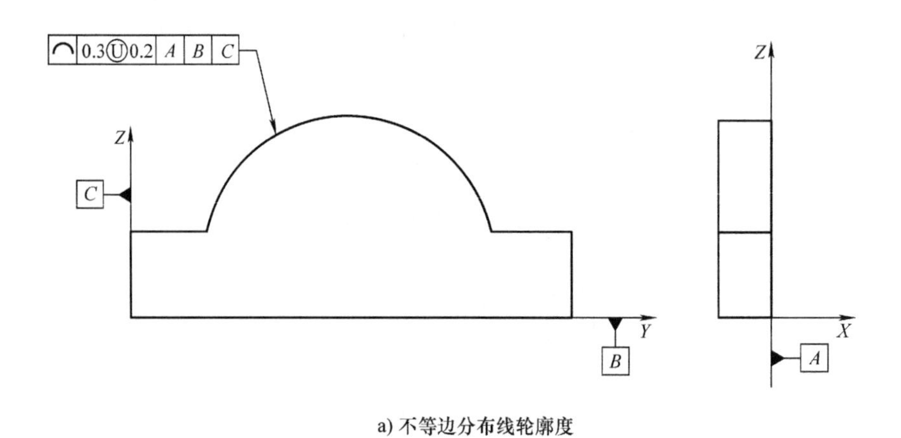

a) 不等边分布线轮廓度

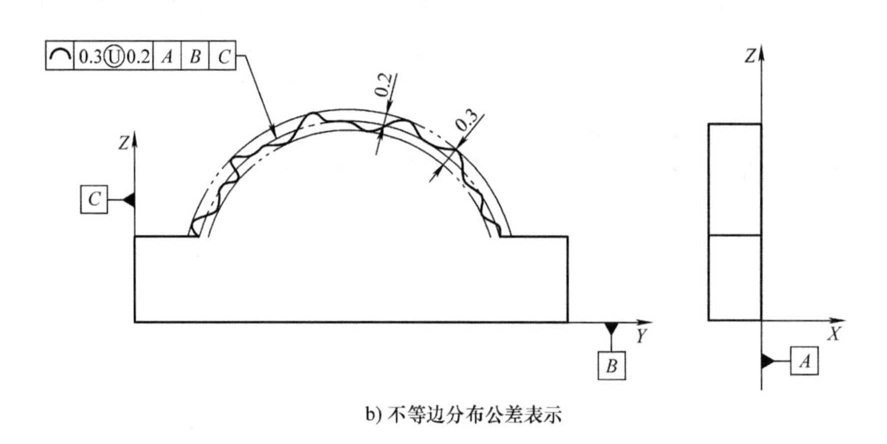

b) 不等边分布公差表示

图 5-3　不等边分布线轮廓的标注方法和公差带解释

三、线轮廓度的应用

线轮廓度通常应用到不规则面的截面上线元素，在应用上的注意事项如下：

1）线轮廓度公差在几何公差控制中可以参考基准或独立应用。

2）线轮廓度公差应用于非规则面形状控制和平面控制。

3）线轮廓度公差要求受控的非规则面元素必须被公称尺寸定位。

4）如果没有特殊规定，公差带取自于受控面的轮廓，且等边分布于基本轮廓。

5）非等边轮廓度公差控制使用一个虚线来表明公差带向对于基本轮廓的方向和数量。

6）默认线轮廓度公差带由两条等边分布基本轮廓两侧的线组成，两线相距规定的公差值。如果有特殊规定Ⓤ符号修正，表示不等边分布。

7）如果线轮廓度没有参考基准，轮廓度是一个形状控制类公差。

8）当轮廓度公差参考了基准，轮廓度控制了面特征的形状、尺寸和 / 或位置。

9）弧度、曲率、曲线、面或任何线都可以使用来组成一个轮廓线。

10）测量轮廓度，特别是面的轮廓，探针必须 90° 于被测面的切线。

11）轮廓度不可以使用最大实体原则。

12）一个面的轮廓度可以应用到非连续面，用来控制这些面的共线控制。

第二节　面轮廓度的定义、应用及检测方法

一、面轮廓度的定义

面轮廓度是在特征受控长度或范围内由等距理论轮廓面建立的三维公差带。面轮廓度和线轮廓度的应用相同，功能上也有扩充，如不连续面的控制、锥度控制。

使用面轮廓度控制不连续面的情况经常出现在底座支点或加工零件的阶梯面上，目的是定义足够定位精度的基准面。

面轮廓度的应用注意事项如下：

1）面轮廓度可以参考或不参考基准。

2）面轮廓度应用于不规则面或平面的定义。

3）面轮廓度控制的面需要先被公称尺寸定义出理论轮廓。

4）面轮廓度公差带形状同理论轮廓，如果没有其他规定，公差带等边分布于理论轮廓两侧。

5）面轮廓度控制的公差带是两个间距公差值的三维空间面，沿着受控特征延伸，如果没有使用Ⓤ特殊说明，这个公差带等边分布于基本轮廓两侧。

6）如果没有参考基准，轮廓度降级为形状公差控制，需要尺寸公差来定位受控元素。

7）如果参考基准，轮廓度公差控制了受控特征的形状、尺寸和（或）位置。

8）弧度、曲率、曲线、面或线可以被用来描述理论轮廓。

9）在测量轮廓度时，特别是面的轮廓，探针应法向垂直于被测面的切面。

10）面轮廓度可以控制不连续面的共面功能的几何公差。

11）面轮廓度也用来控制锥面度。

12）一般情况下，面轮廓度不应用Ⓜ和Ⓛ材料修正。

二、面轮廓度控制与基准参考

面轮廓度可以看作是线轮廓度的一种扩展，即从二维到三维的控制，由两条线围成的公差带扩展为由两个面围成的公差带。面轮廓度控制的面元素，其所有的受控面的元素相互关联，而线轮廓度控制的面元素上的每一条线独立测量。也就是说，线轮廓度接受合格的零件在面轮廓度下可能不合格。

当不参考基准，面轮廓度只控制相对于理论轮廓点元素之间的偏移，理论轮廓的公差带由尺寸公差定义，相对于面轮廓度控制，这是一个固定的、相对宽松的公差带，面轮廓度定义的公差带的两个面可以在这个尺寸公差带定义的面内旋转浮动来满足要求。

线轮廓度定义的符号和原则在面轮廓度也适用，比如不等边分布符号Ⓤ，只是应该注意控制的是三维面。但是面轮廓度也有独特的功能扩展，比如对于不连续面的控制。对于不连续面的控制有两方面内容，即基准面的共面和功能面的共面。

对于不连续面的共面控制的设计应用，面轮廓度控制了两个以上的面的共面性。如图

5-4 所示，两个面为阶梯不连续平面，且面轮廓度在公差控制框中没有基准。如图中对于这个轮廓度的公差带解释，两个面其实是处于同一个平行面公差带中，也就是两个公差带是互为基准的。这种面轮廓的定义和直线度或平面度很容易混淆。应注意的是，平面度和直线度是定义了这些零件上的面特征是平行的或平的，但不是相互属于另一个面的公差带。共面定义要求每一个受控面与另一个（或另一些）受控面是同一个平面，或是由其他面定义的一对平行面公差带，也就是这些不连续的面互为基准。直线度和平面度只应用于独立的线或面。这也是为什么直线度和平面度不能应用在不连续的平面上，因为逻辑上，直线度和平面度是不能参考基准的。

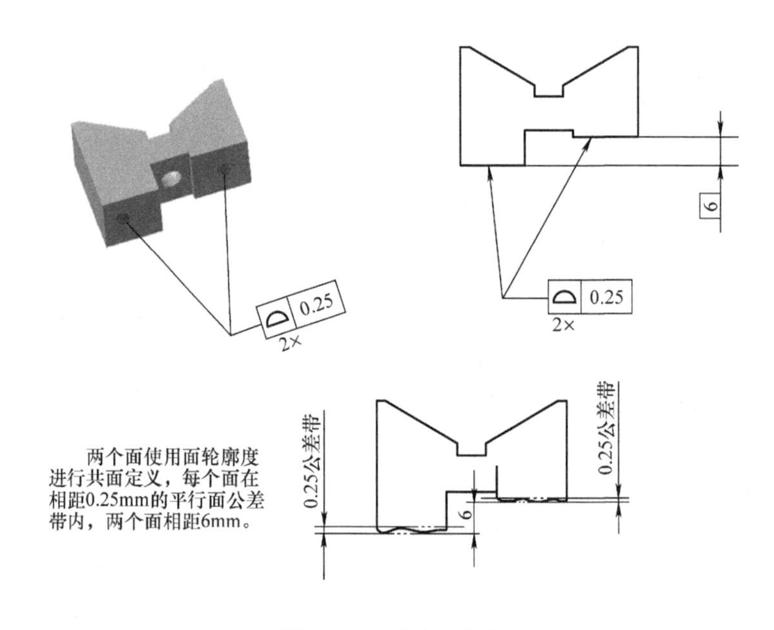

图 5-4　不连续面定义

这种不连续面定义通常都需要一个公称尺寸联合定义，如果这些面是在同一水平面上，这个公称尺寸为零，为默认值。

图 5-4 中的两个面可以定义为基准，每个面的公差带是两个相距为 0.25mm 的平行面，两个面相距 6mm。检测需要评估三个值，两个面的 0.25mm 平行面公差带，以及两个面的真实几何模拟面的偏移距离。

如果这个案例定义的两个共面不继续设置为基准，那么还需要尺寸公差或另一个轮廓度来联合定义才有意义。这其实是把这个共面元素应用为零件的功能面。两组轮廓度定义的平行公差带可以在一个要求宽松的位置范围中浮动、旋转。

三、面轮廓度的测量

轮廓度的检测方法很多，通常使用扫描仪、三坐标或轮廓仪来进行检测（图 5-5）。虽然轮廓度公差定义只能使用材料不相关原则（RFS），但是也可以实现属性检具进行检验，通常应用在冲压件和注塑件上，如汽车的车身零件和内外饰零件。

图 5-5　轮廓检测设备

图 5-6 是一个面轮廓度的控制，这个面特征还需要公称尺寸来完整约束，轮廓度公差带需要满足以公称尺寸来定位。整个面在一个整体的公差带范围内。这个公差带分布在基本受控面的内部和外部 0.35mm 的两个偏距面之内（等边分布），相当于一个直径为 $S\phi$0.7mm 的公差球，球心位于基本轮廓上，即每侧半径为 0.35mm，全量滑动时所形成的公差带。受控的元素面必须位于轮廓度公差带之内。进行完整的公称尺寸定义，就可以确切地定义元素面的大小，形状，定向和位置。通常在检测上使用为 3mm 的公称间隙支撑零件，然后使用止、通尺寸分别为 Sϕ3.35mm 和 Sϕ2.25mm 检具球进行属性检测。

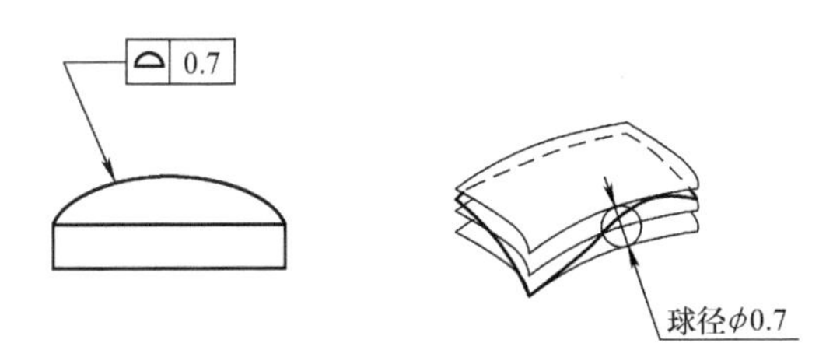

图 5-6　面轮廓度定义及相应的公差带

需要注意的是轮廓度控制的公差值不可使用 MMC 或 LMC 修正，但轮廓度的公差控制的基准可以使用 MMB 或 LMB 修正。这个 MMC 修正基准的轮廓度公差带是不变的。其目的是当基准尺寸在允许的范围内变化时，零件允许一定的浮动，公差带可以获得相应的补偿。比如基准孔，如果加工的尺寸大于 MMC，而检具销尺寸为实效尺寸（必然小于 MMC），相当于零件在检具上有一定的活动量。这是一种公差放宽、降低成本的方式。

轮廓度控制可以引用基准也可以不引用。图 5-7 中引用了一个安装面作为主基准。用来保证零件在检测时的稳定性和可重复性，也反映了该零件在总成中的安装状态。实际的零件表面要位于公差带内，并且有尺寸约束、形状约束（包括适当面的平面度）及轮廓的线元素垂直于基准面 A 的约束。

这种检测很容易使用光学比较仪实现。但这种方式的缺点是，如果零件的厚度很大，就很难探测到受控面遮挡的凹陷处。因此先要验证凹处和垂直度，然后才进行轮廓度的检验。

图 5-7 也可以使用正负公差的形式定义。但通过尺寸定义面的位置（即相对点尺寸方法）有不确定性。往往结果是加工者按照图样加工的这个零件不能配合到总成中。

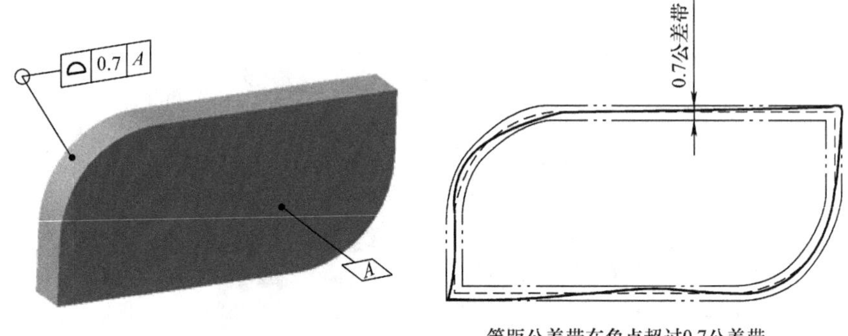

等距公差带在角点超过0.7公差带

图 5-7　面轮廓度的公差带在角点的处理

为了避免这种问题出现在这个零件上，尺寸 160（长度）和 75（宽度）设计成公称尺寸。这些特征都由轮廓度公差控制框中的值约束（非图样标题栏中的通用公差值约束）。公差控制框的引线上有一个圆圈，表示这个轮廓度约束应用于零件的轮廓的一周。这样的设计不存在公差不确定性的问题。更具图样的定义，不需要双点画线注明轮廓度控制的范围，并且这是等边公差分布，内外偏移理论轮廓距离 0.35mm。注意在拐角的处，0.35mm 公差带线需要延伸相交，所以拐角点会超过 0.35mm 的理论轮廓。

第三节　轮廓度的综合应用

一、组合公差框控制和独立组合公差框控制的比较

关于组合公差控制框，在第一章的美标和欧标的内容对比中介绍过位置度方面的应用，对于轮廓度组合公差控制框的应用语法比较相似。组合公差控制框定义了两个层次的轮廓公差带，加严的公差带一般控制形状或相互位置，另一公差带定义了更大的轮廓和位置，它们各有控制目的。

组合公差又分单个元素控制和多个面元素的联合控制。当控制单个元素的时候，如图 5-8b 所示。

图 5-8a 中，第一行表示一个较大的全约束公差带，控制这个面元素的位置范围是 0.7mm。第二行公差控制框是一个较小的浮动公差带，控制这个面元素的形状，如果引用的主基准 *A* 是平面，那么这个 0.35mm 公差带要垂直于 *A*，但因为解锁了 *B* 和 *C* 基准的约束，所以可以平移和旋转，但是不能超出第一行 0.7mm 的范围。这样的设计目的是分解工艺性难题，将形状和位置分开控制。

a) 组合公差控制框　　b) 独立组合公差控制框

图 5-8　轮廓度的两种公差控制框的比较

图 5-9 是一个实际零件的几何公差控制的解释，组合公差控制框的第一行公差框用来定位弧面垂直于基准 *A*，相对于基准 *B* 和 *C* 定位的一个固定的公差带，这个公差带等距分布于理论轮廓面的两侧各 0.3mm。而第二行公差框用来约束弧面垂直于 *A* 基准，等边分布理论轮廓面两侧各 0.15mm，这个等距面公差带可以在固定的相距为 0.6mm 的第一行公差带内平移和旋转。第一行公差带定义了轮廓面的位置，第二行公差带定义了轮廓面的形状。这是组合公差控制框对单个元素常用的一种定义方法。

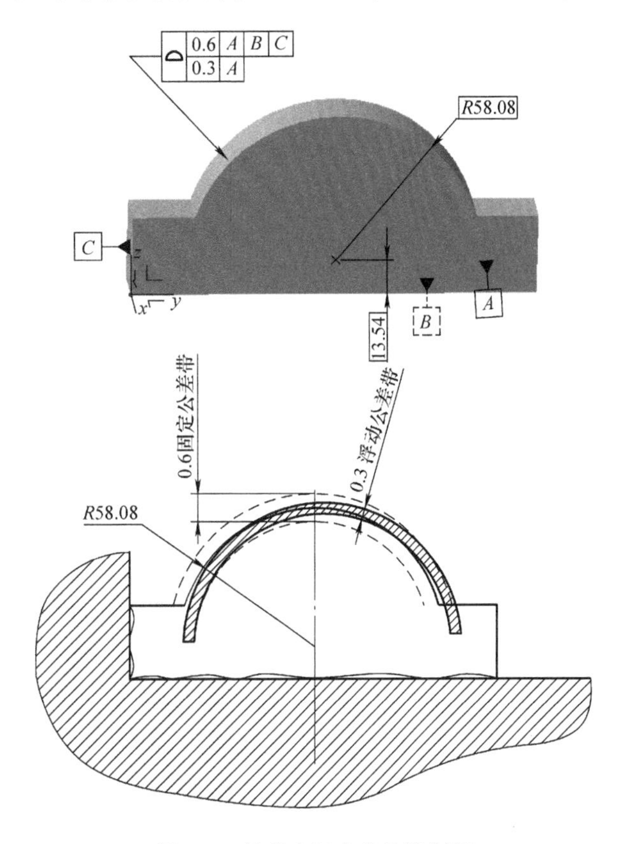

图 5-9　轮廓度组合公差控制框

当组合公差控制框控制多个面元素时，GD&T 定义为轮廓度的阵列控制。标注形式也是一个轮廓度符号和两行公差控制框，分别是第一行整体浮动公差带框（PLTZF）和阵列内几何元素之间约束公差带框（FRTZF）。PLTZF 约束几何要素的整个阵列的平移和旋转，FRTZF 约束阵列内各几何元素尺寸、形状、相互定向和相互位置。

当多行公差控制框要求不同的基准参考系（包括基准顺序的不同情况）或不同基准的修正符号时，就不再适用如上的组合公差控制框的定义方法。

独立组合公差控制框的多个面元素的控制也是阵列控制的方法，区别是独立组合公差控制框的每一行都按照 GD&T 的语法解释，在第二行开始解锁多余的基准，而组合公差控制框不但解锁了多余的基准，也解锁了基准约束的某些自由度。

二、轮廓度在不连续面特征上的应用

图 5-10 中，面元素被中间断开（例如作为凹槽），成为两个平面。这种情况下，面元素被分割成两部分，成为独立的两个面，简单的形状和定向控制无法满足这个面元素的定义。像平面度和平行度控制无法定义共面要求的公差带，不能约束所有的独立面在统一的公差带内。只有面轮廓度可以实现这种功能，面轮廓度可以创建一个统一的公差带，然后将所有独立的面约束其内（可以是阶梯面）。

如图 5-10 所示，轮廓度的公差带由两个相距 0.04mm 的平行面组成，两个面元素必须位于其内。如果满足这个轮廓度的要求，这两个受控面元素不仅约束了直线度，平面度和相互的平行度在 0.04mm 之内，而且两个面元素的共面度也是在 0.04mm 之内。如果零件高度的尺寸公差带小于 0.04 ，小于或等于轮廓度的要求，那么可以取消这个同面度的定义。尺寸公差 [如果是（10.0 ± 0.02）mm，而不是（10.0 ± 0.2）mm] 可以起到同图中轮廓度约束一样的效果。

图 5-10 不连续面的轮廓度定义中的尺寸公差为 0.4mm，出于某种功能上的需要，又定义了一个更紧的轮廓度公差 0.04mm。尺寸公差在这里不再起轮廓度控制的功能。受约束的两个受控面可以相互有 0.4mm 的偏差。面轮廓的控制允许受控面一致性地在 0.4mm 的公差带内偏移（但是不能超出尺寸公差约束），并且约束了两个特征面的平面度、直线度、平行度和共面要求在 0.04mm 的公差带内。

图 5-11 由基准参考的轮廓度定义中增加了基准的参考。这两个受控面不仅有直线度、平面度、共面要求和相互平行度约束，也有相对于基准 *A* 的平行度约束。尺寸公差定义了两个面元素的位置。

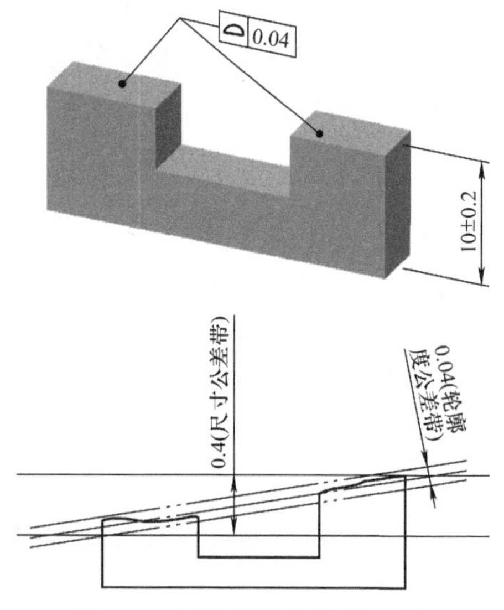

图 5-10　不连续面的轮廓度定义

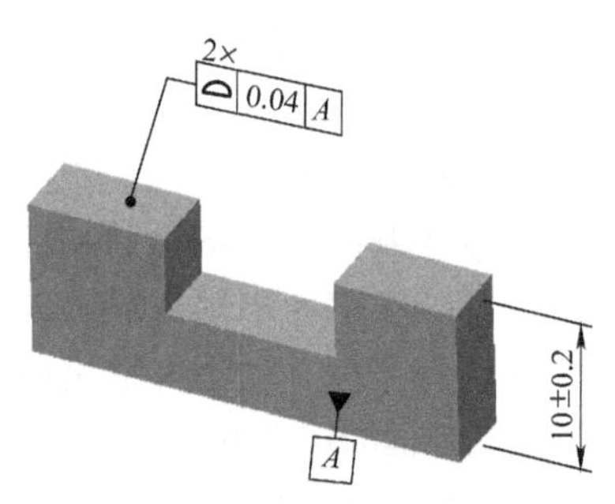

图 5-11　由基准参考的轮廓度定义

图 5-12 不连续面的轮廓度定义和公称尺寸的关系又是一种定义方式，高度尺寸被替换成公称尺寸。这个控制中受控面受直线度、平面度、共面要求，相互的平行度、相对于基准面 *A* 的平行度和相对于基准面 *A* 的位置度约束。公差带等边分布于相对于基准面的公称尺寸 10 定位的理论轮廓两侧，两个面元素不能超出 10.02mm，也不能小于 9.98mm。

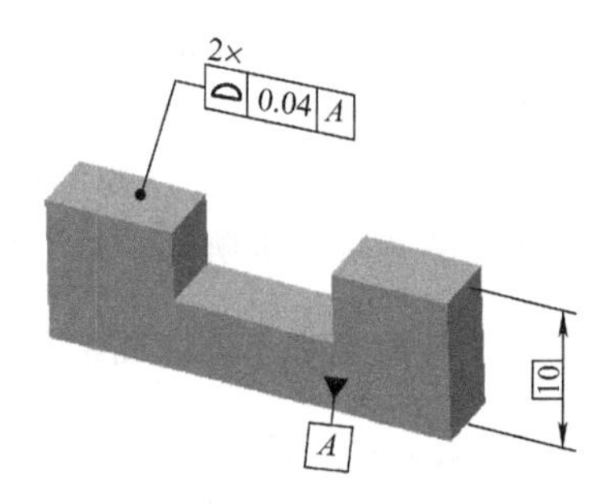

图 5-12　不连续面的轮廓度定义和公称尺寸的关系

图 5-13 也是一种共面控制的例子。三个受控面中的两个为另一个受控面的基准面。通常，当多个平面需要被共面约束时，这些平面中的一个或多个面会出于功能上的考虑被当作测量的起始基准面。在这种情况下，分布在最外部的那些面是最好的基准要素。而且公差带虽然也可以做等边分布设置，从功能上考虑，最好设置公差带在这些基准特征的高点形成的基准平面的内部。

图 5-13 可以保证那些不作为基准的平面会等高或短于基准平面。只有这样所有的面元素和基准要素上的元素必须位于公差带之内，才能避免产生不稳定的点。如果基准特征缩短，基准面形成于基准特征面上的高点，等于公差带也随着变动。如果那些没有被设置为基准的

面元素上的任何点超出基准面，那么这个受控面也是在公差带范围之外。因此，没有不稳定的尖点（这个尖点高于基准特征面上的高点）会存在于公差带之内。

这样就控制了直线度、平面度、同面要求和所有受控面的平行度（包括基准面）在公差带之内。在图5-13中，公差带不是等边分布的，全宽度在基准面之外（基准由不止一个基准面形成）。组成公差带平行面相距0.04mm。最外部的面同时相切于基准特征面*A*和*B*的高点（面*A*和*B*被看作一个连续的基准面）。在这种情况下，公差控制框中注明哪些相关面在公差约束之内是很有必要的。

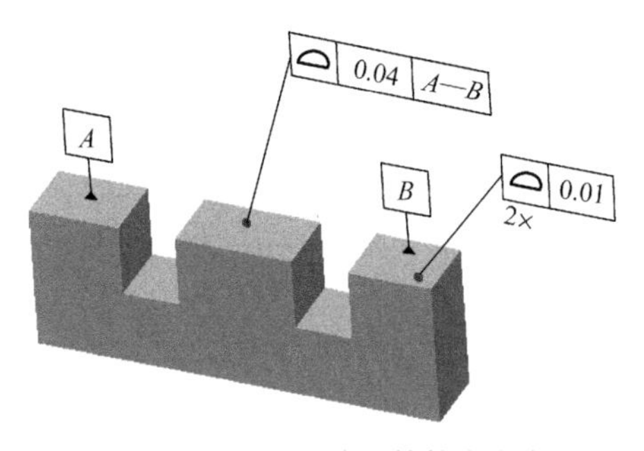

图5-13　三个不连续面的轮廓度定义

轮廓度的一个重要应用是对于锥度几何元素的同轴控制。图5-14是单行公差控制框和组合公差控制框的比较。组合公差控制框的第一行定义了锥面的位置浮动公差0.05mm，第二行定义了这个锥面的形状和方向（平行于*B*轴浮动）误差0.01mm，要注意的是锥面必须整体向一个方向平移。

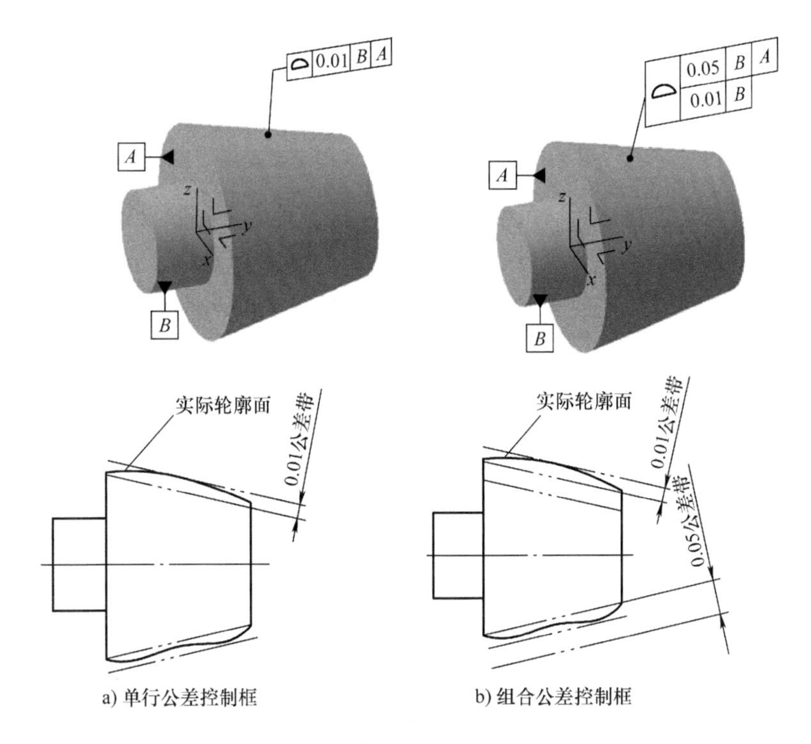

图5-14　面轮廓度在锥面上的应用

三、轮廓度的应用及隐含的加工次序

图5-15中的零件尺寸标注隐含了加工顺序。一些特征是另一些特征存在的先决条件。零件毛坯加工的第一道工序是基准*A*的几何公差控制，使基准特征*A*面符合0.2mm的平面度

（或者选择本身能够满足这个平面度要求的板材）。作为基准 *B* 的孔相关于基准 *A*，基准 *A* 是基准 *B* 唯一的参考基准，它们的关系是垂直。公差控制框①中的几何公差控制方式为垂直度。这个公差框可以解释为，当基准孔 *B* 的尺寸相对于基准面 *A* 为 MMC（ϕ8.0）时，基准特征 *B* 的轴线的垂直度公差带为 ϕ0.5 圆柱面。这个公差框也隐含着基准元素 *A* 之后才有 *B* 基准（基准的顺序性）。

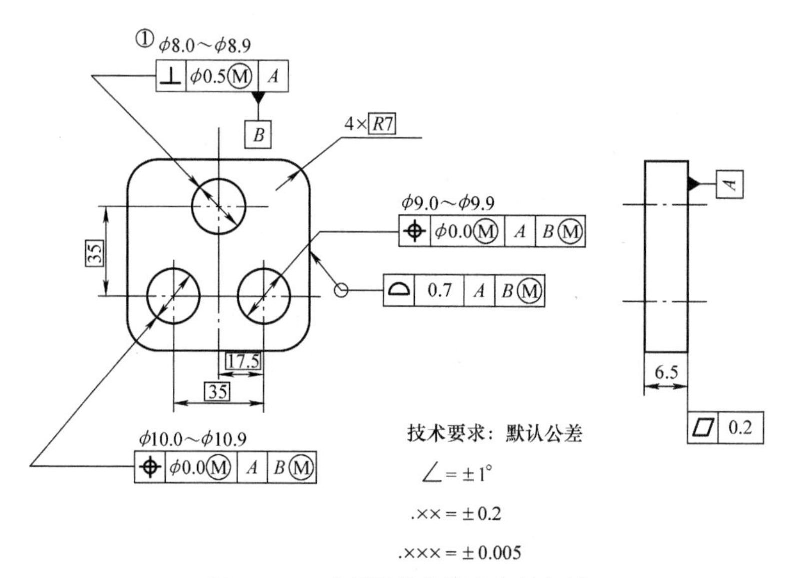

图 5-15　一个零件的轮廓度定义实例

基准 *A* 和 *B* 被定义创建之后，可以开始零件上的其他元素被隐含说明同步创建。这由两种方式实现:第一，图样中的其他尺寸控制使用基准 *A*（作为用来垂直的主定位）和基准 *B*（作为定位的第二基准），MMC 条件修正（其实效边界相关于基准 *A*，实效边界直径为 ϕ7.5）；第二，所有特征在同一种设置状态下生产。并且，如果基准元素 *B* 比其的实效尺寸 ϕ7.5 大，三孔阵列可以容许偏移，必须保证这个偏移是所有的特征在同一方向上同步发生的。这就确保了孔阵列仍然能够同步满足功能要求（如装配）。

所有这些特征需要配合于另一个零件的相对应特征上。这些特征的相互距离 / 关系维持在相对固定的位置，就能更好保证零件的装配。这些被基准 *B* 定义的特征向不同方向偏移的允许量决定于 *B* 基准的实际加工尺寸。

在实际加工过程中，如果在不同的加工工序中能控制住零件内的特征相互关系，不必遵循图样中隐含的加工序列。检测程序需要确认这些受控特征的相互关系被充分约束，能够作为一个整体被加工。隐含的加工序列可以非常有效的向图样阅读者传递图样样要求，实现零件功能的元素内部约束关系。同零件的三个孔，零件的轮廓度作为所有一起组成零件的元素，参考于基准 *A* 和 *B*，关联于其他零件上的特征。

轮廓度是 ASME Y14.5 中功能最多的几何公差控制。轮廓度可以处理许多难题。如果设计者要在几何上定义非规则几何元素的尺寸、形状、定向和位置的公差，其他几何公差控制方式很难定义，那么轮廓度会比较适合这些情况。通常，轮廓度能够容易的定义一些较难的几何定义的问题。

第六章　几何公差控制——定向控制

定向控制是约束几何元素间的角度关系，对于平面元素，如果没有相切平面Ⓣ修正，那么定向控制同时具有平面度的约束功能。如果定向控制包含的平面度达不到产品要求，可以给出加严定义的平面度。因为定向控制不能定义位置，所以定向控制通常联合位置度、轮廓度来进行定义。

定向控制包含三种控制方式：倾斜度、垂直度和平行度。其中垂直度和平行度被认为是倾斜度控制的 0° 和 90° 的两种特殊应用情况。因为平行度和垂直度应用更广泛，所以从倾斜度控制方式独立出来。这三种定向控制都需要参考基准，如基准面、拟合中心基准面或基准轴线。并且这三种控制方式的公差带的单位都是距离单位，不是角度单位。

在考虑尺寸特征的内部关系之前，每一个受控特征都必须看作是一个受其自身尺寸限制的独立特征。如果没有特殊要求，例如，一个尺寸无关原则控制的特征（比如直线度控制），必须首先检测受定向控制（倾斜度、垂直度和平行度）的特征满足特征整体尺寸上在最大实体尺寸（MMC）之内，且每一个截面上的直径方向上的相对点的值不小于最小实体尺寸（LMC）。只有受控特征满足这些独立尺寸要求，然后才开始被用来作为内部尺寸参考。这个原则对所有的尺寸相关原则适用。

通常要用到不止一个基准特征在不同方向上来固定一个零件和定义公差带。公差带要求所有受控面、轴或拟合中心面的元素位于其范围内。每一个面上的线元素可能是独立控制的，需要各自验证这些线元素在其各自的公差带范围内（公差带是由两个定向于基准的平行线）。应用这个控制方式，常常需要在公差控制框下面给出标注，如“每个线元素”“每个点元素”“每个径向元素”。如果描述功能，如为了控制定向、一个平面相切于一个面元素，可以在公差控制框中的公差值后面附加Ⓣ符号修正。

倾斜度是约束了面上的线元素、整个面特征、轴或中心面相对于一个基准面或轴为规定的基本倾斜度尺寸的（除 0° 、90° 、180° 或 360° 之外）一种几何公差控制方式。倾斜度控制可以参考多个基准。平行度约束了面上的线元素、整个面特征、轴或中心面等距于一个或多个基准面或基准轴。垂直度约束了面上的线元素、整个面特征、轴或中心面成 90° 于一个或多个基准面或基准轴。

对于更具体的倾斜度、垂直度和平行度定义，请见本章后续内容。

第一节　倾斜度的定义及应用

一、倾斜度的定义

倾斜度可称得上是定向控制中的父系，垂直度和平行度派生于倾斜度，也就是说它们是倾斜度两种特殊的定向角：90°（垂直）和 0°（平行）。倾斜度约束了面、中心面或轴相对于一个基准面、拟合中心面或轴成一定的倾斜度的公差（注意这里的联合倾斜度控制的角度尺寸是一个公称角度）。如果有尺寸公差共同约束，倾斜度公差常被用来作为位置控制的加严要求。倾斜度的公差带通常是两个有规定公差值间距的平行面，也有圆柱面公差带的情况，并且需要不止一个基准来定位。也可能这个公差带是由两个平行线组成的，并且在公差控制框下说明为“每一个线元素”。不管以上哪一种方式，定向公差带的角度值必须为一个公称角度（没有公差）。

倾斜度公差控制框必须包含一个倾斜度控制符号和一个倾斜度公差值，并且一定有一个以上的参考基准，并且可以使用实体材料修正，如果没有最大实体原则（MMC）和最小实体原则（LMC）修正，那么默认为使用不相关原则（RFS）。

定向于基本角上的公差可以是局部定义，如每间距 10mm 上的倾斜度控制。这个说明应在公差控制框之外。

倾斜度是定向公差控制，注意倾斜度控制不同于导角或沉孔控制，应用于总成装配中成倾斜度关系的元素之间的控制，或者一个元素的成形需要。倾斜度的公差带和通常的角公差有很大差别，角的公差如 45° ±2° 之类，而倾斜度公差带是一个距离单位，并至少一个基准需要引用。倾斜度公差在几何公差控制的方式中很容易理解和掌握。

一个倾斜度公差相关于一个公称角度、一个基准参考和一个公差值，注意这公差值绝不是度分秒，表示的公差带是一个给定公差值的距离单位。

测量倾斜度公差的时候，通常要将零件放置在与公称角度的相等的测量平台上垫“平”零件的受控面，这样被测平面就理论上和测量平台在一个平面上，检测员然后就可以使用安装在高度尺上的千分尺探针对被测面进行全扫描测量，读出波峰波谷的值来验证受控平面相对于基准面的倾斜度。

倾斜度公差控制的应用注意事项如下：

1）倾斜度公差需要参考至少一个以上基准。

2）倾斜度公差需要一个公称角度尺寸定义基准面的理论位置。

3）如果没有特殊要求，倾斜度公差带所有情况下都是两个相距给定公差值的平行面或圆柱面，以公称角度值倾斜定向于参考基准。

4）倾斜度公差同时控制了受控面的平面度。

5）倾斜度公差可以应用不相关原则和 MMC 原则修正。

6）倾斜度公差是距离单位，不能够使用量角器测量倾斜度公差。

二、特征平面到基准面的控制应用

图 6-1 是一个最典型的倾斜度控制例子，平面元素定向于基准面 *A*。图中的倾斜度公差带是两个相距 0.3mm 的平行面公差带，公差带与基准面 *A* 成 30° 角。基准面 *A* 由高点形成。这个例子使用 RFS，并且也只能使用 RFS 的材料修正，不能获得公差补偿。就是说在任何的尺寸公差下，倾斜度公差值都是 0.3mm。由于尺寸公差的限定，定向公差不能超出尺寸公差限定的 MMC。这个零件的顶部尺寸不能超过 20.5mm 的最大实体尺寸。

加工的受控面必须位于 0.3mm 的公差带内来满足倾斜度控制。这个控制综合定义了这个面的直线度和平面度，并且相当于也定义了特征面的 30° 定向。

图 6-2 双基准的倾斜度控制所示是一个使用两个基准控制倾斜度公差的定义方法。检测对象要先满足 *A* 基准的设置，再设置 *B* 基准。通常 *B* 基准是一个防止检测特征旋转的约束。注意的是这里 *A* 和 *B* 基准都是方向控制，不定位受控面的位置。因此必定有其他尺寸方式来控制面的位置来完整约束这个面元素。

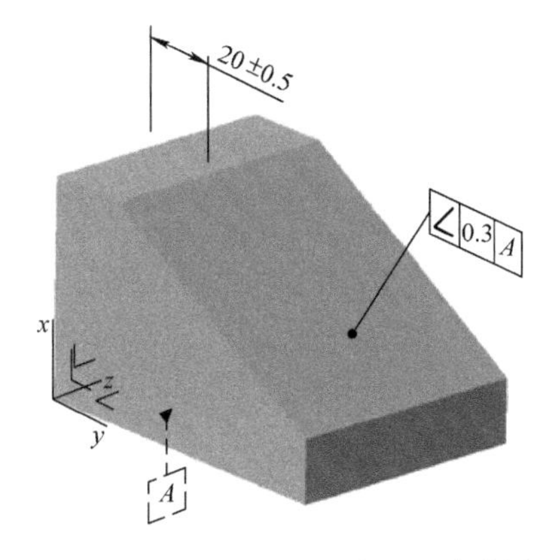

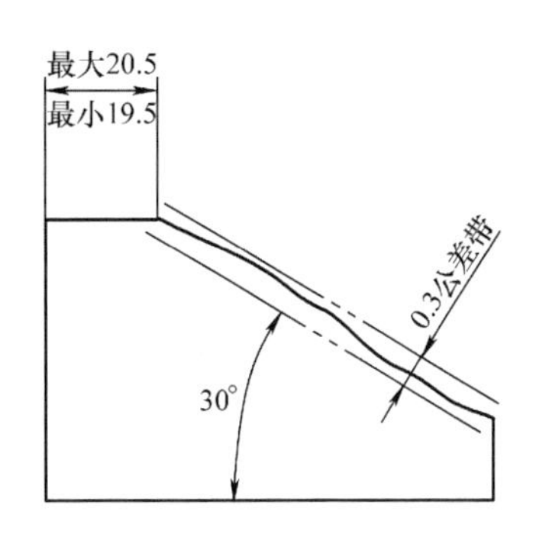

图 6-1　倾斜度应用到面元素

三、特征轴到基准面的控制应用

倾斜度也可以控制一个孔或轴相对于一个基准面或轴线倾斜度公差。在这种控制中，必须先定义一个名义角度值。当倾斜度控制包含 0°、90°、180°和 270°，不必标出名义角度，但其实是默认了公称角度值。基准控制框中必须包含一个以上基准。轴线到面的倾斜度控制公差带通常是两个平行面。当更严格更可靠的要求被提出来的时候，特征轴的定义就需要不止一个基准参考。有时会使用 ϕ 符号在公差值之前，这时候的公差带是一个圆柱面。

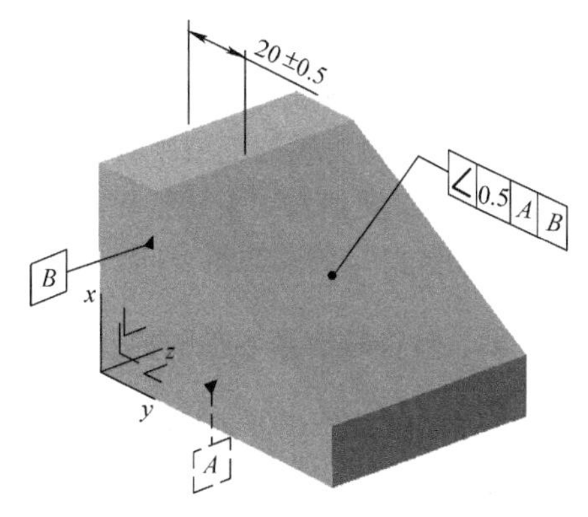

图 6-2　双基准的倾斜度控制

当控制一个孔或轴的轴线相对于一个基准平面倾斜时，如图 6-3 所示。特征尺寸可以使用最大实体材料符号Ⓜ修正。如果是 MMC 修正，那么当尺寸要素从 MMC 向 LMC 变化时，倾斜度公差会获得等量的公差补偿。然而，如果孔或轴是尺寸不相关原则（RFS），倾斜度公差带于尺寸公差的变化无关，保持为公差框中的值不变。

图 6-4 所示是一个孔元素被倾斜度定向于另一个孔或轴的轴线上，这个轴或孔的基准是被尺寸公差约束，所以具有极限尺寸 MMC 和 LMC，公差控制框中 A 基准也可以被 MMC 条件修正。待测孔或轴的直径为 ϕ15.5~ϕ16.0mm。这个公差框定义了一个变量的倾斜度公差值。假设这个待测元素是一个孔，可以解释为当基准孔的值待测孔直径的尺寸为最大实体尺寸时（ϕ15.5mm），倾斜度公差是 ϕ0.15mm。当孔特征由最大实体尺寸 ϕ15.5mm 向最小实体尺寸 ϕ16.0mm 变化时，倾斜度公差值得到相等的公差补偿。这个目的是为了在公差带允许的范围内增加可用公差带，降低生产成本。尺寸公差，如孔或轴的直径相对容易加工，而几何公差倾斜度的生产工艺相对困难，成本高。如果基准 A 和基准 B 是孔元素，那么可以 MMB 修正，这样基准 A 就是间隙基准销，当零件插入 A 基准，检具的基准销 A 和零件的基准孔 A 的间隙允许零件在基准框架上有浮动量，但这个补偿不作计算，只看作是一种装配的优化。

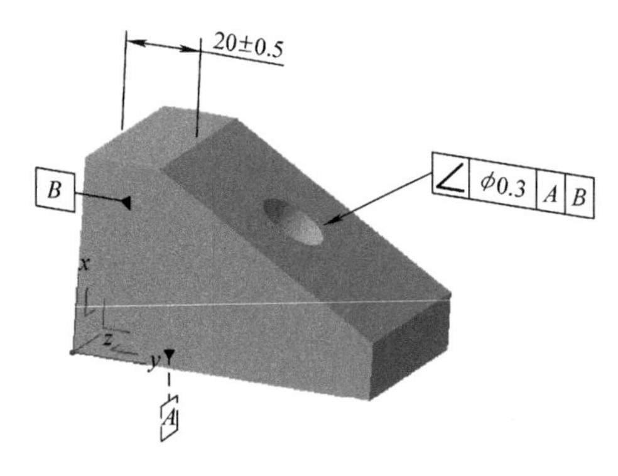

图 6-3　倾斜度控制轴线

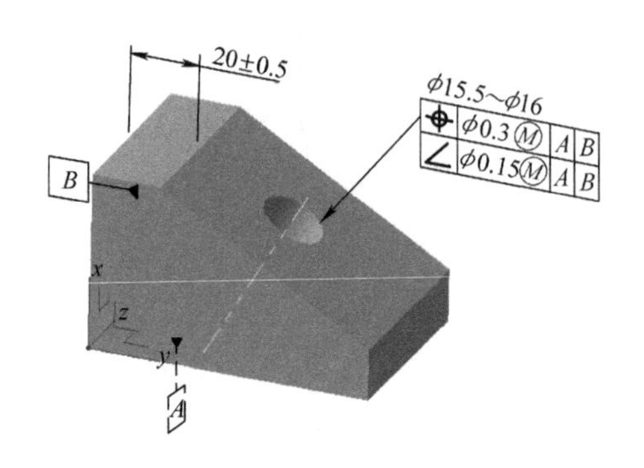

图 6-4　MMC 修正的倾斜度控制

在 MMC 修正情况下地检验最好使用功能检具。功能检具的尺寸是待测几何元素的实效尺寸（实效尺寸 Virtual condition size），也是边界匹配条件。功能检具能够自动地适应零件的结果几何公差。

特征轴到基准面的应用注意事项如下：

1）特征轴线以规定的倾斜度定位于参考的基准面。

2）公差带为圆柱面或平行面，等长于几何元素。

3）倾斜度如果约束一条轴线，没有约束这条轴线的位置，只约束倾斜方向。

四、特征轴到基准轴的控制应用

图 6-5 所示公差带是这样定义的：一个和几何元素同长的圆柱面，直径为规定的公差值 ϕ 0.3mm，以公称角度 45° 倾斜定向与基准参考轴 *A*。

倾斜度控制是特征轴和参考轴线以一定的倾斜定向的控制（90° 除外）。图 6-5 倾斜度控制轴元素间的关系孔元素的模拟轴线以一定的倾斜度定位于基准轴 *A*，公差带为一个圆柱面 ϕ 0.3mm。

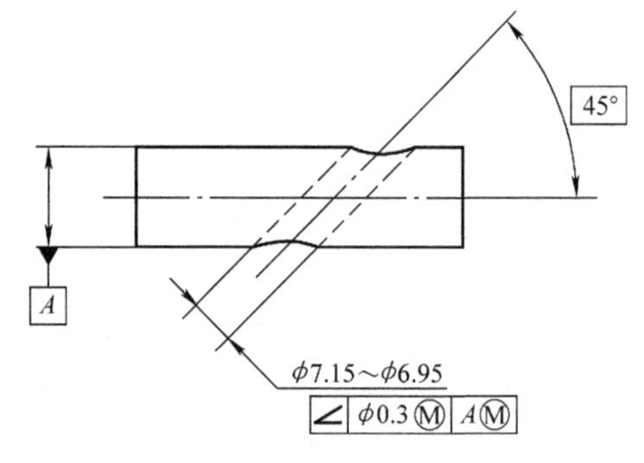

图 6-5　倾斜度控制轴元素间的关系

第二节　垂直度的定义、应用及检测方法

一、垂直度定义

垂直度是一个定向公差控制，派生于倾斜度控制。垂直度应用于成 90° 关系的几何元素定义，包括面，轴和拟合中心面。垂直度必须参考一个以上基准，面与面的垂直度约束了受控面位于两个相距规定公差值的平行面之间，且这两个平行面垂直于参考的基准面。垂直度和尺寸公差联合使用，通常起到加严公差的目的。垂直度常用于第二基准和第三基准特征的建立，如第二基准特征垂直于主基准，第三基准垂直于第一基准和第二基准。

垂直度公差控制框包含一个垂直度符号，一个垂直度公差和至少一个基准。垂直度可以引用一个以上的基准元素。如果没有Ⓜ和Ⓛ修正，那么默认为 RFS 或 RMB 条件修正。

垂直度的公差带也是距离单位，当定义面或中心面时，可能为两个平行面，平行面的距离为规定公差值；也可能是两条平行线，公差控制框的下方会有说明“应用于每一个线元素”。

垂直度的特点是定向控制一个特征垂直于一个基准面或轴。通常为了检测方便，图样上都给出一些关键词（如被称为受控特征的“面、轴或拟合中心面”和被称为基准的“基准面或基准轴”）。受控面可以是任何平面，并且这个平面参考于一个基准面，这个基准面是由另一个平面上的高点创建（至少三点接触）。

图 6-6 中，受控特征是一个平面，零件不能超出最大实体尺寸 20.5mm，并且每一个剖面的尺寸也不能小于最小实体尺寸 19.5mm。所有受控面（*ab* 面）上的元素必须位于两个平行面之间，平行面的间距为 0.15mm。这两个平行面是想象的，垂直于另一个由基准特征面 *A* 的高点形成的想象的平面。对于这种公差控制，至少一个基准需要引用。通常为了定向一个公差带，需要多个基准联合完成。

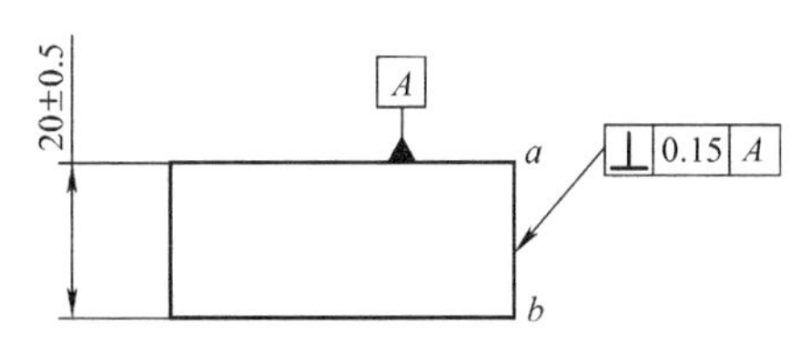

图 6-6　垂直度的典型应用

如果没有 0.15mm 的垂直度公差要求，垂直度默认为图样标题栏中角度的通用公差，另外注意标题栏中的通用尺寸公差也会对垂直度有影响。因为不能定位特征，所以垂直度的公差控制框应该联合其他控制方式联合定义。垂直度公差控制框直接标注在受控元素的引线上。如果垂直度没有 MMC 或 LMC 的修正，那么不能够进行公差补偿。

垂直度应用注意事项如下：

1）垂直度必须参考一个以上基准，且垂直于基准。

2）对于受控面或中心面，垂直度的公差带为两个相距规定公差值的平行面。

3）对于受控的轴线，如果没有声明为一个圆柱面，那么这种情况的公差带为两个相距规定公差值的两个平行面，平行面垂直于基准，可旋转产生无限个可用公差带。

4）RFS 修正下，垂直度必须使用数量型工具测量；如果应用 MMC 原则，可使用属性检具测量。

5）垂直度同时控制了受控面的平面度。

二、特征面垂直于基准面的控制

在图 6-7 所示的例子中，垂直度控制了平面元素和基准参考面之间的垂直关系。垂直度控制的公差带是两个相距为规定公差值（0.3mm）的平行面，平行面定向垂直于基准参考面 *A*。

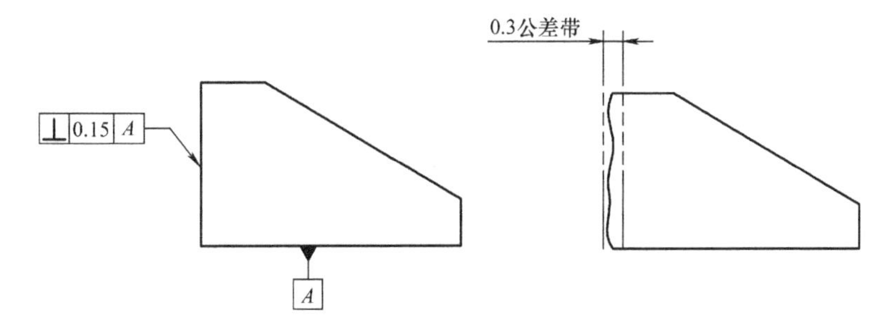

图 6-7　面元素垂直于基准面的控制

面元素垂直于基准面的应用条件：

1）面元素以一定的倾斜度定位于基准面，并在规定的公差范围内。

2）应用尺寸不相关原则。

3）公差值是两个基准垂直面的间距。

三、特征轴到基准面的垂直度

孔或销轴的轴线到一个基准面的垂直度控制在工程应用中也是比较常见的。如图 6-8 所示，孔的轴线垂直于基准面 *C*，垂直度公差值为一个 ϕ 0.3mm 的圆柱面，其中的垂直度控制应用特征轴线垂直于参考基准面的倾斜度控制。公差框中的直径符号规定了公差带形状。当此孔的直径尺寸为最大实体尺寸 ϕ 15.5mm 时，垂直度控制的公差带为 ϕ 0.3mm。孔的实际加工轴线必须位于一个圆柱面公差带内，这个公差带直径为 ϕ 0.3mm，垂直于由基准面元素 *C* 上至少三个高点形成的基准面。因为基准特征 *C* 不是一个尺寸要素，所以基准特征后面不能附加 MMC 或 LMC 修正。

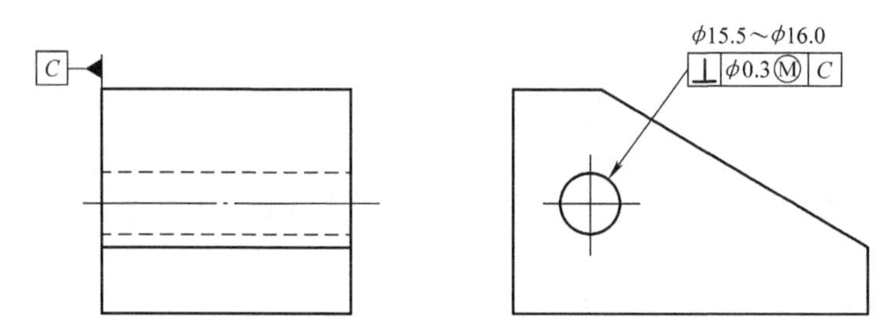

图 6-8　垂直度对轴元素到基准面的控制

当孔特征由最大实体尺寸 MMC(ϕ 15.5mm) 向最小实体尺寸 LMC（ϕ 16.0mm）变化时，垂直度公差带获得相应的公差补偿，例如：

当孔的实际尺寸为 ϕ 15.5mm（MMC）时，验收公差带是 ϕ 0.3mm。

当孔的实际尺寸为 ϕ 15.6mm 时，验收公差带是 ϕ 0.4mm。

当孔的实际尺寸为 ϕ 15.7mm 时，验收公差带是 ϕ 0.5mm。

当孔的实际尺寸为 ϕ 15.8mm 时，验收公差带是 ϕ 0.7mm。

当孔的实际尺寸为 ϕ 16.0mm（MMC）时，验收公差带获得最大补偿为 ϕ 0.8mm。

图 6-8 中的垂直度公差要求为孔的轴线可以在公差带柱面内允许一定的倾斜度。这个特征轴线和基准面之间的内在关系创建了一个实效边界。这个实效边界等于最大实体尺寸（MMC）ϕ 15.5mm 减去最大实体条件下的垂直度公差 ϕ 0.3mm，等于 ϕ 15.2mm（= ϕ 15.5mm − ϕ 0.3mm），是这个孔的配合边界，当然这个实效边界也垂直于基准面 *C*。

作为一个独立的尺寸要素，在作垂直度检测的之前，应该先验证这个孔的尺寸是否合格。不考虑这个孔和基准 *C* 的关系，应当确认这个孔的整体没有小于 ϕ 15.5mm（MMC）。然后进行 LMC 检查，就是每个截面上的直径方向上的相对点不能大于 ϕ 16.0mm，如图 6-9 所示。

垂直度控制是一种定向控制方式，因此公差控制框中至少有一个公差控制符号、一个公差值和至少一个基准。如果受控几何元素是一个圆柱面尺寸要素（孔或销轴的直径），适当的时候也可能需要一个直径符号。对于平面要素，直径符号不适合作为形状修正。

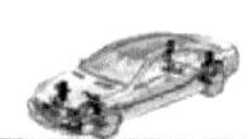

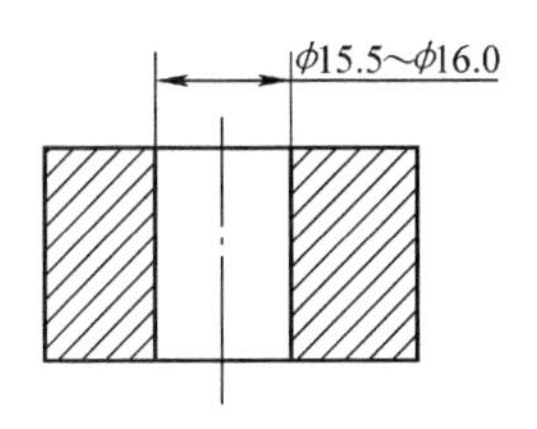

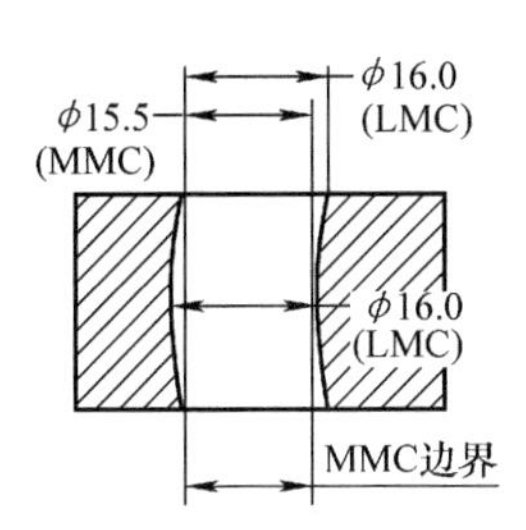

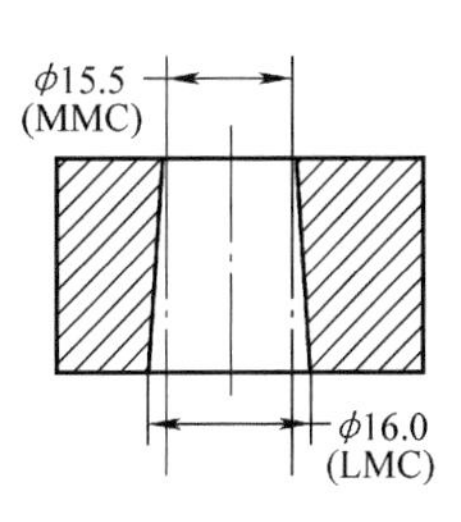

图 6-9　包容法则定义的直径极限尺寸

垂直度可以参考多个基准要素，从而受控特征被多个基准定向约束。如果受控特征是尺寸要素，必须先验证尺寸公差，再进行受控特征到基准的垂直度的检查。最大实体材料符号可以应用到尺寸特征，当尺寸特征（如轴或孔）的尺寸从 MMC 向 LMC 变化时，垂直度公差带可以获得额外相等变化量的公差补偿。使用最大实体原则设计方法，可以在不影响产品质量的情况下，降低尺寸精度要求，从而降低生产成本。如果公差控制框中没有 MMC 或 LMC 修正，按照几何公差法则二，默认为尺寸不相关原则（RFS），尺寸公差和垂直度各自独立检测，垂直度公差带为常量，配合边界为变量。

图 6-8 中的垂直度控制应用特征轴线垂直于参考基准面的方向控制，公差框中的直径符号规定了公差带形状。当孔元素的直径尺寸为最大实体尺寸 ϕ 15.5mm 时，此控制的公差带为 ϕ 0.3mm 圆柱面，圆柱面公差带定向约束垂直于基准参考面 *C*。测量时，应注意公差带的圆柱面长度要大于等于零件厚度。

特征轴到基准面的垂直度应用注意事项如下：

1）特征轴垂直于基准面，在规定的公差带（圆柱面）内，圆柱面长度大于等于元素长度。

2）垂直度可应用 RFS、LMC 和 MMC 修正。

四、特征轴到基准轴的垂直度控制

这种情况的垂直度控制方式是孔或销轴的圆柱面特征垂直于基准轴，其本质是线相对于线的垂直度控制，特征轴必须以规定的公差值垂直于基准轴，图 6-10 所示是两个轴线的垂直度定义。

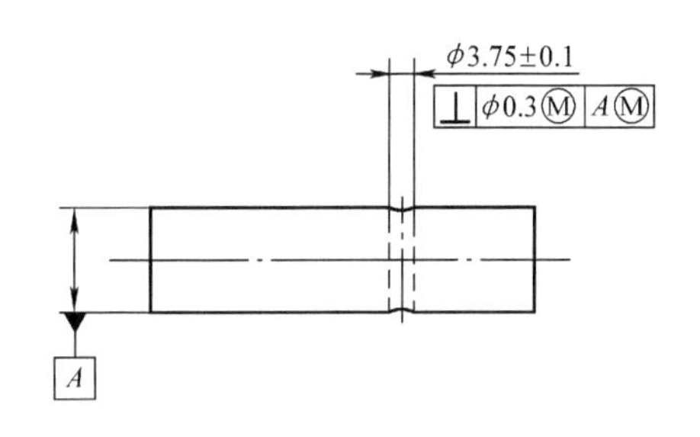

图 6-10　特征轴到基准轴的垂直度控制

线之间的垂直定义是空间中的线相互成 90°，一条线可以在空间中作 360° 旋转，而不破坏和另一根线的垂直关系，垂直度的约束仅仅是控制它们之间的 90° 关系。因此在空间关系上，这个公差带是两个平行面。图 6-10 中的垂直度应用圆柱面公差带来控制线相对于线的垂直度控制，限制了受控轴线可能弯曲的情况。垂直度无法控制一个轴线到一个特征轴的位置关系，轴线的充分定义还需要增加同位置度或尺寸公差的联合定义，位置上的约束可以用来使轴线相交。在轴线相对于轴线的垂直度控制中，受控特征的尺寸要素的几何公差值和公差框中的基准要素都可以使用 MMC 或 LMC 修正，无 MMC 或 LMC 修正情况下默认为 RFS 修正。

图 6-10 中的垂直度控制应用特征轴线垂直于参考基准轴的垂直度控制，因为公差框中有直径符号，所以公差带是公差值为 ϕ 0.3mm 的圆柱面。这个圆柱面公差带定向约束垂直于基准参考轴线 *A*。尺寸特征基准 *A* 可以在公差框中被 MMB 修正，意义是当尺寸特征 *A* 的轴径由最大实体尺寸向最小实体尺寸变化时，整个轴 *A* 因为可以获得一定的倾斜，使被测量的孔的垂直度公差带可以获得补偿，就是说受控孔轴线可以倾斜于基准轴线 *A*，原垂直度的接受范围扩大（$>\phi$ 0.3mm），从而更多的零件能够通过检验。

一个尺寸要素相对于另一个尺寸基准要素的垂直度（如孔相对于孔，轴相对于轴，或孔相对于轴）是相关联控制，需要引用基准。如果只参考一个基准（用来限制轴线绕基准轴线的旋转），公差带的形状是两个平行面。在不止一个基准参考的情况下，公差带的形状通常被指定为一个圆柱面，这表示设计者需要将圆柱面公差带垂直于主基准轴线并且定向于第二基准。默认条件下，每一个尺寸要素本身也必须满足各自的极限尺寸（MMC 的整体尺寸约束和每个截面上的 LMC 约束）。

实效边界尺寸在这里可以用来控制特征和基准轴线之间的相互关系。公差控制框中的公差值可以小于或大于尺寸公差值。如果在公差控制框中公差值和基准后面都没有 MMC 或 LMC 的修正符号，意味着尺寸要素和基准要素都应用 RFS 原则。如果 MMC 符号出现在公差值后面，当尺寸要素偏离 MMC 时，垂直度公差可以获得等量的补偿。如果基准要素后面有 MMC 修正，那么当基准要素尺寸偏离 MMC 时，受控要素公差带可以获得一个补偿量，相当于同基准要素间的相互约束变得宽松。

特征轴到基准轴的垂直度应用注意事项如下：

1）特征轴和基准轴之间的定位，特征轴位于给定的公差带内（两个平行面）。

2）可应用包容原则或尺寸不相关原则。

五、中心面对基准面的垂直度应用

图 6-11 所示是中心面对基准面的垂直度应用实例。公差控制框中使用了 MMC 修正，意义是当槽宽大于最大实体尺寸 35.4mm 时，垂直度公差可以得到公差补偿。中心面的平行面公差带垂直于基准面 *A*，并垂直于基准面 *B*，而不是定位于 *B*，垂直度的公差带的平行面中心并没有定位在 30mm 的公称尺寸上，所以这个槽孔还需要补充位置定义，请参考图 6-12 的设计方法。

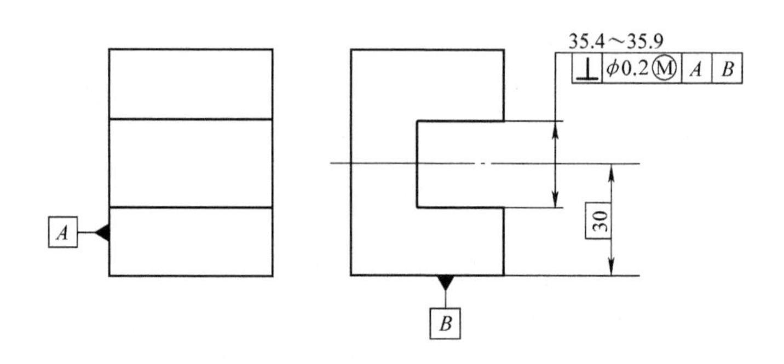

图 6-11　中心面对基准面的垂直度应用

图 6-11 垂直度约束可以解释为，当槽口的宽度为最大实体尺寸 35.4mm 时，此槽中心面的公差带为两个平行间距是 0.2mm 的平行面，且平行面垂直于基准面 *A* 和基准面 *B*。

图 6-12 是继续对凹槽特征的完善定义，案例中给出两种定位凹槽的方式。方式①使用公称尺寸，公称尺寸定义了槽中心位置的真实位置度，就是凹槽的位置度公差带平行面中心的位置，垂直度公差带（0.2mm 平行面）在位置度公差带（1.0mm 平行面）内浮动。方式②使用尺寸公差定义了中心面位置，尺寸公差带的宽大于垂直度公差带，尺寸公差带在这里功能等同于位置度公差带，也是垂直于基准面 *A* 的两个平行面，并定向定位于基准面 *B*。垂直度公差带在宽度为 1.0mm 平行面尺寸公差带内浮动。设计中如果没有垂直度，尺寸公差带按照几何公差的法则一，可以在替代垂直度约束。垂直度因为没有定位功能，所以不能替代位置度。

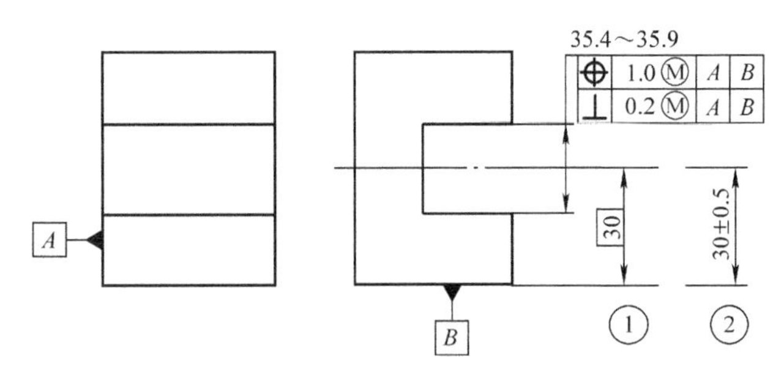

图 6-12　公称尺寸与尺寸公差的对比

对于中心面到基准面垂直度的测量，当应用 RFS 原则，非 MMC、LMC 修正的情况下，典型的测量设置需要使用一个能正好配合入槽孔的检具块，然后使用千分尺读数器扫描检具块，方向垂直于基准面 *A*，平行于基准面 *B* 测量，千分尺读数器沿检具块纵向移动，扫描距离等于槽深，如果读数器移动全量读数超过 0.20mm，判断为不合格产品。

六、两种垂直度标注方式的比较

图 6-13 中的两种标注方式会被误认为相同的几何公差控制方式。事实上这两种方式有很大差异。图 6-13a 所示的方式是轴拟合中心线受垂直度约束，在轴为最大实体尺寸 ϕ11.6mm 时，垂直度公差带为 ϕ0.25mm，并垂直于基准面 *A* 的圆柱面公差带。当实际加工的轴的尺寸偏离于 MMC 时（且在尺寸公差范围内变小），垂直度圆柱面公差带可以获得额外补偿，允许更大的垂直度偏差。基准面 *A* 没有平面度的控制。基准面 *A* 由基准特征面 *A* 的至少三个高点形成。

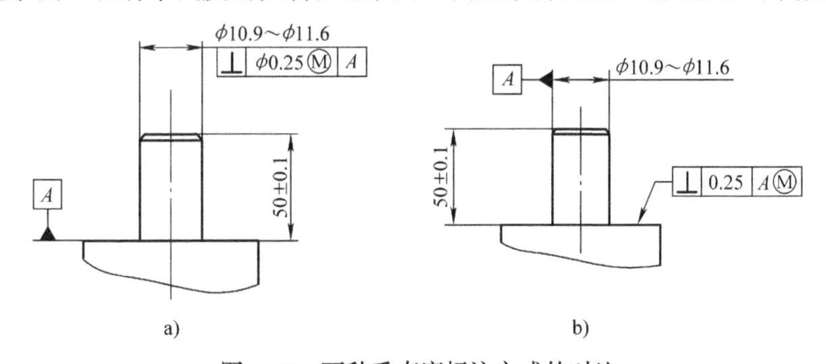

图 6-13　两种垂直度标注方式的对比

图 6-13b 所示受控特征是零件的底面。这个受控面必须在两个平行面公差带之间，平行面相距 0.25mm。这两个想象的平行面理想的垂直于基准轴 *A*。所有受控特征（零件底

面）的元素必须位于两个平行面之间。因此这种方式不但控制了垂直度，也控制了平面度（0.25mm）。因为受控面不是一个尺寸特征，所以这个特征不能被 MMC 条件修正，原公差带（0.25mm）不能得到补偿，受控面的平面度因此是固定值。

图 6-13b 中基准引用了 MMC 修正原则，当基准要素 *A* 偏离 MMC（基准轴 *A* 在尺寸公差范围内变小），控制零件底面的公差带允许相应的浮动（基准补偿）。两个平行面公差带相距 0.25mm，受控面必须位于公差带范围内，但因为基准补偿，这个平行面公差带可以获得一定的倾斜。当轴径变小的时候，平行面公差带可以倾斜一定数值满足垂直度要求（定向宽松）。这等同于增大了垂直度公差，但是平面度仍然保持 0.25mm 不变。

七、垂直度的综合应用

图 6-14 所示的是一个垂直度的典型综合应用实例，零件的主基准面是 *A*，第二基准是 *B*。对于基准 *B*，定义的方式使用了垂直度。垂直度通常用类似的方式定义第二基准。这里基准 *B* 的尺寸使用 MMC 修正，理论的基准尺寸是 ϕ46.72mm，在实际生产中需要考虑这个基准轴 10% 的磨损和加工误差。

公差带示意如图 6-15 所示，MMC 条件下的实效边界由尺寸要素的最大实体尺寸和几何公差产生。四个孔的尺寸不能超出实效边界 ϕ8.2mm，以满足各孔的位置度约束。四孔阵列的实效边界理论上恰好以基准元素 *B* 轴线为中心（ϕ34mm 的圆）。但是由于在四孔阵列的公差控制框中基准特征 *B* 被 MMC 条件修正，导致四孔阵列可以获得公差补偿，偏移基准轴 *B*，当基准要素 *B* 的尺寸小于其实效边界 ϕ46.72mm。

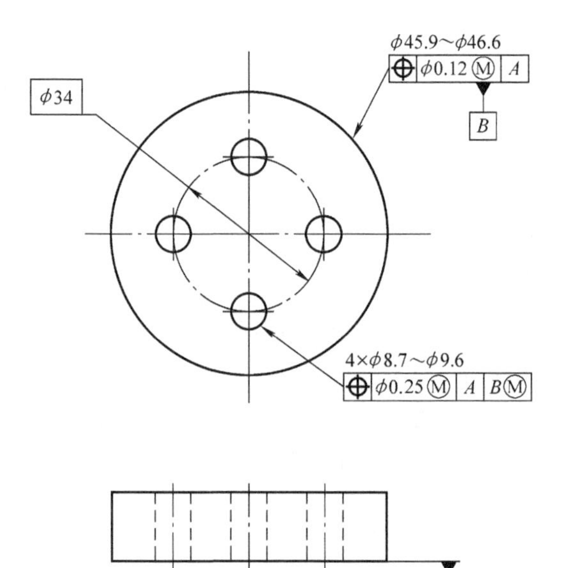

图 6-14　位置度与垂直度联合定义的案例

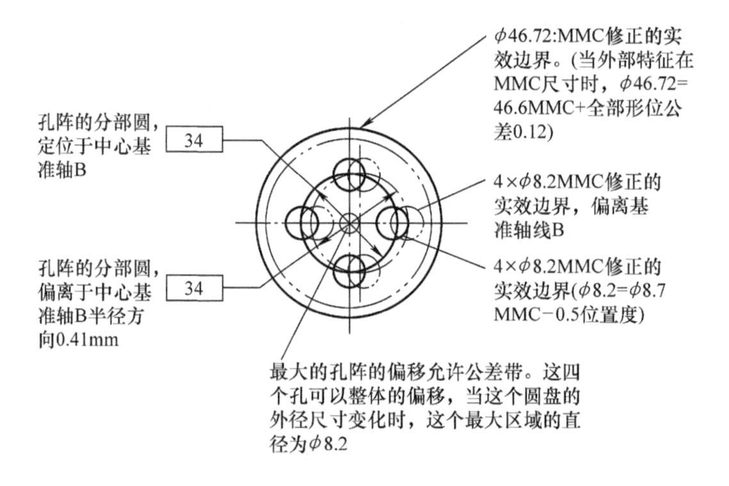

图 6-15　公差带示意图

这个四孔阵列的整体浮动成立条件是当四个孔的实效边界相互成 90°，位于 ϕ34mm 的分布圆上，并垂直于主基准 *A*。因为基准 *B* 特征可以被加工成最小尺寸直径 45.9mm。理论上，如果在这个尺寸时，理想状态地垂直于基准面 *A*。四孔阵的分布中心可以偏离第二基准轴 *B* 的公差带为 ϕ0.82mm。这个效果就是四个实效边界孔可以整体的偏离距离第二基准轴 *B*。

如果零件和一个有四个销的圆腔体零件配合，且 MMC 修正四个孔的位置度公差控制框的基准 *B*，那么零件允许浮动。只要这个圆盘可以装入销腔内，不论偏移与否，都可以让零件通过检验。这种装配可能导致旋转零件的不平衡和质量分布不均匀。这个整体的浮动也等于是对于四个孔的位置度放松约束。每一个孔的 MMC 和 LMC 独立分别验证。

八、垂直度的测量

图 6-16 是垂直度要求的零件，图 6-17 是垂直度的典型测量设置。其方式通常是将这个角板放在一个面板上，然后把零件基准面和角板夹在一起，保证基准面至少三点的接触，以便在角板上建立一个模拟的基准。角板放置在一个测量台面上，开始进行受控面和模拟基准面的垂直度检验。测量设备是一个带读数器千分表的高度尺，千分表的探针接触受控面，扫描整个面。如果面上任何点的读数指示器全移动全量（Full Indicator Movement，FIM）大于公差控制框中的值，则可以认为面元素不在两平行面的公差带区间内，不满足垂直度的公差带要求。由于平面度也是两个平行面的公差带约束（但没有定向），由此可知，约束面垂直于基准面 *A* 在 0.15mm 的公差带范围内，那么这个面的平面度是 0.15mm 以内，FIM 的读数也应该小于 0.15mm。

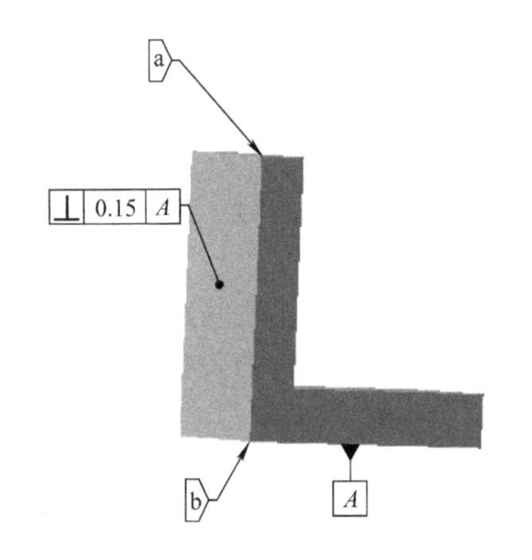

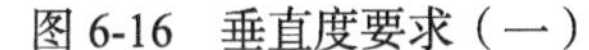
图 6-16　垂直度要求（一）

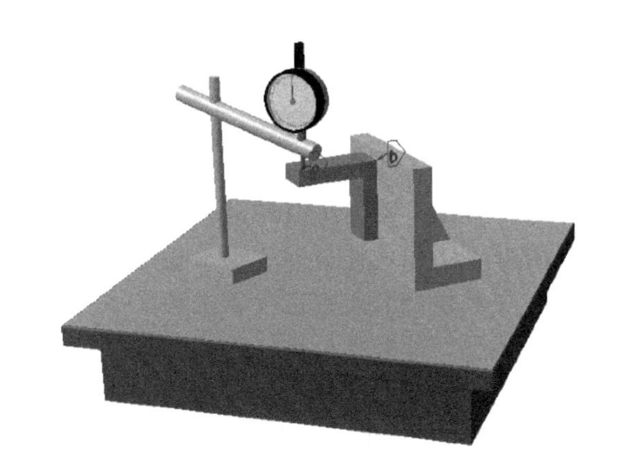

图 6-17　垂直度的测量

图 6-18 是零件的垂直度要求，图 6-19 是典型的面元素到轴线垂直的测量设置方法。基准特征 *A* 在一定的高度夹持在两个 V 形架之间。这个设置是为了模拟最小的基准特征的外圆柱面。一个带读数器千分表的高度尺将探针接触待测特征面，测量垂直度。组成公差带的两个平行面垂直于基准轴（这个非常相似于全跳动中面对基准轴的几何公差控制方法）。要进行验证垂直度时，将高度尺的探针在待测特征面上作全扫描，即读数指示器移动全量（FIM）检测，记录下读数器的数值。如果数值没有超过公差框中给出的垂直度数值，那么这个零件通过检测。这个控制综合约束了特征面相对于基准轴的平面度、直线度和垂直度。

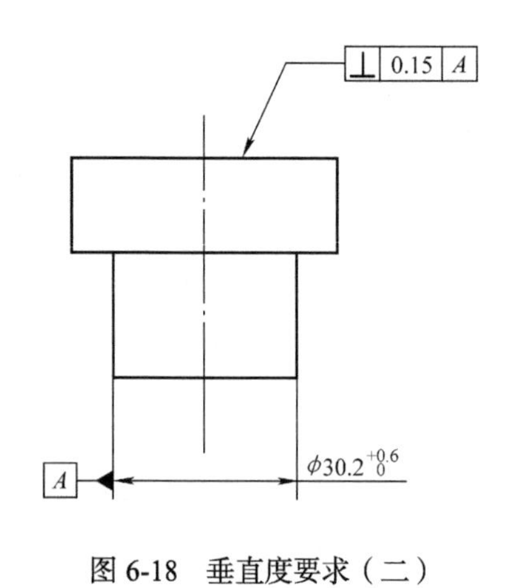

图 6-18　垂直度要求（二）

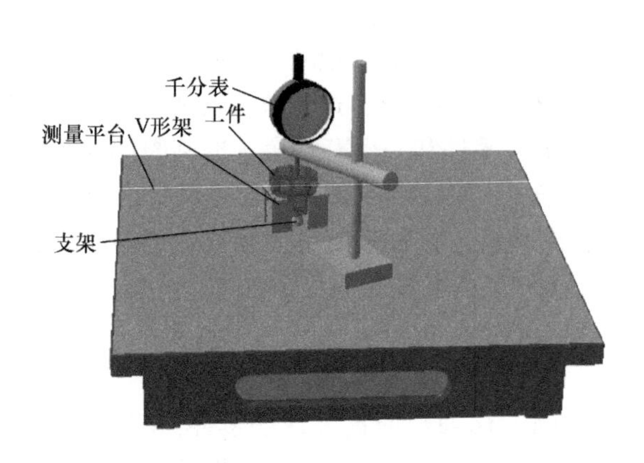

图 6-19　垂直度检测设置

第三节　平行度的定义、应用及检测方法

一、平行度的定义

平行度是方向公差控制系列中的一种，是倾斜度为在 0° 的情况。平行度应用于平面、中心面或轴线平行于基准面或轴的情况。平行度经常应用在非曲面特征上，或加严定义比尺寸公差要求更严的情况。平行度控制需要至少一个参考基准。

对于面特征的平行度特征控制框，通常由一个平行度控制符号、一个平行度公差值和至少一个基准组成。辅助基准用来进一步定向公差带，也就是辅助零件在工作状态（以一定的方向装配于总成中）下进行检验。

尺寸特征的中心面平行度公差控制框，通常包含一个平行度控制符号、一个平行度公差值和至少一个基准。可以使用 MMC 修正，RFS 是默认条件。

平行度的公差带为距离量，通常是两个平行面。这个平行面公差带之间距离是公差控制框中的值。平行度的公差带也可以是两个平行线。如果需要平行线形状的公差带，需要在特征控制框下标出“每根线元素”。

特征轴的平行度公差控制框通常包含一个平行度符号、一个直径符号、一个公差值和至少一个基准。MMC 或 LMC 可以引用修正这个公差控制，RFS 是默认条件。

平行度是定向控制公差类型的一种。这个定义需要说明受控特征平行的对象，换句话说，基准元素必须出现在公差控制框中。平行度能够控制平面、轴、孔、凸缘或槽等平行于基准面或基准轴。特征控制框中要包含不止一个基准要素。其中的辅助基准用来进一步约束受控元素在公差带之内。平行度控制就是用来约束受控元素在规定的公差控制带之内，即等距于一个基准面或基准轴。

如果公差带被定义为两个平行面，并且基准为一个平面，则受控特征为一个平面。如图 6-20 所示，零件不允许超出 MMC（25.5mm），每一个剖面尺寸不应超出 LMC（24.5mm）。所有受控面元素必须位于两平行面之间（相距 0.3mm）。这两个想象平面公差带平行于由基准面上至少三个高点模拟的基准面。

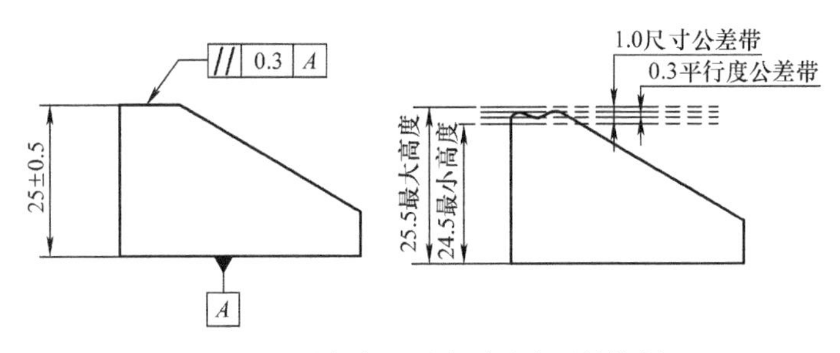

图 6-20　平行度面元素到基准面的控制

几何公差控制法则一要求没有几何公差约束，如没有 0.3mm 的公差带平行度约束，尺寸公差用来控制面的形状（如直线度、平面度和平行度）。因此，没有几何公差控制，尺寸公差用来替代控制两个面的平行度公差在 1.0mm 之内。因此，如果再使用平行度控制公差框，那么一定是对于 1.0mm 公差的更严的约束。这个约束没有 MMC、LMC 或 RFS 修正，也不存在实效边界。

平行度的公差带取决于受控几何元素和参考的基准类型。例如，如果受控特征是一个平面且参考基准也是一个平面，那么这种情况的公差带就是两个理想的相距规定公差值的平行面。如果平行度用来控制一个孔的轴线和另一个孔的轴线，那么定义的公差带就是一个圆柱面。第三种情况是，一条轴心线平行于一个基准平面的约束，这时公差带不再是一个圆柱面，而是两个相距规定公差值的平行于基准面的平行面。

平行度的公差带形状判断原则如下：

1）如果基准是平面，那么平行度的公差带是两个面。

2）如果基准是轴线，那么平行度的公差带是圆柱面。

二、特征面到基准面的控制应用

如图 6-20 所示，这个例子的公差带是由规定了以公差值 0.3mm 为距离的两个平行面构成，这两个平行面定向平行于基准参考面。这个平行度不影响尺寸公差，因此最大实体尺寸是 25.5mm，最小实体尺寸为 24.5mm。

受控特征和参考基准都是面的平行度控制的测量相对简单实现，但是要注意的是，千分尺和卡尺不能够完成这项检测。以图 6-20 为例，模拟的基准 *A*（基准 *A* 自身也必须满足 10% 的被测量件的公差精度）必须与零件的 *A* 面至少三个高点接触，以保证测量的可重复性，所以卡尺的接触面积不能满足这个要求。这里对于基准面要求相等或大于零件的 *A* 面。

三、特征轴到基准面的控制应用

如图 6-21 所示，轴到基准面的平行度控制的公差带是圆柱面，孔的轴线约束于圆柱面之内。这个圆柱面以理想状态平行于基准特征 *A* 上至少三个高点模拟的基准面。孔元素必须首先作为一个独立要素进行检验然后再考虑基准面 *A* 与轴的关系。作为一个独立的尺寸要素，孔必须保证每个剖面上直径上相对点尺寸不大于 LMC（ϕ6.7mm），并且整体圆柱面不应小于孔的 MMC（ϕ6.1mm）。只有当这个尺寸公差约束满足，才可以进行下一步的平行度检测。本例中此孔元素应用 RFS 条件（几何公差法则二），因此孔的平行度和尺寸公差成不相关原则，孔的轴线平行度公差带必须在固定的尺寸公差带 1.0mm 间距的两个平行面中平行 *A* 基准平移，且可以在平行于 *A* 的面上旋转。

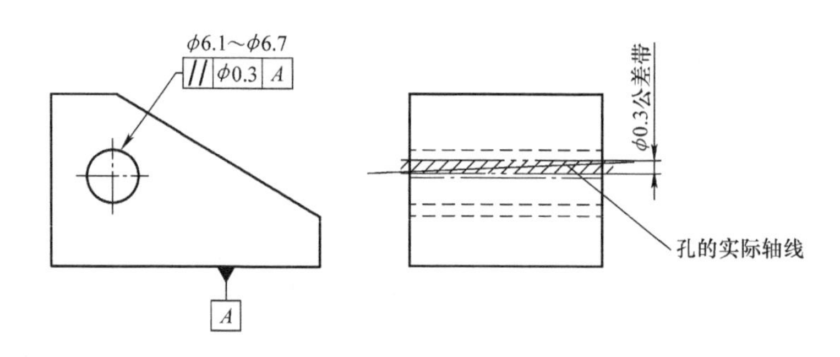

图 6-21　平行度控制轴元素到基准面的控制

既然几何公差是对一个孔的轴线的定向控制，特征控制框中的平行度可以大于或小于轴的尺寸公差带。这个控制不是孔的尺寸的加严约束，而是对于其他公差控制框（如用倾斜度公差形成的平行度控制的加严或者由于某个距离控制导致的平行度约束）的加严控制。

出于功能上的考虑，设计者可能定义一个轴或孔的轴线平行于一个基准面来定位轴线，前面讨论过这种公差控制的情况，事实上轴心线在这种情况下无法定位。这需要后面的章节的位置度控制来完成。这种情况下，孔或轴轴线只是约束了孔或轴相对于基准面的定向（对齐）程度，而非一个定位约束。来看以下的例子。

如图 6-21 所示，受控特征为一条轴线，参考基准为一个基准面，如果平行度公差值前无直径符号，那么平行度公差带将为两个平行面构成，这两个平行面的间距为规定的公差值，相距 0.3mm，且平行于基准参考面。注意这个公差的控制方向。因为平行度不是定位公差，所以这个例子的尺寸不完整，还要给出这个孔的公称尺寸或尺寸公差来完整定义这个孔。

图 6-22 是一个平行度控制的高级应用的例子，没有定义所有尺寸。这个工程实例比较接近实际应用。图中，孔必须先定位约束于零件上，然后出于功能考虑，引用平行度进行一个孔的轴线的加严约束（更小的公差带）。位置度控制定义了一个固定于基准面 A 的 ϕ0.25mm 柱面公差带（当孔为最大实体尺寸 ϕ9.7mm 时）。

当孔的尺寸变化时，这个位置度公差带是一个变量，但是位置不能浮动，永远距离基准面 A 为 16mm。如果孔的尺寸被加工为 ϕ10.3mm（LMC）时，位置度的公差带直径为 ϕ0.85mm。位置度公差带定位于基准面 A 为 16mm，平行于基准面 A，相交于基准轴 B，并平行于基准面 C。

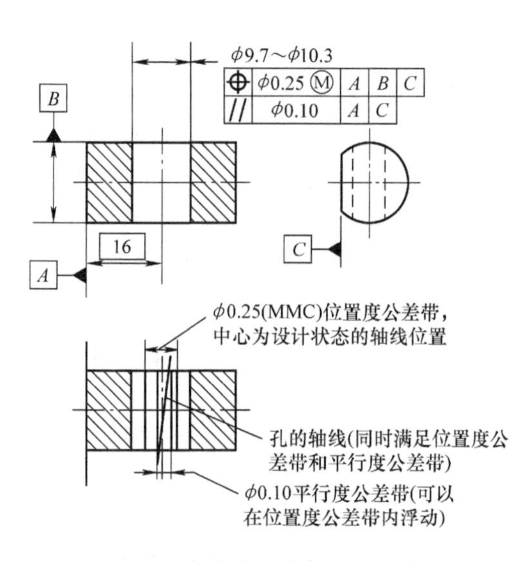

图 6-22　平行度应用实例及公差带图示

实际的孔的基准轴必须同时满足在位置度公差带内和加严的平行度公差带内（这个例子平行度应用 RFS 条件）。平行度的公差带固定为 ϕ0.10mm，不随尺寸变化，这个加严的公差带约束了孔轴线的平行度，在位置度的圆柱面公差带内浮动。

平行度公差带在图 6-22 中只是一种加严约束，与位置约束无关。因此，平行度公差带在位置度公差带内没有确定的位置约束，但必须绝对平行于基准面 *A* 和 *C*。这里的基准 *C* 是一个比较重要的特征，在位置度控制和平行度控制中同时引用，约束了两个公差带之间的关系，需要在加工和检测时对 *C* 基准的设置保证一致性。

四、特征轴中心线到基准面的平行度控制应用

图 6-23 参考了两个基准。这种情况的检测设置也很典型，也比较容易实现。应当注意的是主定位基准和次定位基准的设置。主定位基准面要至少三点接触后，再与次定位基准面至少两点接触，以实现测量的可重复性。

图 6-23 中所示例子的公差带为一个圆柱面 ϕ0.3mm，长度等于特征长度，受控柱面特征的轴线（理论上存在，即这个特征的理想设计状态）定向平行于参考基准面，这个例子里为基准面 *A* 和 *B*。圆柱面的直径需要定义尺寸公差值。

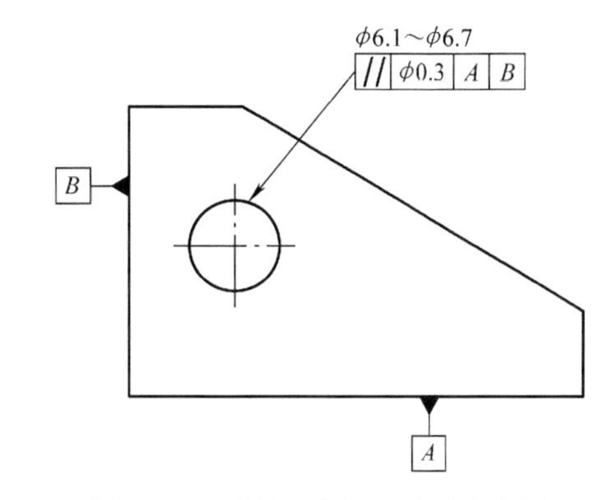

图 6-23　平行度使用双基准的应用

要注意的是，这个平行度使用了两个基准控制，设置的时候，保证这个特征首先和基准面 *A* 平行，然后和基准面 *B* 平行，并且公差带的长度为孔的长度。

五、特征轴线到基准轴线的控制应用

这种情况是受控特征轴线平行于基准轴线的约束，公差带为一个圆柱面。在尺寸不相关的情况下，只能进行数据测量，不能使用属性检具检验。

图 6-24 中，定义了一个孔元素的轴线平行于一个基准轴 *A*。这个平行度约束的公差带为一个圆柱面，直径为规定的公差值 ϕ0.1mm（RFS），公差带长度等于孔长度，所有孔的轴线元素必须位于这个 ϕ0.1mm 的圆柱面公差带内。在验证平行度这个内部关系之前，先要确认这个孔的 MMC 和 LMC。

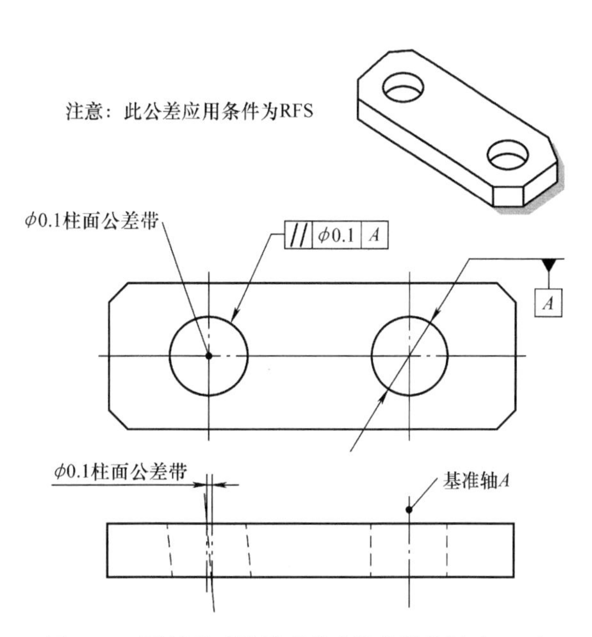

图 6-24　平行度对轴线到基准轴线的控制（RFS）

平行度应用注意事项如下：

1）平行度控制必须参考至少一个基准。

2）平行度公差带取决于受控特征和参考基准。

3）在 RFS 修正时，平行度无法使用属性检具检验；在 MMC 修正时，可以使用属性和数值检具检测 MMC 时的尺寸。

4）平行度控制一个平行面时，同时控制了这个平面的平面度在规定的公差范围内。

5）应用尺寸不相关原则，即最大边界不能超出 MMC。

6）测量方式是 FIM。

六、平行度与平面度的区别

平行度和平面度容易混淆，它们之间的区别是，平行度需要参考基准，而平面度不需要。如图 6-25 所示，一个矩形零件必须至少三点接触基准参考面 *A*，平行于接触面产生 0.25mm 的公差带（两个面又平行于基准面 *A*），被定义的平行度的面必须位于这个公差带之内（两个假设的平行面之间）。

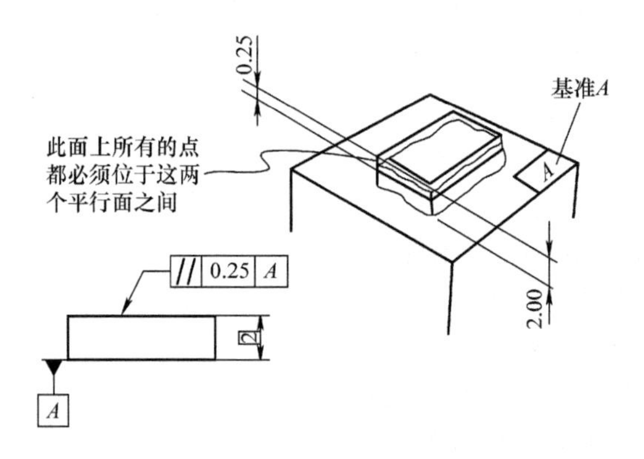

图 6-25　平行度公差带

图 6-26 显示了一个平面度的规定，可以看到没有基准面引入。一个最优近似面（三点接触）定义一个中间面，面上所有的点必须位于这个平面的两个平行面之间，每一侧的距离为 0.125mm。虽然整体看来，零件偏斜，但这个上平面仍然满足平面度的要求。

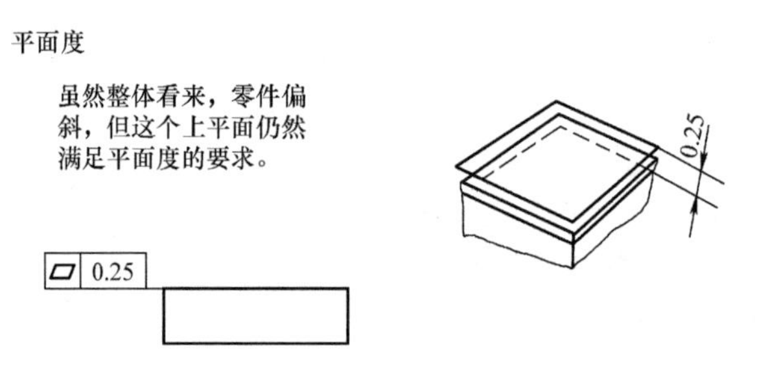

图 6-26　平面度公差带

第七章　几何公差控制——定位控制

从 ASME Y14.5-2018 版开始，定位控制只有位置度控制一种方法。因为同心度和对称度两种控制方式在定义上不明确，同时这两个控制的检测方法又是非常难以实现。同轴（心）度通常用来控制一个旋转特征的中点和基准轴线之间的关系，而对称度是控制相对平行面的中心面和一个基准面的关系，这两种方式都是定义同轴（或同中心面）关系，对于装配面没有约束。

对于取消的同轴（心）度和对称度两种控制方式，GD&T 给出了替代方法，GD&T 的内容并未因此减少，而是更加严密逻辑。后续章节会讨论它们的替代方法的选择依据。本章只介绍位置度的定义、应用及检测方法。

位置度控制的功能强大，可以控制尺寸要素的中心距以及阵列尺寸要素的位置、尺寸要素的同轴关系和尺寸要素的对称关系。通常位置度都要参考基准，当没有基准参考时，是用来控制受控要素间的相互参考关系。可以应用尺寸不相关原则，也可以应用相关原则，受控特征可以被 RFS、MMC 或 LMC 修正，基准也可以被 RMB、MMB 或 LMB 修正。

欧标 GPS 对于位置度有扩展的功能，可以定义面的位置，与轮廓度的功能相同。

一、位置度的定义

位置度的公差带是尺寸要素的中心点、轴线或中心面允许偏离于真实几何位置的范围。如果使用 MMC 和 LMC 修正会产生实效边界，代表装配的状态。真实位置度由公称尺寸建立，公差控制框包含位置度符号、公差值、材料状态符号和适当的基准参考符号。

应用目的就是满足装配功能，同时定义了特征装配中心的位置公差带和装配特征的配合边界。

位置度是一种应用最广泛的几何公差控制，能够影响零件的功能、互换性、可重复性和成本，以及阐明设计意图，如图 7-1 所示。位置度综合使用了设计基准，公称尺寸和公差控制符号来定义一个特征。

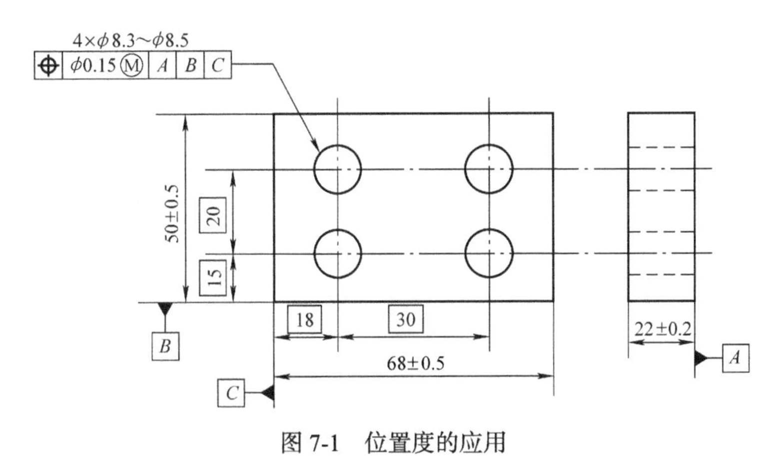

图 7-1　位置度的应用

位置度能够定义约束中心点、轴线或中心面定位的公差带，也能够约束一个或多个面在规定的公差带范围内，这个范围就是 LMC 或 MMC 修正下的实效边界（Virtual Border）。

二、位置度的应用

图 7-1 是一个定位四个孔的位置度控制应用。

图 7-1 的关键控制如下：

1）为测量参考的基准参考框架的建立。基准要素 *A* 被指定为第一基准，基准要素 *B* 被指定为第二基准，基准要素 *C* 被指定为第三基准。这些基准要素微观上都有高点，这些高点可以用来在测量或加工过程中建立模拟基准。这三个基准要素建立起来的基准框架是由三个依次相互垂直的面组成，先建立主定位面，然后次定位面垂直于主定位面建立，第三定位面垂直于主定位面，再垂直于次定位面建立。建立主定位平面要确定至少三点接触主定位基准要素 *A*，如果基准要素 *A* 上的高点分布在中间位置，可以想象这个零件会产生晃动，进而导致定位面很低的可重复再现性问题。

当主定位平面建立后，次定位平面垂直于主定位面，并且次定位平面要保证至少和次定位基准要素 *B* 至少两点接触。同样地，次定位平面也可能不稳定，产生摇晃而导致的可重复性差问题。可以通过平面度或垂直度来减少这种问题。

第三基准面垂直于主定位平面和次定位平面，由基准要素 *C* 建立。保证第一基准面与零件的基准要素 *A* 至少三点接触，第二基准面与基准要素 *B* 至少两点接触，第三基准面与零件的基准要素 *C* 至少一点接触。至此测量和检测零件的三个基准平面建立完毕。可以开始下一步的尺寸定义。

2）起始于基准 *B* 和基准 *C* 的公称尺寸用来建立四个孔的理论轴线位置。这四个孔的轴线的公称尺寸没有公差，因此基准到要素、要素到要素的尺寸链上都没有公差累积效应。每一个孔都被定义了一个理想的位置。这个理想的位置是加工的目标位置。但是理想位置在现实中是不可能实现的，必须对这些理想位置建立公差带，这些公差带由公差控制框定义描述。

3）公差控制框必须包含如下信息：

① 位置度公差符号。

② 公差带的形状描述或默认形状。图 7- 1 中的公差带是一个圆柱面公差带。圆柱面公差带的轴线和孔的理想轴线重合。实际加工孔的匹配尺寸轴线必须位于这个公差带内。

③ 圆柱面公差带的直径为 ϕ0.15mm。

④ 公差控制框中使用了材料修正符号Ⓜ。这种情况中，当这四个孔的尺寸为最大实体材料尺寸 ϕ8.3mm 时，圆柱面公差带直径为 ϕ0.15mm。当实际加工孔的尺寸由 MMC 向 LMC 变化时，位置度公差带可以得到相应的补偿量。当孔的尺寸为 ϕ8.5mm（LMC）时，最多可以补偿 0.2mm 的公差，最终的位置度公差为 ϕ0.35mm。

三、浮动螺栓的装配

图 7-1 中的圆柱面公差带垂直于基准面 *A*，公称尺寸同基准 *B* 和基准 *C* 定义特征孔的位置，也是公差带的中心。

使用螺栓螺母将图 7-1 中的零件两件装配到一起，螺栓螺母处于浮动状态，直至将螺栓插入孔中和螺母拧紧装配。

这种浮动形式的螺栓和孔板的装配公式如下：

$$T=E-F,\ E=T+F,\ F=E-T$$

式中　T—— 孔的位置度公差；

E—— 孔的 MMC；

F—— 螺栓的 MMC。

这些公式能够用来定义总成中孔的公差带，或者可以用来推算孔的 MMC 或螺栓的 MMC。$T=E-F$ 是给定的孔直径尺寸和螺栓的尺寸计算位置度公差的公式。如果两个孔板的孔的尺寸差异很大，每个孔板的位置公差需要单独设定。

四、延伸公差带（固定螺栓或销的过盈装配）

为了模拟匹配零件的最大厚度或销轴的最大高度，公差带超出要素表面延伸于受控要素孔的控制方式叫作延伸公差。传统的位置度控制和垂直度控制不能满足螺纹孔或过盈配合的孔的定位。浮动螺栓的公式只适合计算螺纹孔的位置度。如果一部分的位置度公差用来作为垂直度的公差，那么螺栓有可能同匹配的零件在厚度上干涉。因此建议在所有的螺纹孔上使用延伸公差带。

螺栓的 MMC（配合入螺纹孔的部分）减去配合零件间隙孔（螺栓穿过这个孔将两个零件紧固到一起）的 MMC 的差分配到螺栓和间隙孔，这样完成螺栓和间隙孔的公差带创建。这个螺栓和间隙孔之间的公差分配可以各为 1/2，更加合理的分配原则是基于这两个几何要素的加工难度。加工难度大的几何要素应该分配到更多的公差值。也应该注意到，由于螺纹孔的自对中性，抵消了位置度获得的补偿公差（但实际的内外螺纹的节圆配合存在间隙），因此应该考虑赋予螺纹孔更多的位置公差值。此外也应该考虑间隙孔上的尺寸公差可以被转变为间隙孔的位置度公差，换句话说就是 MMC 时赋予间隙孔的位置度公差可以缩小。

公差分配计算如图 7-2 所示，这是一种比较常规的公差赋予方式。

但是这个位置度控制意味着孔的垂直度精度是微米级的，且孔垂直于基准面 A 的精度也是微米级。这将给加工带来困难，工业很难保证。为了改善设计，或者在合理范围内增大间隙孔的尺寸，可通过匹配零件的厚度计算增加螺纹孔的垂直度和位置度公差值，或者使用延伸公差。

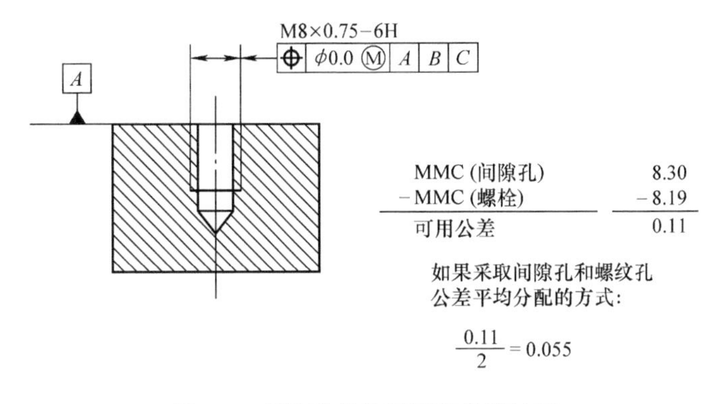

图 7-2　螺纹孔的位置度定义及计算

五、螺纹孔的检测

检测螺纹孔轴线的位置时，一种错误检测方式是，使用无螺纹的检具销插入内螺纹的小径测量。检具销通常用来定位面元素的位置。这种方式错在使用二维的信息判定一个三维的要素，并且测得的位置信息是内螺纹的小径的轴线位置，而不是实际配合的螺纹中径。

这种测量的公差带如果不只是延伸到装配面（图 7-2 中是 *A* 面）以上螺栓的安装高度，则不能完全确定是否能够确保安装。拧入螺纹孔的螺栓有可能偏斜过大，与配合零件产生干涉。

不考虑延伸公差的设计会导致不合格的螺纹孔通过检验。但是如果一个螺纹销拧入螺纹孔，检测这个螺纹销在延伸公差带长度的范围内的位置偏差，就会避免这种情况发生。遵循零件必须按功能检验的原则，建议螺纹孔的定义应用延伸公差带符号修正，延伸公差带技术也可以应用到那些需要过渡、过盈配合的孔的定义。

图 7-3 是一个比较常规的位置度公差具有延伸公差带要求的标注方式。

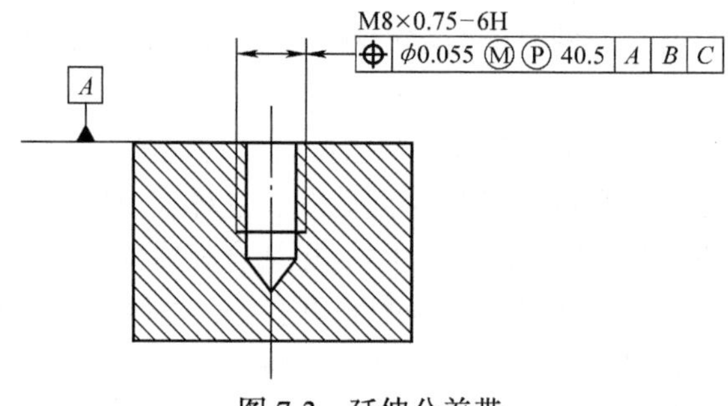

图 7-3　延伸公差带

图 7-4 表明了螺栓要穿过一个 40.5mm 厚的配合件，最终拧紧在这个受控螺纹孔内。延伸公差带的高度是螺栓在螺纹孔装配面 *A* 以上的装配厚度。不应该理解延伸高度为螺纹孔内部和外部高度的和。在延伸公差规定中，所有的公差带都是螺纹孔配合面以上的部分。也可以在配合面上使用虚线的方式表明延伸公差带高度（图 7-4）。检测的时候使用功能检具销模拟配合零件的状态，确定要素轴线在规定的 40.5mm 的高度上（从基准面 *A*）是否位于 ϕ0.055mm 的圆柱面公差带内（图 7-5）。

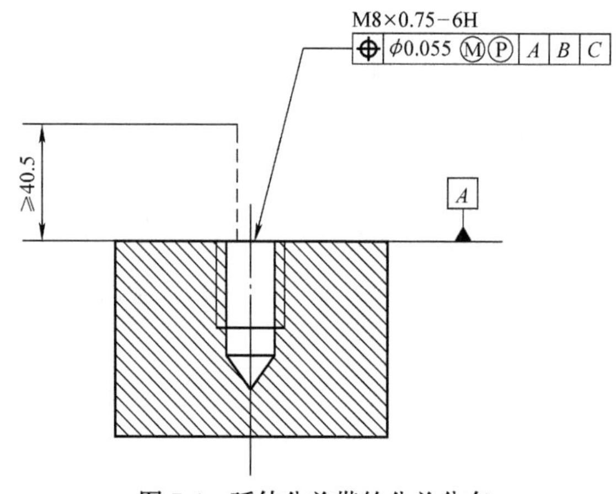

图 7-4　延伸公差带的公差分布

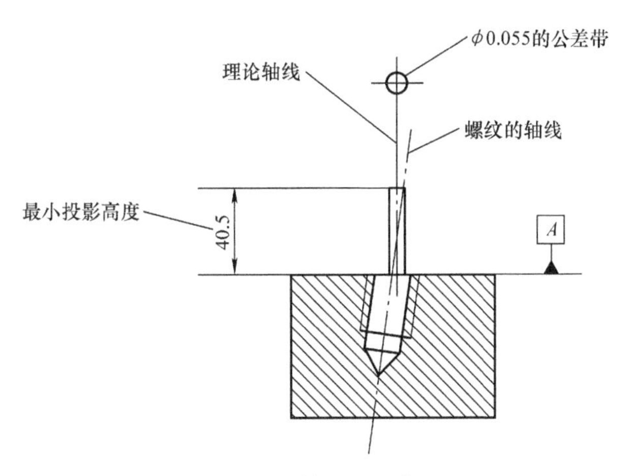

图 7-5　延伸公差的定义

六、螺纹孔的实效边界

被 MMC 条件修正和有延伸公差带要求的内螺纹的位置度或垂直度的实效边界的计算同固定螺栓一样。原理是在 MMC 条件的修正下，使用螺栓的 MMC 加上位置度或垂直度公差得到实效边界。这个计算也用于 RFS 条件下的最差装配边界计算。

实效边界可以用来制造功能检具检测螺纹孔。这个功能检具可以是一个代表主定位面（即装配面）的面板，面板上有一个以实效边界尺寸为直径的孔。检具孔的轴线处于基准框架中的理论位置，将零件也放入（定位）这个基准框架（检具支承）。如果与这个螺纹孔配合的螺栓能够通过检具上的孔，那么也能拧入实际的零件，并匹配不发生干涉，这个零件就是合格的。

那么是否将 RFS 或 MMC 原则应用到螺纹孔上？当一个螺栓拧入螺纹孔，会有一定的倾斜。除了螺纹孔本身轴线的倾斜，这个螺栓和螺纹孔之间的倾斜部分是由于螺栓的螺纹中径小于螺母螺纹孔的中径间的间隙导致的，更多倾斜允许量的结果是使装配更容易。因此 6 级螺纹比 5 级或 4 级更容易装配，因为节圆间的间隙越大，装配就越容易。

如果为了便于完成装配，允许这种倾斜，就应该允许一定的公差值。这就是 MMC 修正下的补偿公差。如果你无法测量这个补偿公差，建议使用功能检具，这种方式会自动地适应任何量值的补偿公差。

如果设计者因为无法定量确切的补偿量而不希望使用补偿公差，那么就应用 RFS 原则，在测量过程中忽略补偿的问题。但是不推荐这样的应用，因为 RFS 原则意味着螺纹孔尺寸正好是螺栓的尺寸，这种情况现实中几乎没有。为了实现装配，内外螺纹间的中径尺寸永远存在间隙。使用 MMC 修正其实是体现了实际的装配情况。

在将螺栓装配到螺纹孔的过程中，不要认为这种可以倾斜一点的装配是公差带增大的结果（当螺纹中径增大），而应看作是一种增加螺栓在延伸公差带内更多地完成装配的方法。在检测时，螺纹销正是利用了这个好处，很小的额外的公差可以方便地被检测销探测出来。一个公差控制框只是几个组合符号在标准语法规则上的一段声明，如果没有在几何公差控制中说清实际零件的功能和设计意图，那么就可能导致合格的零件被拒收（误判），或不合格的零件被通过（漏检）的糟糕情况。

浮动和固定螺栓的装配条件计算是很重要的。这些公式赋予了零件合理的尺寸和公差，创建了配合零件的最差匹配条件，使配合零件满足装配要求。

如在浮动螺栓装配中，计算孔的位置度公差（间隙孔的 MMC− 螺栓的 MMC）的目的是创建一个 MMC 条件下的实效边界，所有等于或大于孔的 MMC 的螺栓都可以配合入这个孔。这个实效边界贯穿两个孔板的厚度，对于所有的孔阵或任何数量的孔都有效。影响零件是否能够装配于总成的决定因素是每个孔板的螺栓配合孔 MMC 条件下的实效边界都满足要求。

对于固定螺栓，原理相同。如果最差匹配条件满足装配（一些会在延伸公差带的修正下），那么零件就会成功装配于总成。

七、过盈、过渡配合中的延伸公差

过盈、过渡配合孔上的延伸公差控制是为了确保一旦销轴被插入孔中，不会倾斜得太大，而与匹配件干涉，或者说无法同匹配零件装配在一起。这种配合，虽然要求销轴要和一个零件的孔紧配合，但是对于配合零件的配合状态不要求，也就是说可以是不同于销轴和第一个零件的紧配合，可以是间隙配合。

检测中，除了使用功能检具检测螺纹孔的位置，也需要使用一端有螺纹（螺纹长度大于等于螺纹孔的螺纹深度）的螺纹检具销（光面长度大于或等于延伸公差要求的长度）来验证。螺纹检具销的螺纹一端要全长拧入受控螺纹孔，把零件设置在公差控制框中定义的基准框架中。检测延伸公差长度的检具销的轴线位置，也就是螺纹孔节圆的轴线是否超出了规定的位置度公差带范围。

图 7-6 建立的基准参考框架定义了一个螺纹孔的位置和定向。基准参考框架使用了一个共面来建立主定位平面 *A*，让两个侧面分别建立为基准平面 *B* 和 *C*。延伸公差带延伸于 *C* 形件的内部表面向外，主定位面是用来定向这个延伸公差带。螺纹孔的中心轴线上相对于基准 *B* 和 *C* 的尺寸链用来定位延伸公差带，和定向定长延伸公差带。这个延伸公差带垂直定向于基准平面 *A*，起始于零件内表面，最小高度为 40mm。

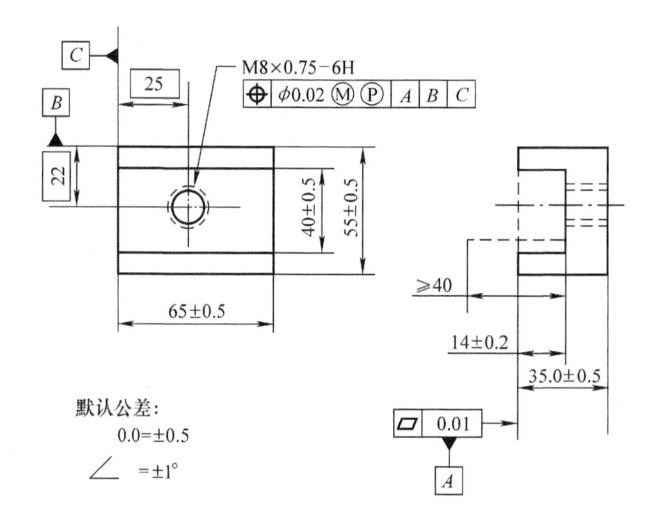

图 7-6　延伸公差定义实例

前面提到的螺纹孔符合圆柱面延伸公差带，所指的螺纹孔的轴线是螺纹中径圆柱面的轴线。所有的延伸公差带都处于零件外部。受控螺纹孔中径圆柱面轴线必须在 40mm 的高度上位于延伸公差带 ϕ0.02mm 内。也就是说在 40mm 之外的区域，对于节圆的轴线没有要求。推荐使用螺纹检具销模拟受控螺纹孔中径轴线，在超出零件 40mm 的表面上检测是否符合公差定义。

在图 7-7 中，受控元素定位于基准 *A*，基准 *A* 被 MMC 条件修正。特征控制框说明：当受控特征被加工的尺寸为 ϕ15.5mm（MMC）时，它的轴线必须位于 ϕ0.00mm 的圆柱面公差带内，公差带的轴线为基准元素 *A* 形成的轴线，且基准元素 *A* 的模拟尺寸为 MMC（ϕ35.2mm）。这个例子不需要公称尺寸定义理论的受控特征的位置。这个特征的轴线理论上的位置同轴于 MMC 时的基准轴线 *A*。

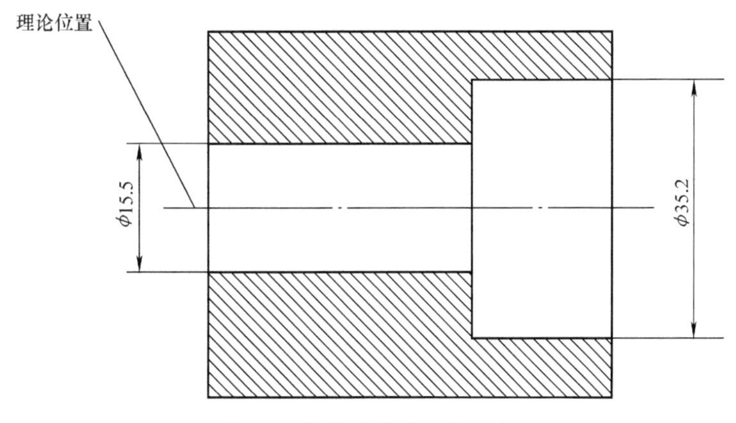

图 7-7　轴的检具（理论尺寸）

现实中不可能实现基准特征 *A* 被加工为 MMC（ϕ35.2mm）的情况。因此，受控元素的理论位置实际也是无法实现。理论位置可以在检具中模拟，实现功能检具对于同轴关系的检验。检具也是无法实现理想状态的检验，在对受控特征和基准特征之间的同轴关系的模拟是有偏差的。一个实际零件装配到功能检具中（两个同轴孔分别是 ϕ15.5mm 和 ϕ35.2mm），理论的轴线位置模拟在检具的中心，如图 7-8 所示。

图 7-8 所示的零件两个几何元素任何一个实际加工尺寸为 MMC（假设），而另一个不是 MMC，被加工为 MMC 的特征可以被认为处于轴线的理论位置。这意味着，如果受控特征的尺寸为 ϕ15.5mm，而基准元素 *A* 的直径例如为 ϕ34.0mm，那么受控特征处于理论位置，基准元素的轴线偏离。同样的逻辑，如果基准 *A* 的加工尺寸为 ϕ35.2mm（假设），受控几何元素尺寸小于 MMC，那么基准元素 *A* 处于理论位置。反映到图 7-8 的检具上，理论位置就是检具的中心线，如果任何几何元素被加工为 MMC，那么这个几何元素的中心线于检具的轴线重合，处于理论位置。

如果基准元素和受控元素都被加工为 MMC，则两个轴线的同轴度的公差为 0。如果其中一个元素偏离 MMC（在尺寸范围内），那么就可以得到相应的同轴度公差。偏差的量等于两个几何元素偏离 MMC 的综合的量。例如，如果受控元素的实际加工尺寸为 ϕ15.2mm，或者说偏离 MMC 为 0.3mm，那么两个元素间的轴线允许的误差为 ϕ0.3mm。

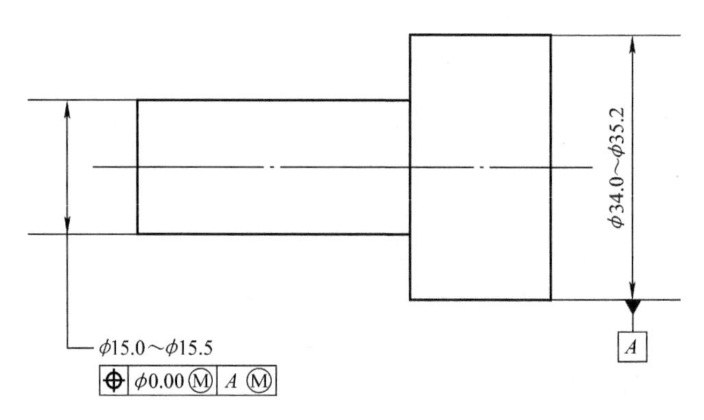

图 7-8 位置度公差控制框的轴

这种基准元素和 MMC 之间的偏差等量补偿只会在零件比较简单的情况下发生。对于不止一个控制基准的非同轴的复杂几何元素或多个几何元素情况，当基准元素或尺寸元素偏离于 MMC 时，受控几何元素阵列的浮动很难计算，不会像图 7-7 中的一对一的零件那样容易计算。这些阵列会作为一个整体浮动，如果受控元素因为基准元素 MMC 允许的偏差，整个几何元素的阵列必须一致地在一个方向以相同的量浮动。

如图 7-9 所示，如果受控几何元素尺寸从 MMC 变化到 LMC，则与基准轴线 *A* 同轴的位置度公差带也从 ϕ0.1mm 变化到 ϕ0.6mm。如果基准元素的尺寸为 MMC（ϕ35.2mm），那么可以确定基准轴线和受控轴的轴线在空间上处于同一位置。这个例子中，受控元素轴线可以得到的最大公差带是 ϕ0.6mm，如图 7-10 所示。

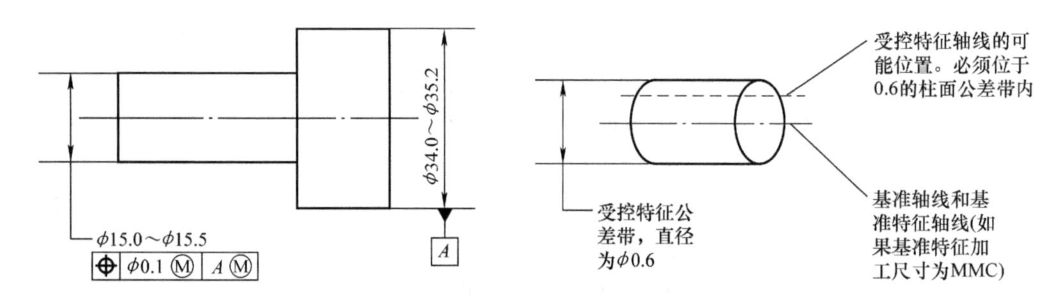

图 7-9 MMC 修正的位置度控制

图 7-10 MMC 修正的位置度控制公差带

如果基准元素被加工成小于 MMC，基准元素的轴线可以获得一个补偿公差，基准轴线便可以更大地浮动。如图 7-10 所示，如果基准元素的加工尺寸为 LMC（ϕ34.0mm），则浮动公差带的最大直径为 ϕ1.2mm。

图 7-11 中描述了以基准轴线为中心轴线的两个公差带。如果几何元素尺寸为最小实体尺寸（LMC），那么相应几何元素的公差带的尺寸最大。受控几何元素的轴线位于 ϕ0.6mm 的圆柱面公差带内（径向 0.3mm 距离于基准轴线）。基准元素轴线位于 ϕ1.2mm 的圆柱面公差带内（径向 0.6mm 距离于基准轴线）。如果满足以上条件（几何元素尺寸都是 LMC），那么基准轴线和受控元素轴线的最远偏差距离可以是 0.9mm。

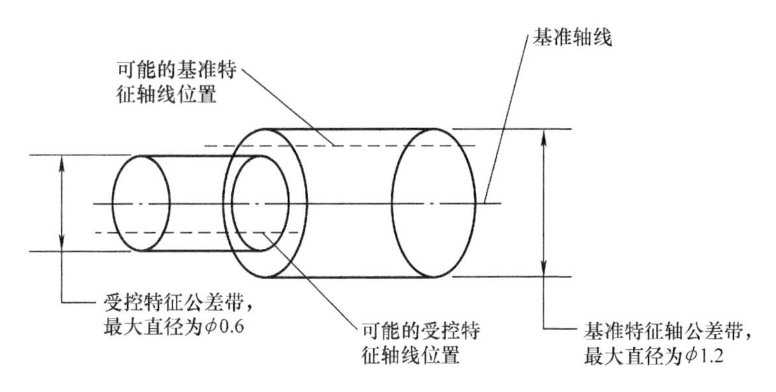

图 7-11　位置度公差带

八、MMC 时零公差

MMC 时零公差的约束可以在不影响功能的情况下增加零件通过检验的合格率。一个设计或检验的原则是，如果零件能够满足装配要求和在总成中能实现功能，那么就应该判定这个零件合格。

实际操作中，很多零件因为不符合尺寸要求而被报废或维修。这些零件中常常存在这种情况：在 MMC 的约束的实效尺寸范围内，不影响零件的强度，并且可以实现装配、满足功能要求。MMC 时的零公差约束允许更多的尺寸公差，却没有改变几何元素实效尺寸边界。随着公差范围的扩大，进而允许了加工者可以选择更多的刀具来完成作业。

传统的 MMC 修正的几何公差控制转换为 MMC 时零公差的修正非常简单。例如图 7-12 的孔的公差控制框。

对于一个孔的 MMC 时零公差的转换程序是：MMC 减位置度公差作为新的 MMC（例子：14.3 – 0.1 = 14.2），位置度公差同时变为零，LMC 保持不变，如图 7-13 所示。

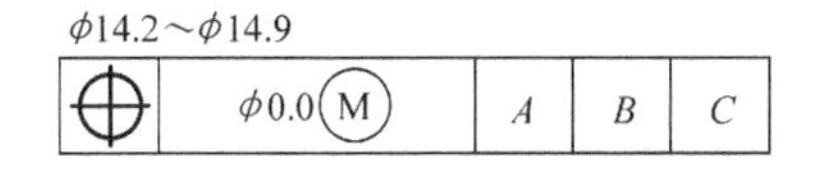

图 7-12　零位置度公差转换结果

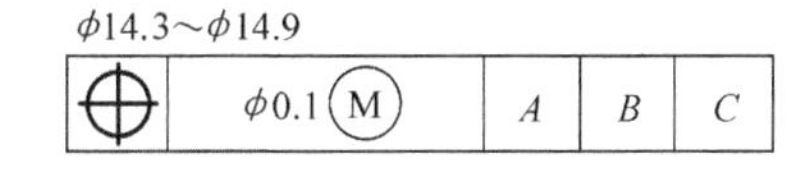

图 7-13　位置度公差控制框

当 MMC 变化时，位置度公差同时变化，但其他保持相同。实效尺寸边界转换前后保持相同，LMC 也保持不变，如图 7-14、图 7-15 所示。

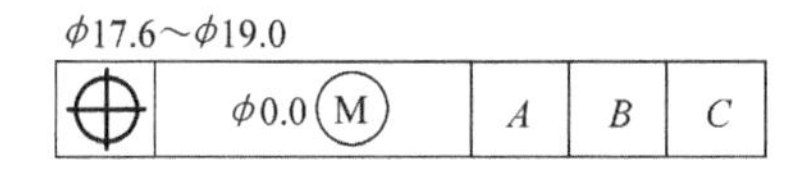

图 7-14　轴的零位置度公差控制的转换

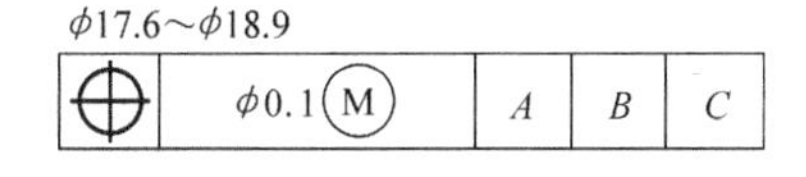

图 7-15　轴的公差控制框

零公差转换不适用于螺纹孔，因为螺纹孔具有自对中性，螺纹尺寸不可以简单用来补偿尺寸公差。零尺寸公差也增加了零件的重量，因此对于一些对重量敏感的零件不适宜使用。如果使用 RFS 修正，也不能使用零公差转换。因为在 RFS 修正下的零位置度公差，无论尺寸如何变化，受控元素必须被加工在理想位置，现实中是不可能实现的。

对于 LMC 修正的公差控制，零公差转换也是适用的。其目的通常是扩展尺寸公差，获得更大的合格率。零位置度公差非常具有实际意义，这个转换没有破坏设计者的定义的功能边界，接受更多的可以使用的零件。如果一个几何元素被加工的尺寸和 MMC 的偏差越大（不能超出 LMC 边界），那么这个几何元素获得的位置度公差补偿越多。零位置度公差的目的就是尽可能将尺寸公差转换为位置度公差。

图 7-16 是一个传统的轴的位置度控制。

如果图 7-16 中的轴的实际位置公差为 ϕ0.2mm，如果轴的实际加工尺寸是 ϕ18.9mm，这个零件就必须的拒收，因为超出了 MMC（ϕ18.7mm）约束范围。但实际上可以计算出这个零件不影响装配，这个零件的实际匹配边界是 ϕ19.1mm。这个零件的设计实效边界尺寸是 ϕ19.7mm，因此能够满足装配。零位置度公差转换后的公差控制框应该如图 7-17 所示。

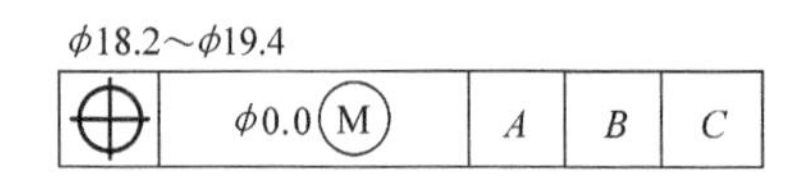

图 7-16　轴的零位置度控制

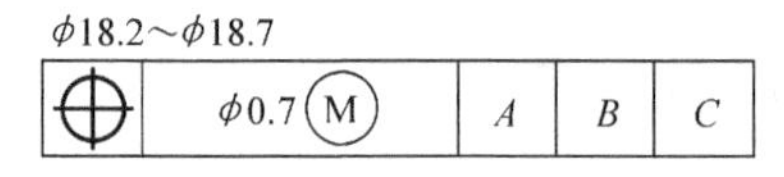

图 7-17　轴的位置度控制

从这个例子可以看出来，直径为 ϕ18.9mm，位置度公差为 ϕ0.2mm 的轴是可以接受的。一个重要的因素是，实效边界 ϕ19.4mm 没有变化。

这种零公差的转换可以应用到所有 MMC 或 LMC 修正的公差控制中。这种转换的目的是控制图样的更改和理解初始设计意图。但零件位置公差不能使用在重量敏感的情况。因为当提取轴的公差控制框中的公差增加到最大实体材料上时，或从一个孔的最大实体材料减去公差时，都是在创建一个更重的零件，必须考虑这个额外增加的重量是否影响零件的功能。

九、零位置度公差的应用范围

MMC 修正时的零位置度公差不适合应用在过渡或过盈配合中。对于浮动零件（如销或轴），没有自己的位置度公差，其相对的匹配特征对于定位特征的位置度控制也不会太重要。

MMC 或 LMC 修正时的几何公差的零公差很容易判断是否合适。如对于一个同轴的零件需要旋转的时候，通常不会使用 MMC 或 LMC 控制，因为当特征偏离 MMC 时，零件的质量分布必然不均匀。由于自对中性，在螺纹孔或锥形沉孔的情况下也不适用零几何公差。这些情况中的公差补偿量计算很复杂。

然而，如果设计者关心的是匹配元素能够在总成中装配到一起，当尺寸定义和基准指定适当的话，零位置度公差是最好的定义方式，能够将零件的合格率提高到最多。这意味着，在零件的验证过程中，更注重零件的功能（装配功能），而不是单单的尺寸约束。

下面讨论图 7-18 所示轴的位置度定义。

如果只考虑这个轴的装配（相对于基准的定向和定位控制），这个轴和采用同样的基准框架的一个定位轴定位的孔配合。这个定义会导致许多能够满足装配的零件被拒收。这个零件的最差匹配条件（实效边界）是 MMC 加上受控元素在 MMC 时的几何公差为 ϕ9.2mm（8.5 + 0.7 = 9.2）。因此这个孔理论上能够接收那些实效边界小于等于 ϕ9.2mm 的所有的轴。

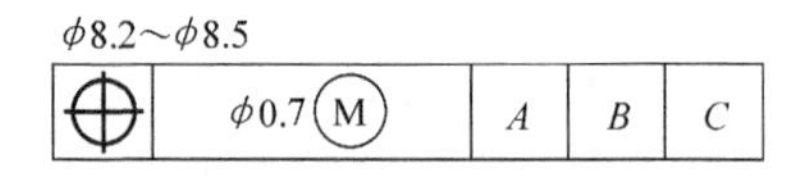

图 7-18　轴的位置度定义

十、零公差的应用

表 7-1 中是三个实际加工后的轴的直径尺寸。

表 7-1　轴的公差计算表　（单位：mm）

	实际的直径（匹配特征尺寸，不考虑位置、定向）	轴线的位置度公差	实际的最差匹配条件
零件 A	ϕ8.6	ϕ0.5	ϕ9.1
零件 B	ϕ8.7	ϕ0.3	ϕ9.0
零件 C	ϕ8.8	ϕ0.1	ϕ8.9

检测完这些零件后，在定义的基准参考框架中，这三个零件都能匹配进总成中的孔，匹配孔的最差匹配边界也是 ϕ9.2mm。加工中偏差最大的是 ϕ9.1mm，最好的是 ϕ8.9mm。因此轴可以匹配到设计的匹配孔中，这三个零件都能满足装配。

但是这三个零件都会被拒收，因为它们的直径都超过了 MMC（ϕ8.5mm），为不合格的零件。设计者的意图并不是依据 MMC 而拒收能够满足装配的零件，如何避免这种情况呢？请参考图 7-19 所示的转换。

如果使用图 7-19 所示的公差定义，那么这三个能满足实际装配的三个轴都可以接收为合格零件，尺寸公差约束也能够满足。实效边界仍然保持为 ϕ9.2mm，即配合边界没有变化。LMC 也保持不变。零件的强度事实上是增加了，因为此时是增加质量，而非减少质量。只有 MMC 产生变化。

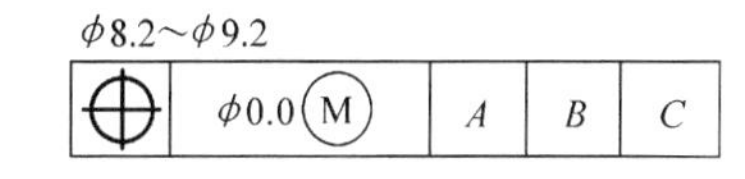

图 7-19　轴的零位置度公差转换

实际加工的零件和 MMC 偏差多少，位置度就可以获得相应量的补偿。例如，一个轴的 MMC 时的位置度公差为零，那么如果这个轴的实际加工尺寸是 ϕ8.5mm，则它的位置度公差最多为 ϕ0.7mm。如果是一个孔的 MMC 时的位置度公差为零，根据经验，加工者可以有更多的钻头可供选择。MMC 时的零公差的目的就是在满足能够装配的前提下，可以接收更多的零件。

实际上没有一个公差控制工具能够在任何情况下都适用。通过逻辑的判断、经验的累积和适当的使用，零公差是非常有效的设计工具。

十一、位置公差控制的过盈配合

销钉孔的配合可以使用延伸公差的方式定义，但是如果销钉要连接两个以上的零件，一个零件上的孔的过盈配合和同轴于相对应的另一个零件上的孔是很重要的。但是零件上的孔相对于零件的定位却不需要那么严格。

如果不使用延伸公差，最简单明了的方式是在总成中显示孔的定义。在几个零件组装的状态下，匹配几何元素可以被一个很宽松的位置度公差框约束在一个非常严的尺寸公差内。这种情况下，MMC 是一个比较合理的公差修正，当尺寸偏离于 MMC 时可以补偿位置度公差，RFS 条件不能获得公差补偿。LMC 和 MMC 之间的区别很小。因为考虑的是销孔的同轴控制，而非孔在零件上的位置，所以 MMC 修正比较合理。但是如果在总成中定义孔公差的时候，需要标明“配钻”的声明。

如图 7-20 所示，如果标明两个零件的孔配钻，那么加工者可以更容易地控制孔的同轴度。通常第一个零件的销孔要求过盈配合，而第二个零件间隙配合。如果不是配钻的加工方式，那么第一个零件非常适合使用延伸公差，同时实效边界必须同时考虑，以便保证第二个零件的装配。

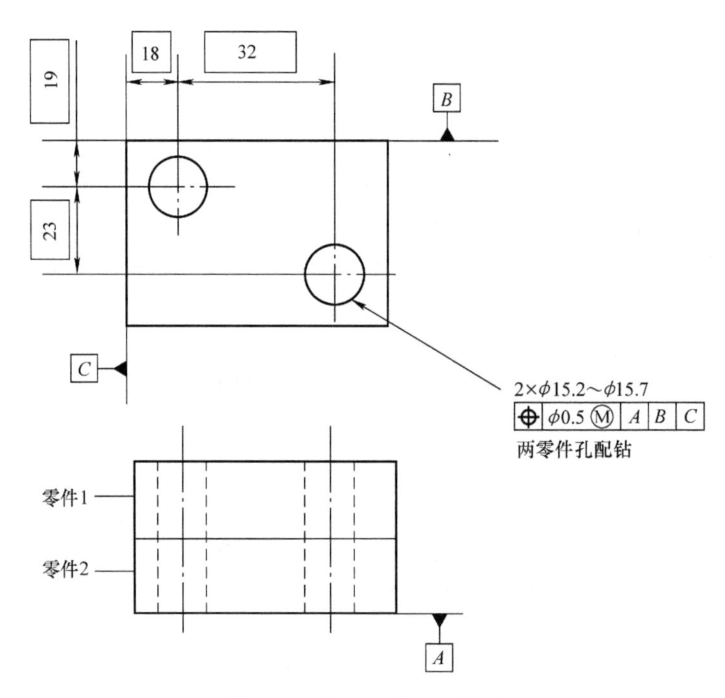

图 7-20　位置度与配合设计

十二、组合公差

位置度的组合公差有两行以上的公差控制框。通常为两行公差控制框，应用到阵列元素定义，第一行公差控制框（PLTZF）控制了六个自由度约束，公差值是两行中较大的；第二行公差控制框（FRTZF）解锁位置约束，只有旋转自由度，公差值是两行中较小的。如果第二行以下需要引用基准，组合公差要求必须每一行参照第一行的基准顺序引用。

阵列元素定义需要整个阵列对于元素的定位和阵列内元素间的定位，如果想对阵列内的元素间的定位进行比基准到全阵列默认的公差更严，那么就需要组合公差框。

图 7-21 是一个有四孔阵列的孔板，使用组合公差框定位。四个孔的理论位置使用公称尺寸定义。这个公差控制框只使用一个位置度符号。第一行公差框定义元素阵列和基准之间的关系，当孔在最大实体元素尺寸时公差带为圆柱面 ϕ0.5mm；第二行公差框定义阵列内元素间的关系，当孔在最大实体尺寸时的公差为圆柱面 ϕ0.2mm。两组公差带都可以得到尺寸公差的补偿。

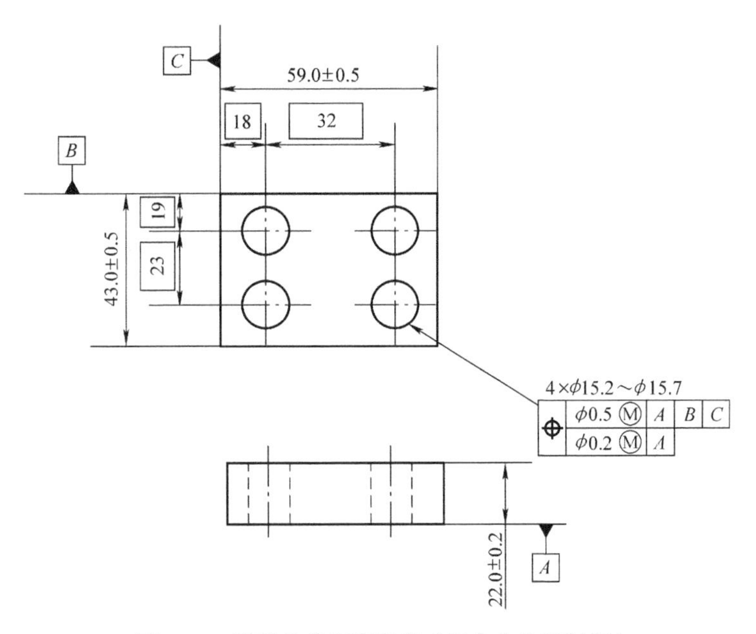

图 7-21　零件的位置度定义（组合公差控制框）

因为 MMC 修正，第一行的圆柱面公差带 ϕ0.5mm 可以有 ϕ0.5mm 的公差的补偿，这个 ϕ0.5mm 的补偿公差来自于每一个孔的尺寸公差。所以每一个孔的轴线所位于的 ϕ0.5mm 的公差带（同轴于理论位置），可以增大到 ϕ1.0mm（当孔的尺寸为 ϕ15.7mm 时）。三个相互垂直的基准面被用来定位孔，它们是基准面 A、B、C。这三个基准面建立了一个基准参考框架，阵列（四个孔）到基准的公差带（孔为 MMC 时为 ϕ0.5mm）是静态的，轴线位于固定的理论位置。即使公差带的大小会发生变化，但是每个孔的公差带轴线位置不变。

第二行公差控制框是阵内几何元素之间的关系，孔之间的位置度被精确到 ϕ0.2mm 的圆柱面公差带之内（当孔的尺寸为 MMC，ϕ15.2mm）。也就是说孔之间的公称尺寸是 32mm 和 23mm，公差是 ϕ0.2mm。第二行的公差框只重复了第一行公差框的住元素 A 定位。虽然没有建立一个完整的元素框架，但是约束了每一个孔相对于元素面 A 的垂直度在 MMC（ϕ15.2mm）时，公差带为 ϕ0.2mm，比第一组公差框的公差带更窄。如果任何一个孔的直径为 LMC(ϕ15.7mm)，这个公差带可以最大增大到 ϕ0.7mm。

基准对于几何元素阵列的关系中，如果四个孔的中任何一个实际加工尺寸是 ϕ15.3mm，那么这个元素的两个公差带（分别起始于 ϕ0.5mm 和 ϕ0.2mm）也都获得一个 ϕ0.1mm 的公差补偿。如果任何元素孔实际加工尺寸为 ϕ15.4mm，那么这个元素孔的两个公差带增大 ϕ0.2mm。如果为 ϕ15.5mm，那么两个公差带都增加 ϕ0.3mm。当为 LMC 时，可以得到一个最大的补偿 ϕ0.5mm。

阵列元素内孔 – 孔的位置关系不同于阵列 – 基准的关系（固定的），是可以浮动的。原则如下（轴类零件也适用）：

1）公差带以公称尺寸定义之间的理论位置，作为一个整体浮动。

2）这个例子的孔的公差带理论位置，角度 90°，距离 32mm 和 23mm。

3）这些公差带都是圆柱面，定位于理论上的位置，垂直于基准面 A。

4）虽然这些公差带可以浮动，但是只能在阵列 – 元素的公差带内浮动，不能超出。也就是说，每一个孔元素的实际加工轴线位置既要位于几何元素间的公差带，也要位于阵列－基准间的公差带。

如果基准元素符号加入到第二行的公差框内，仅仅增加了几何元素到几何元素的定向约束。注意一点的是，第二行的公差框只是约束元素间的关系（这个例子是孔和孔之间的约束）。增加基准的效果就是整个阵列相对于这个基准的定向浮动（平行、垂直或倾斜度）。

十三、组合公差控制框的配合公差

对于一个内部或外部特征的阵列设计匹配零件的时候，通常使用位置度控制。一个位置度公差控制框可以定义一个几何元素的实效边界。为了达到配合的目的，每一个几何元素都应该有一个定义的实效边界。

例如，将阵列特征更进一步的被约束到一个更严的垂直度公差带内，如图 7-22 所示。

图 7-22 所示的匹配零件也应该应用这个公差控制框定义的相同的位置度的实效边界。原因是公称尺寸和垂直度定义的公差带没有关联。这些垂直度定义的公差带相互独立，它们可以在位置度定义的更宽泛的公差带内自由的浮动。因此匹配零件的设计必须能够保证这些浮动的垂直度公差带能够浮动到位置度定义的公差带内的任何位置。一个主要的因素就是这个公差控制中位置度控制的公差带是唯一有公称尺寸定位的公差。

图 7-23 也是一个组合公差的例子。匹配零件的设计要考虑第一组公差的位置度实效边界也要考虑第二组公差框的位置度实效边界。其原因是阵列中的元素间的公差带（第二组公差框）可以浮动在其相应的更宽泛的阵列于元素间的公差内（第一组公差框），第一组公差框的公差带又被元素尺寸定义位置。这允许了可以使用约束的实效边界设计匹配零件。如果这个组合公差框定义的是一个具有四个销钉的腔体零件（图 7-24a），与其配合的是一个方形具有四个孔的板（图 7-24b）。

⌖	ϕ0.7Ⓜ	A	B	C
⊥	ϕ0.3Ⓜ	A		

图 7-22　独立组合公差框

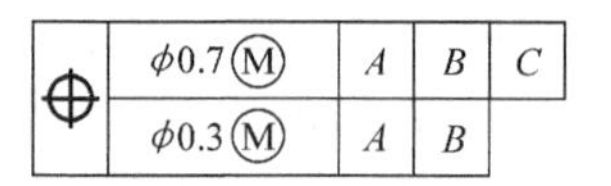

⌖	ϕ0.7Ⓜ	A	B	C
	ϕ0.3Ⓜ	A	B	

图 7-23　组合公差

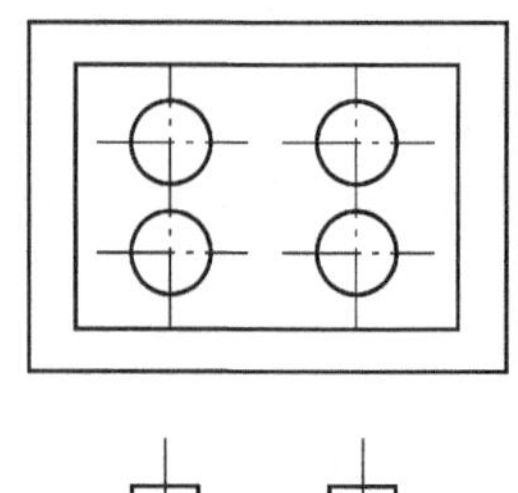

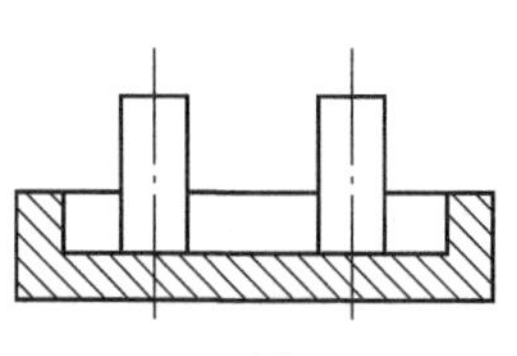

a) 零件一

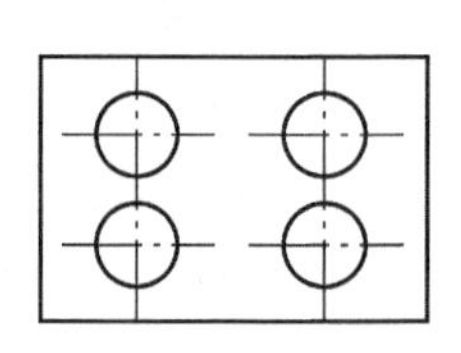

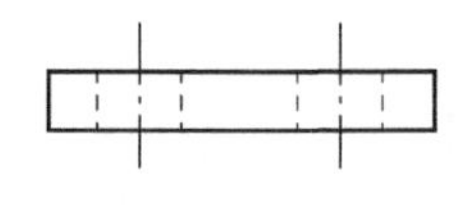

b) 零件二

图 7-24　腔体零件与配合板件

第二个零件的轮廓缩减的数量应该等于上下组公差框的位置度之差，或上下组公差框中定义的实效边界之差。无论公差或是实效边界，这两种方式计算的结果相同。

这个例子，设计者应该将零件二每边去掉上面得到的差的 1/2，这可以保证零件二在零件一腔体中保持适当的均匀间隙。

也就是说，如果使用第二组公差框的作为匹配零件的实效边界，虽然零件二作为一个整体的阵列可以和零件一的四个销钉装配，但零件需要浮动一个位置来完成装配。因此零件的轮廓需要缩减相应的尺寸。当然，设计时孔板如果已经定义完整，零件一的组合公差框和使用第二组公差框计算销的实效边界，零件一的腔体轮廓尺寸必须增加上下组公差框的差量，以保证两个零件的装配。

如果使用尺寸的中心基准元素，并且这个基准元素有自己的轴线或中心面，当设计这个零件去匹配一个几何元素阵列，定义位置度参考这个尺寸元素的中心元素的时候，这个基准元素应该是匹配零件的实效边界尺寸（也是功能检具的尺寸）。

下面将讨论这些配合情况：

第一种装配设计方案：图 7-25 中的孔板零件可以满足图 7-26 配合零件销钉板的四个销钉装配，也能保证零件装配后的边沿平齐（或边沿间隙均匀）。这种一般应用到装饰性或外观零件上，如汽车行业的内外饰零件，或者电子产品的外观设计。

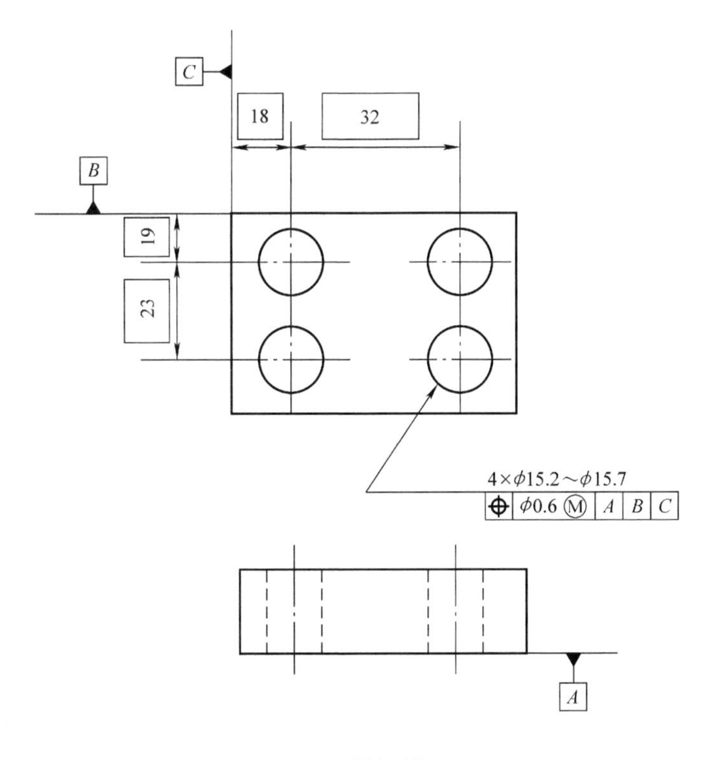

图 7-25　配合定义（一）

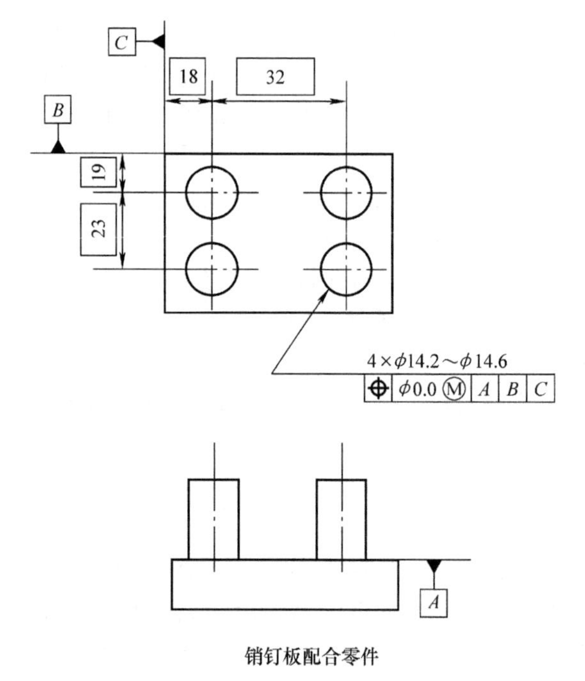

销钉板配合零件

图 7-26　配合定义（一）（续）

第二种装配设计方案：图 7-27 中的孔板零件不能同图 7-26 中销钉板零件保证装配。因为有配合零件有多个销，这些销的实效尺寸是 ϕ 14.6mm，不是 ϕ 15.2mm。在图 7- 27 的配合零件定义中，每个孔的定向实效边界（垂直度的实效边界）匹配相对应的销的实效边界，且在位置度更宽泛的公差带内的任意位置。因此位置度的实效边界才能保证四个销同时装入孔板。这是一个高成本的设计，设计上不能保证 100% 的装配，需要重新设计。

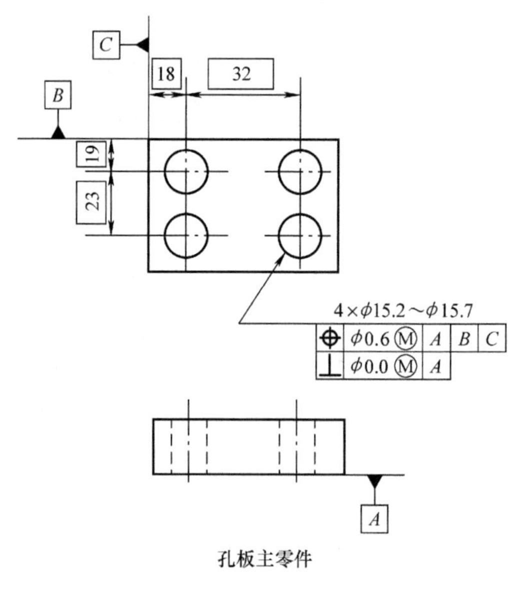

孔板主零件

图 7-27　配合定义（二）

第三种装配设计方案：图 7-28 中的孔板零件可以同图 7-29 中的销板装配，并且能够保证装配后的边沿平齐。图 7-28 所示的孔板零件有两个位置度实效边界，特征间（第二组公差框）的公差带可以处于特征阵列 – 基准（第一组公差框）的定义的公差带内，平行于元素 B 的任意位置上浮动，因此使用特征阵列 – 基准的实效边界。这种装配设计是最经济的一种方法，是 GD&T 的高级技巧。

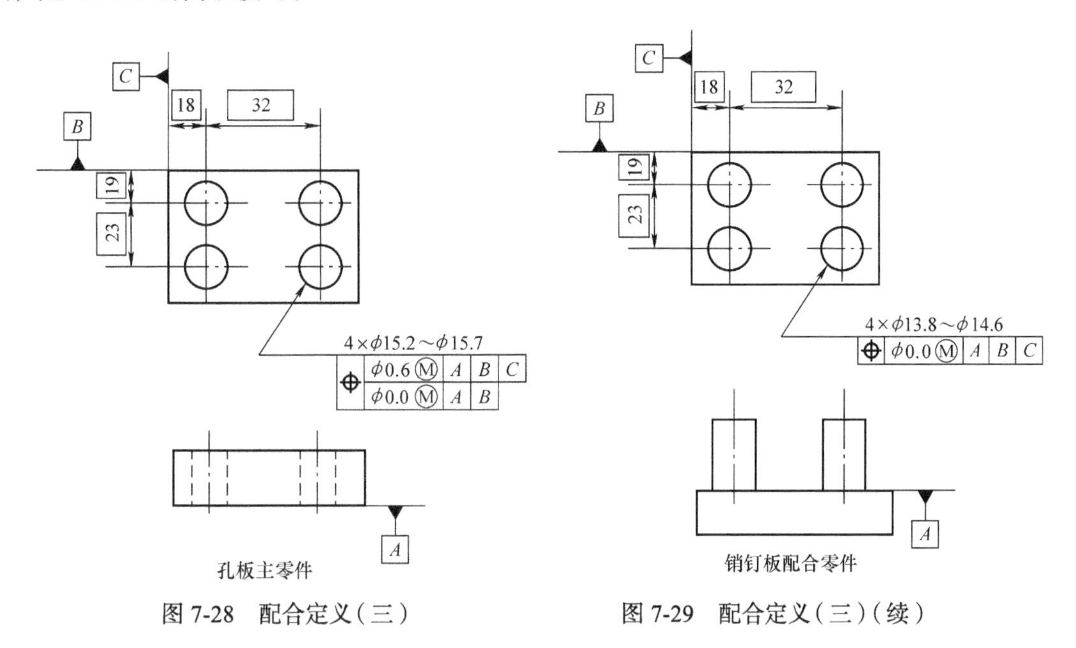

图 7-28　配合定义（三）　　图 7-29　配合定义（三）（续）

第四种装配设计：图 7-30 销钉板零件可以和图 7-28 的孔板零件配合，但是总成中零件的边沿可能不平齐。销钉板零件应用了图 7-28 孔板主零件组合公差控制框的第二组公差框的特征内位置公差的实效边界，因此可以保证两个零件的孔销阵列的配合。但是阵列 – 基准的实效边界没有控制，因此装配中零件可能在不是边沿平齐的状态下装配。

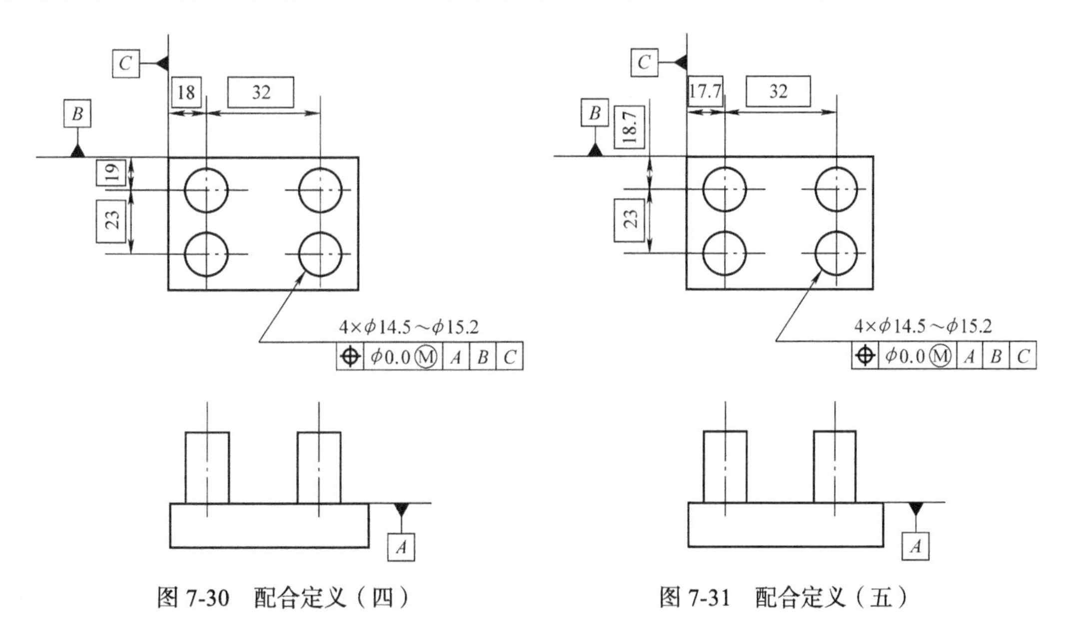

图 7-30　配合定义（四）　　图 7-31　配合定义（五）

第五种装配设计方案：图 7-31 中零件可以和图 7-28 中的主零件装配。图 7-31 和图 7- 30 唯一的不同是零件的公称尺寸缩减，目的是保证在匹配件的边沿平齐。但是这仍然不是一个保证总成的边沿平齐的有效方式。

第六种装配设计方案：图 7-32 中的第一组实效边界是 ϕ15.8mm，第二组实效边界是 ϕ15.2mm，因此可以满足图 7-28 孔板零件的装配，但不能保证总成的零件边沿平齐。

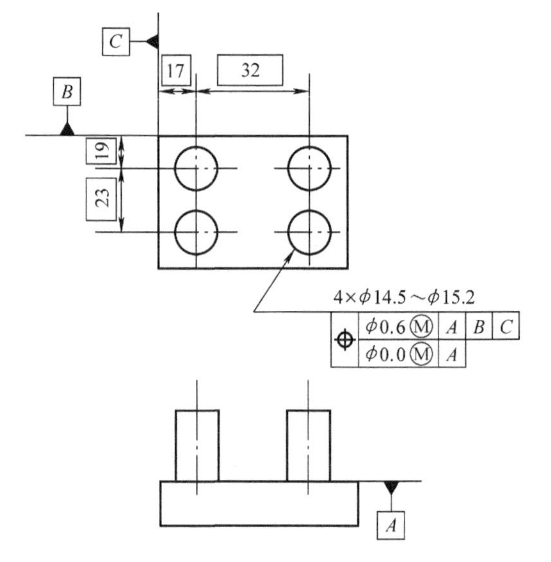

图 7-32　配合设计（六）

第七种装配设计方案：图 7-33 的销钉板零件的实效边界是 ϕ15.2mm，所以可以满足图 7- 28 孔板零件的装配，但是不能保证零件在总成中的边沿平齐。

请考虑以下问题：

1）在应用 MMC 条件时，如何保证受控特征会匹配且各自基准会平齐对齐（假设相应基准上的公称尺寸相同）。

2）对于图 7-33 中的定义，销钉板和孔板相对于基准的实效边界不同（销钉板销的基准上的实效边界大于孔板上孔的基准上的实效边界），如果 MMC 修正的实效边界能够匹配，那么特征可以匹配，但是基准不能保证平齐。

3）如果销（外部特征）位置度的特征阵列 – 基准的实效边界等于或小于匹配孔（内部特征）的位置度的特征阵列 – 基准的实效边界，那么两个零件可以满足装配，且基准也可以保证平齐。这取决于两个零件的基准设置和公称尺寸都是相同的。

4）如果 MMC 修正的轴位置度实效边界（不管是特征阵列 – 基准或特征 – 特征）等于或小于孔的 MMC 修正的最大的实效边界，它们可以满足装配。但是总成中零件的边沿不平齐。

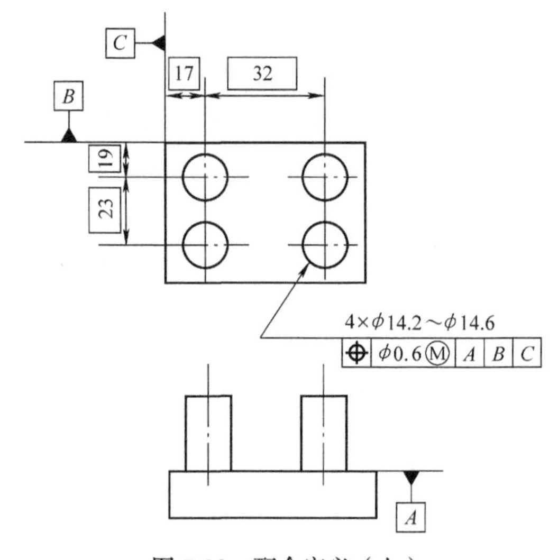

图 7-33　配合定义（七）

十四、对于组合公差框控制的尺寸特征的匹配设计

在完成图 7-34 匹配设计所示零件的配合件设计（图 7-35）时，必须考虑以下几个因素：

1）确定匹配件的最大实体状态的理想轮廓和定向，以确保图 7-35 的零件能够装配入图 7-34 中的腔体（小于腔体的 MMC）。可以通过不同的方式来实现，但都离不开 MMC 的匹配计算。需要确保两个零件 MMC 特征的轮廓形状和垂直度相互匹配。

2）孔的 MMC 条件下的实效边界不能超出匹配销的 MMC 条件下的实效边界。这可由不同的方式来实现。假如选择了适当的基准特征（代表匹配特征），设计者可以选择在图 7-34 中使用相同的公称尺寸，以定位匹配件的实效边界尺寸孔（ϕ15.8mm）。这也可以确保销阵列（实效边界尺寸为 ϕ14.5mm）可以插入孔板，因为每个销的浮动边界是 ϕ15.8mm。因此配合件孔板的最终设计结果可能如图 7-36 所示。

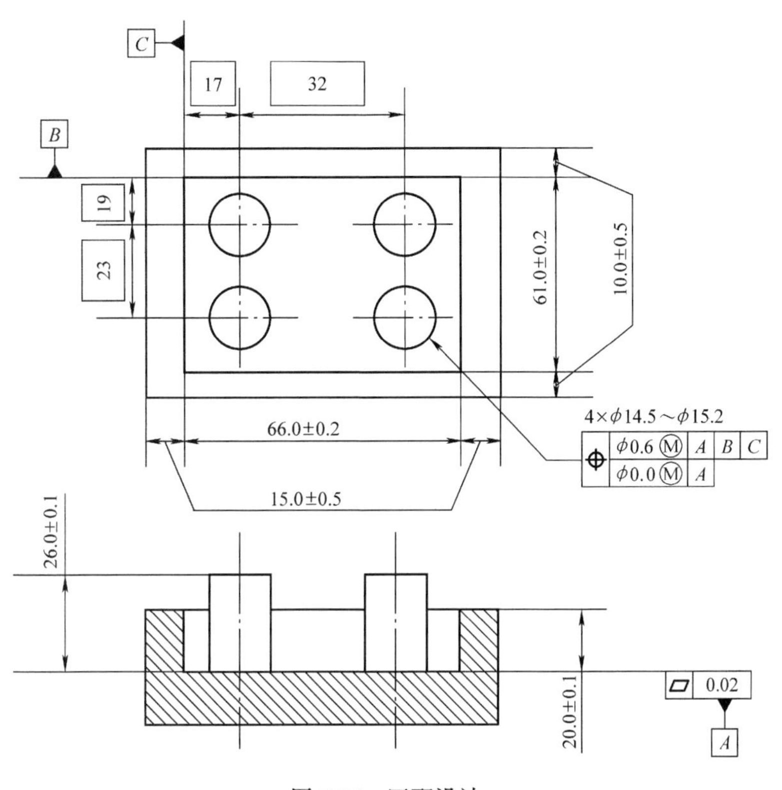

图 7-34　匹配设计

如果设计者选择使用 ϕ15.2mm（特征内关系的实效边界）作为孔板上孔的设计尺寸，而不是 ϕ15.8mm（图 7-38），会导致干涉。只有孔的轴线恰好处于 17mm 的公称尺寸上，四个孔理论上可以和四个销钉配合，并且整个孔板也可以配合入销板的腔中。但是即使是 ϕ15.2mm 孔稍微一点的偏差，都会导致在基准 *C* 或基准 *B* 上的干涉，孔板的矩形轮廓尺寸需要相应的缩减，才能完成装配。

这个缩减的尺寸为（假如图 7-37 装配状态）ϕ15.8mm 和 ϕ15.2mm 的差，即两边同时缩减 0.6mm（单边 0.3mm），两零件既能完成销孔装配，也能完成孔板的矩形轮廓和销板腔体装配，如图 7-38 所示。

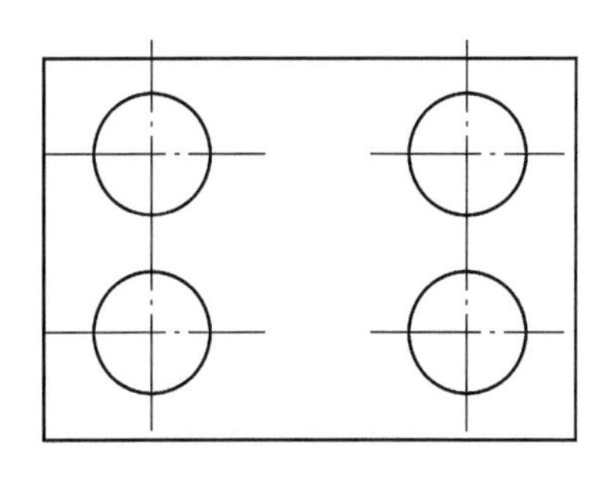

图 7-35　配合件设计

注：这个矩形孔板上的四个孔与销配合，且这个零件外轮廓能够配合入图 7-34 中的腔内。

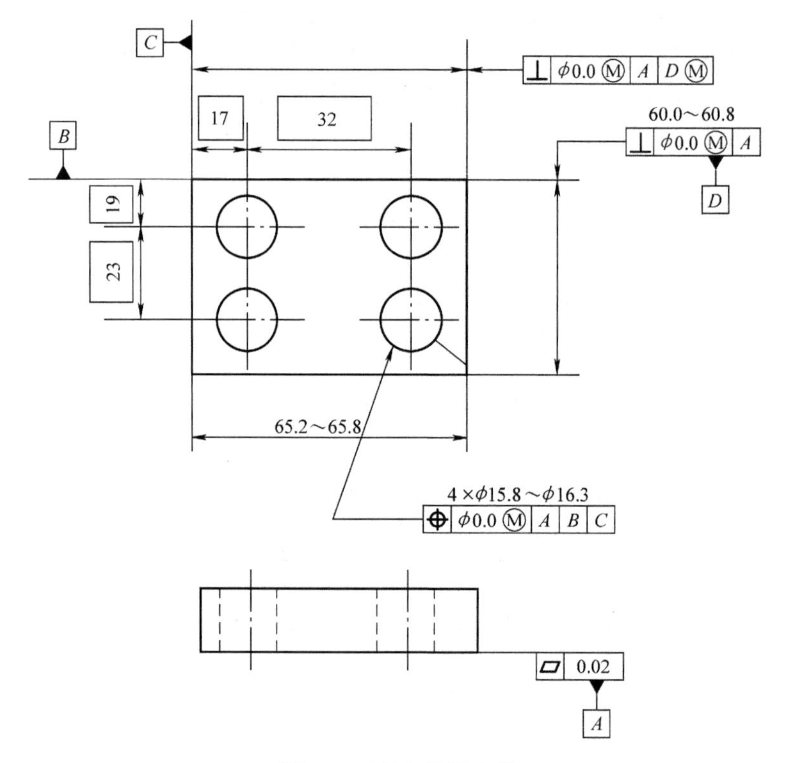

图 7-36　配合件的定义

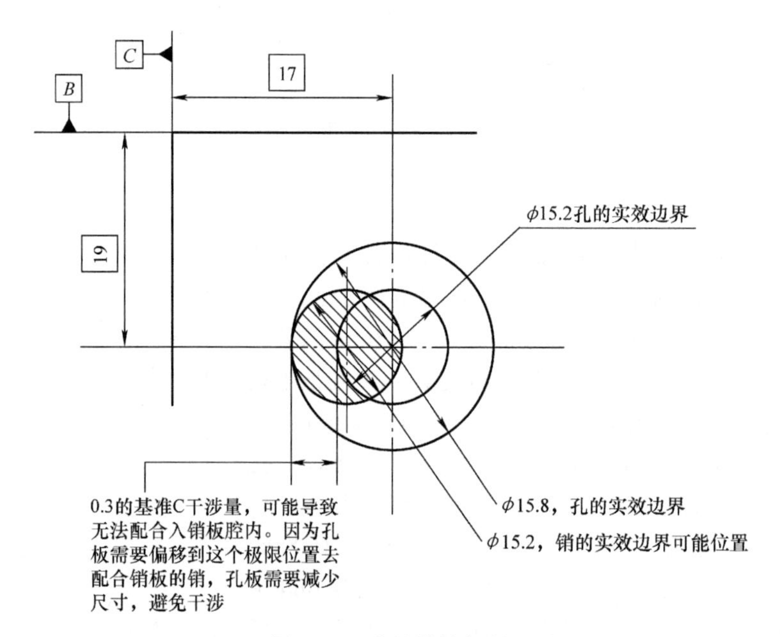

图 7-37　公差带的解释

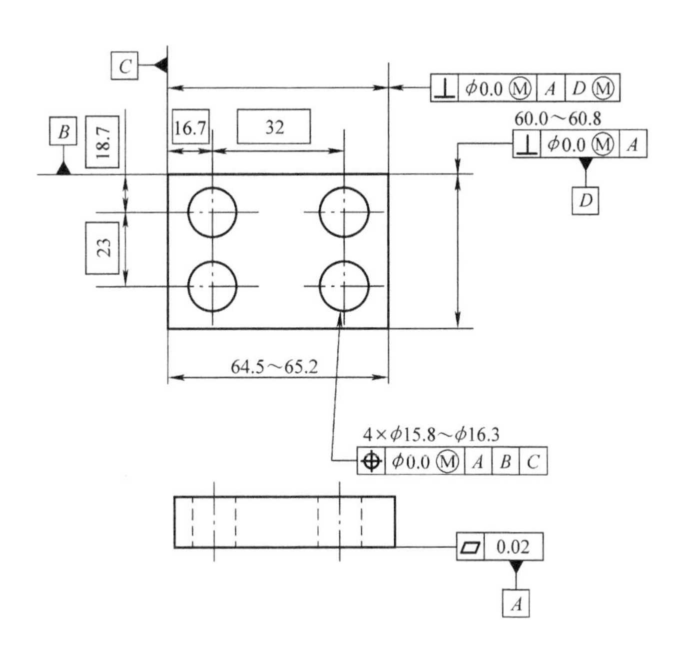

图 7-38　配合件的定义

十五、组合公差控制框和独立组合公差控制框的区别

ASME Y14.5 中明确区分了组合公差控制框和独立组合公差控制框的区别，如图 7-39、图 7-40 所示。

⊕	φ0.7	Ⓜ	A	B	C
	φ0.3	Ⓜ	A	B	

图 7-39　组合公差控制框

⊕	φ0.7	Ⓜ	A	B	C
⊕	φ0.3	Ⓜ	A	B	

图 7-40　独立组合公差控制框

如果基准特征 *B* 是一个平面，定位一个阵列孔的公称尺寸起始于基准 *B*，那么这两种公差控制框的意义完全不同。

这两种控制框中，都有必要的阵列特征内的关系定义。这个更严的公差带进一步约束了阵列内特征间的位置关系（这个例子是孔和孔之间的公差）。同样的，如果每组第二行公差框中没有基准参考的话，或者说第二行公差框中的参考了第一行公差框中的主基准（用来作为垂直度控制），那么两组公差控制方法是一样的。

但是如果第二行公差框中参考的唯一一个基准与第一行的不同，或者同第一行的基准参考顺序不同，或者第二行引用的基准在第一行中的作用是定位的，那么这两种控制方式意义不同。

在一个组合公差控制框中，只有第一行公差框（阵列的定位公差）中的基准可以被第二行的公差框（阵列特征内相关公差）引用。如果第二行公差框（阵列特征内相关公差）引用了不止一个基准，这个基准引用顺序必须同第一行（阵列的定位公差）相同。例如，第一行公差框（阵列的定位公差）中的主定位基准不能成为第二行公差框（阵列特征内相关公差）的第二基准。

在独立组合公差控制框中，第二行控制框引用的基准不必和第一行的控制框的基准或顺序相同。实际上，由于上下两行的公差框完全独立控制一个相同的阵列，基准的如何选择完全取决于设计者的设计意图。

在组合公差控制框中，第二行控制框的任何基准都是用来约束受控特征相对于这些基准的定向。第二行的控制框中仅适用倾斜度约束。第一行控制框（阵列的定位公差）的基准起到倾斜度或定向约束的作用（如一个孔阵列对于基准的公差）。在第二行控制框中（阵列特征内相关公差）的基准起到进一步倾斜度或定向约束的作用（如孔对于同一个阵列中其他孔的公差，销对于同一阵列中其他销的公差）。

在独立公差控制组合框中，第二行控制框可能是对于第一行控制框中的公差的进一步约束，或者是参考一组完全不同的基准。如果第二行引用的基准出现在第一行控制框中，并且顺序相同，则它们是对于相对于第一行框中公差的进一步约束。定向基准进一步约束定向，定位约束进一步约束定位。

两种公差控制框的解释如图 7-41 和图 7-42 所示。

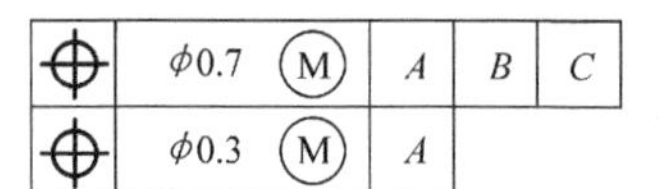

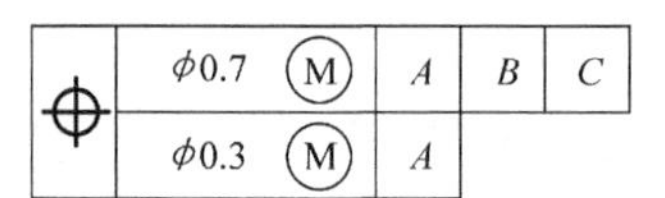

这两种公差控制方式意义相同，解释如下

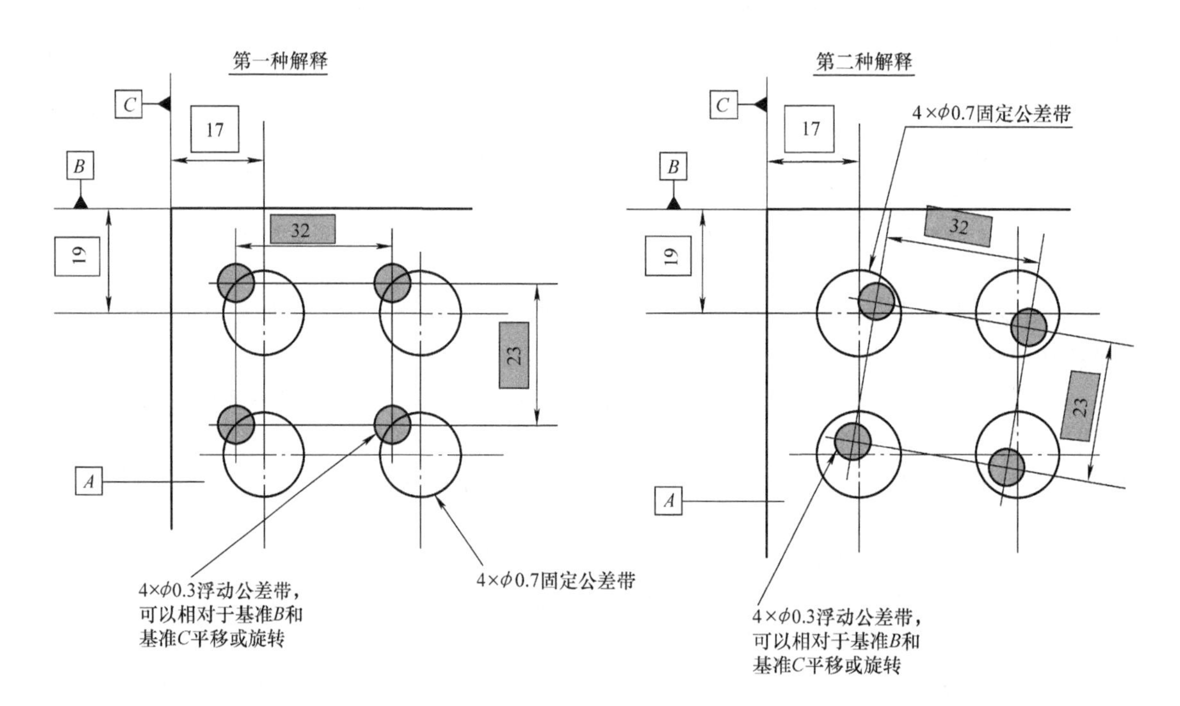

图 7-41　两种公差控制框的解释（一）

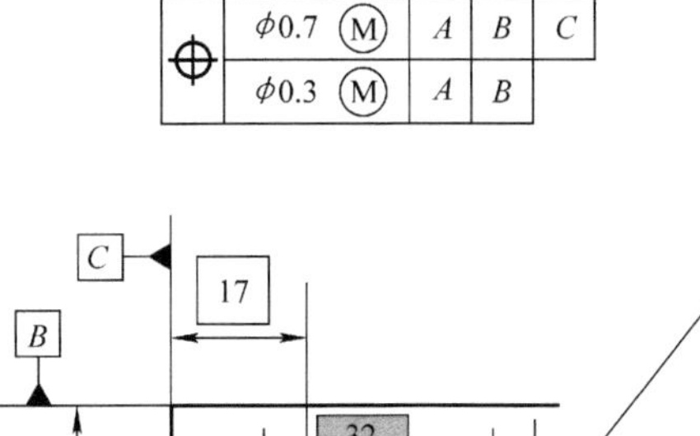

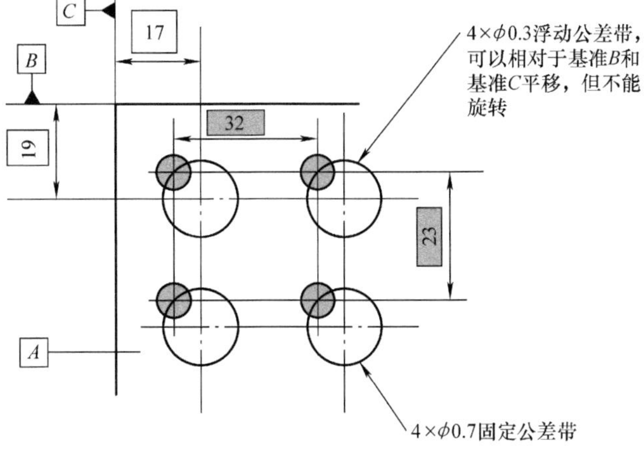

a)

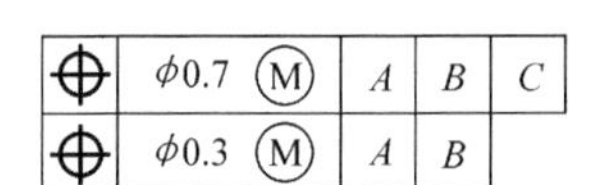

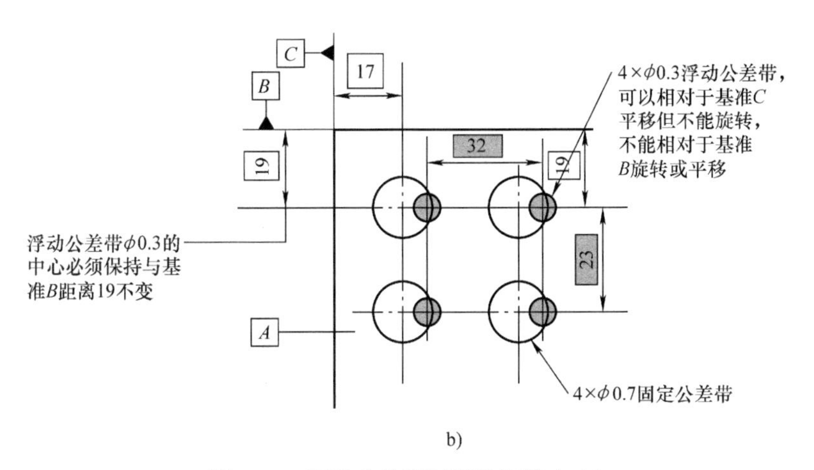

b)

图 7-42　两种公差控制框的解释（二）

图 7-43 中只有一种可能的阵列与基准，其基准内部特征间的公差带分布情况如图 7-44 所示。

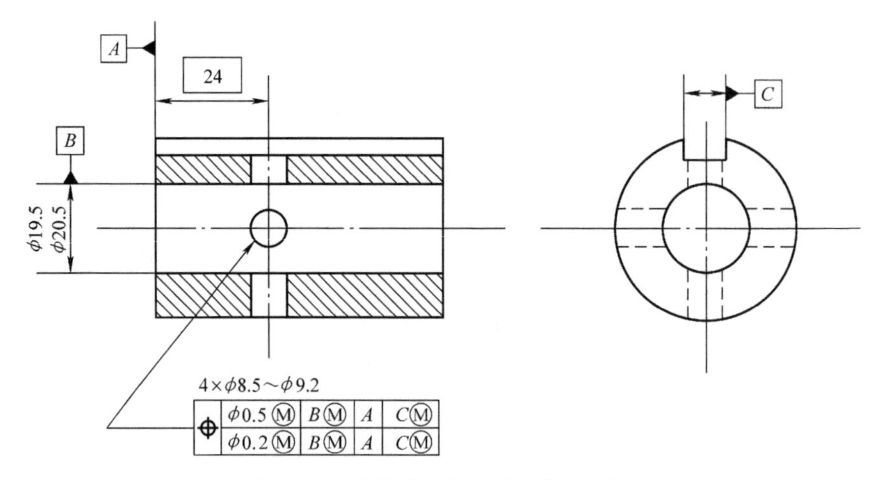

图 7-43　圆形阵列孔的组合公差控制

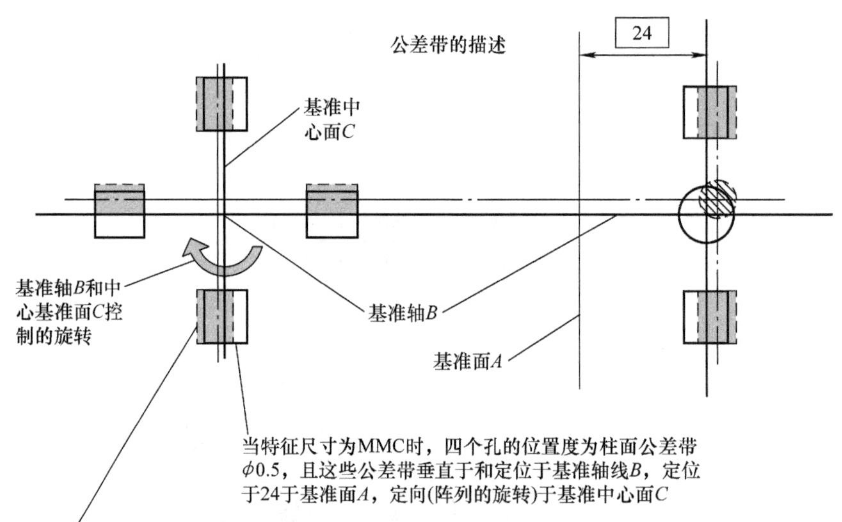

图 7-44　独立组合公差控制框的公差带分布描述

十六、初始定位的方式

初始定位是零件上其他特征的基础。实际的设计过程中经常有这样的情况，一个零件的第一个定位（公差很大）的特征可以作为一个基准，零件上的其他多个特征参考第一个特征定位。设计者可以将这个基准作为后续参考特征的定位起点。

如图 7-45 所示，九个阵孔的测量基准被宽松的定位。基准 *D* 被宽松的定位于基准 *A*、*B* 和 *C* 基准上。结果上，九孔阵通过基准 *D* 定位于零件的 *A*、*B* 和 *C* 的基准上。

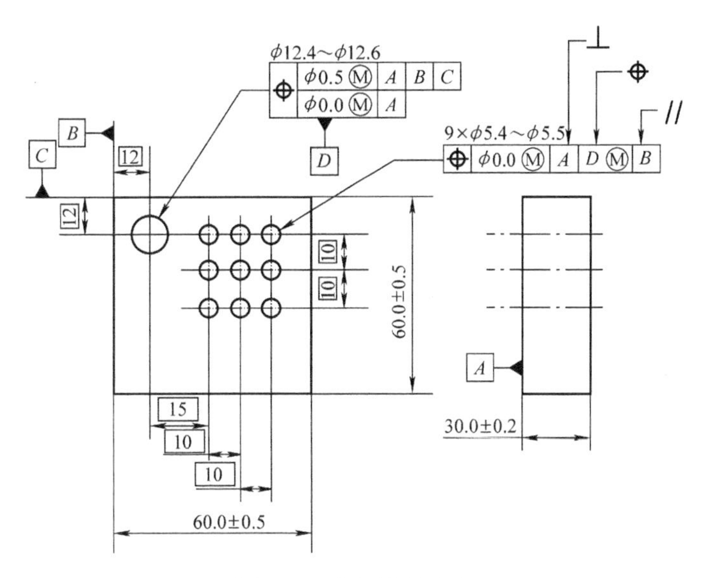

图 7-45　位置度的定义

十七、正负公差到位置度公差的转换

这个转换的目的是得到一个零件位置度公差，然后依据位置度公差的实效边界设计这个零件的匹配件。对于一个零件的初始设计，掌握这个转换过程，也可以开始几何公差设计。

位置度的三个优点归纳如下：

1）圆柱面公差带相对于矩形公差带更能代表受控特征的装配条件。

2）基于基准的定位可重复性强。

3）使用 MMC 修正，可以降低成本。

图 7-46 所示由尺寸公差定义的零件可以有很多的解释，这样就造成了即使是按照图样设计匹配零件，也不能保证零件的装配。

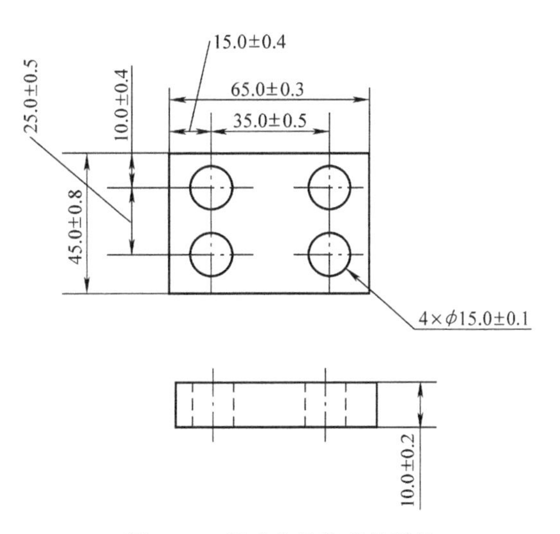

图 7-46　尺寸公差定义的零件

转换第一步：基准建立。首先需要指定基准。通过图 7-46 的尺寸公差图上，尺寸线起始于特定的边线。这些边线可以定义为定位定向的基准特征，如图 7-47 所示。

第二步：公称尺寸，如图 7-48 所示。

第三步：矩形公差到圆柱面公差的转换（基准 - 孔阵）。

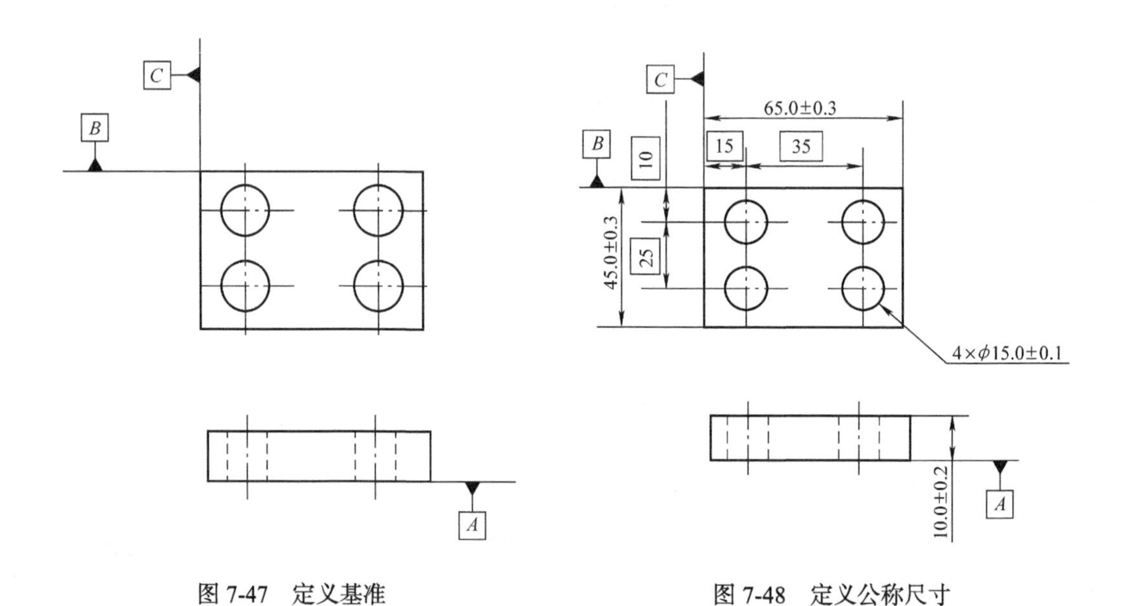

图 7-47　定义基准　　　　图 7-48　定义公称尺寸

首先计算孔阵到基准的公差带，这个公差是 T（= ± 0.4mm）。假设基准不需要分配公差，所有的公差都分配给孔阵。

如图 7-49 所示，尺寸公差的矩形公差带可以转换为基准 - 孔阵的圆柱面公差带，计算公式是 $\sqrt{2T^2}$ = 0.8× $\sqrt{2}$ =1.1。设计原则是减少成本，同时保证孔不会太靠近边缘而影响零件的强度，因此公差指定的原则是尽可能地扩大可用公差，但不能影响最小壁厚。一旦选定了公差，就应该确认最小壁厚，然后才是位置度公差的指定。这个公差指定显然是一个组合公差框（基准 - 阵列和特征 - 特征）控制。这一步确认了组合公差框的第一组公差控制（基准 - 阵列），如图 7-50 所示。

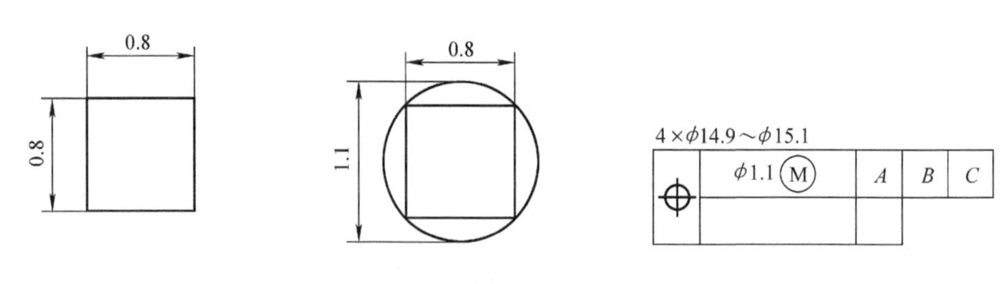

图 7-49　尺寸公差和几何公差转换的原理　　　　图 7-50　公差控制框设置

因为假设这个孔阵是间隙孔，同销轴或螺栓配合，所以选择使用 MMC 符号修正。MMC 修正后的公差可以使位置度公差得到补偿，达到了降低成本的目的。为确保功能，指定的基

准顺序是主定位基准 *A*、次定位基准 *B* 和第三定位基准 *C*。这里要考虑实际加工和检测的可行性。

第四步：指定第二行公差控制框的公差（特征 - 特征）。注意这步公差指定不能像基准 – 孔阵的计算方式，不能使用 ±0.5mm 的公差。先要确定需要配合的是浮动的还是固定的紧固件。例如，如果是固定的紧固件，孔的 MMC（ϕ14.9mm）减去紧固件的 MMC（假设：ϕ14.5mm），那么公差为 ϕ0.4mm（ϕ14.9−ϕ14.5），这个公差需要孔和紧固件进行分配。但如果是一个浮动的紧固件，孔的 MMC 减去紧固件的 MMC 所得公差全部应用到孔上。

这种公差的计算方式保证了零件的配合。完成了第二行公差控制框中的公差值指定。还需要指定基准 *A* 作为主基准。这个例子中，主定位基准 *A* 的作用是稳定零件。虽然下组公差控制框的作用是控制孔 - 孔之间的位置关系，基准 *A* 的引用（垂直度）也可以起到这个位置关系的加严作用。如果基准 *B* 也被引用，仅仅是对于这个基准的旋转约束。如果想加严定义阵特征与基准 *B* 的定位关系，组合公差控制框就不再合适了，需要使用独立组合公差控制框，如图 7-51 所示。

4×ϕ14.9～ϕ15.1

⌖	ϕ1.1 Ⓜ	*A*	*B*	*C*
⌖	ϕ0.4 Ⓜ	*A*	*B*	

图 7-51　独立组合公差控制框

MMC 符号说明了对于匹配件的设计要求，应该倾向于加工偏大的孔。图 7-52 所示是最终的转换后图。

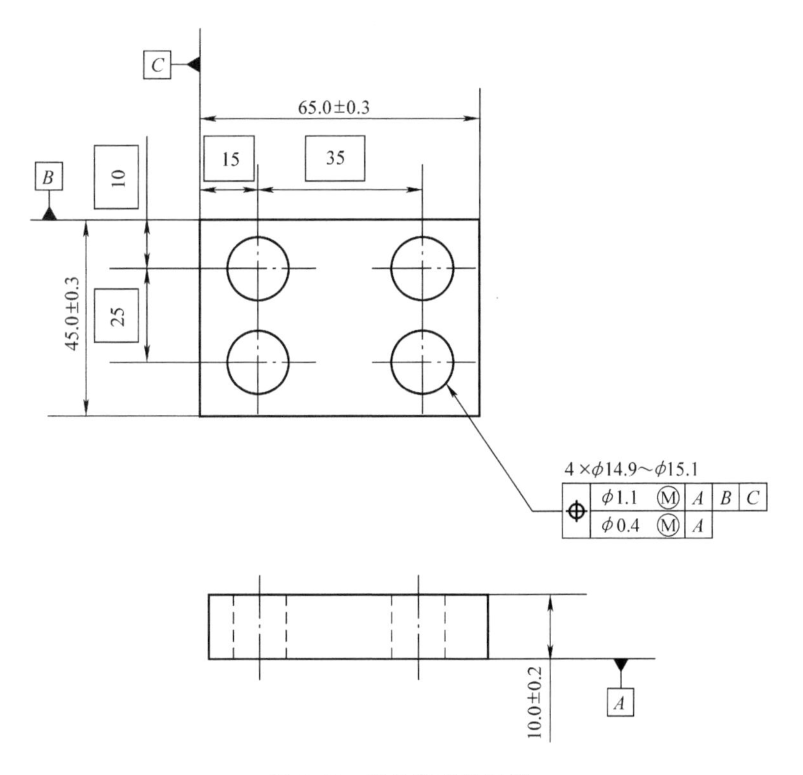

图 7-52　定义完成的图样

十八、允许偏差和实际偏差

允许的偏差为受控特征的公差带范围。如果受控特征的公差带为圆柱面，允许偏差为理想位置为轴线，以公差值为直径的一个圆柱面公差带。允许偏差要综合考虑公差控制框中的几何公差加上来自于尺寸公差的补偿公差。

当孔或轴类特征使用 MMC 修正定义尺寸时，允许使用补偿公差。当这些特征的尺寸由 MMC 向 LMC 变化时，位置度公差可以获得额外的增加，换句话说，就是公差增大了。实际加工后的轴或孔类特征如果位于这个圆柱面公差带内，那么这个特征可接受为合格。

这个实际位置的偏差值可以这样确定：通过 CMM、光学比较仪、检具等都可以用来确认孔或轴的轴线位置。

十九、补偿公差

关于如何计算补偿公差，需要深究其中的补偿原理。当检测一个零件时，只是想简单地知道这个零件是否能够满足功能。如果满足功能，接收为合格零件；如果不能，那么报废或重新加工。

为了能够很好地判断一个零件的功能，检测者应该知道这个零件是如何工作的。大多时候，检测者仅仅通过图样来判断这些。实际检测工作中，检测者对于待检的零件很少有很深的了解。检测者必须仔细阅读说明零件功能的图样。如果图样定义得很完善，基准和公差控制框确实能够帮助检测者良好的判断一个零件，也能建议加工工艺以改善控制点。

图 7-53 中的图样和位置度控制叙述了受控孔特征的技术要求：一个匹配零件，安装在 *A* 面上，其上的配合孔定位于基准 *B* 和基准 *C*。也可以解释为，如果受控孔的实际加工称尺寸为 MMC，孔的轴线的位置度在 ϕ0.5mm 的圆柱面公差带内，且孔的轴线垂直于主定位面 *A*，定位于第二基准面 *B* 和第三基准 *C*。

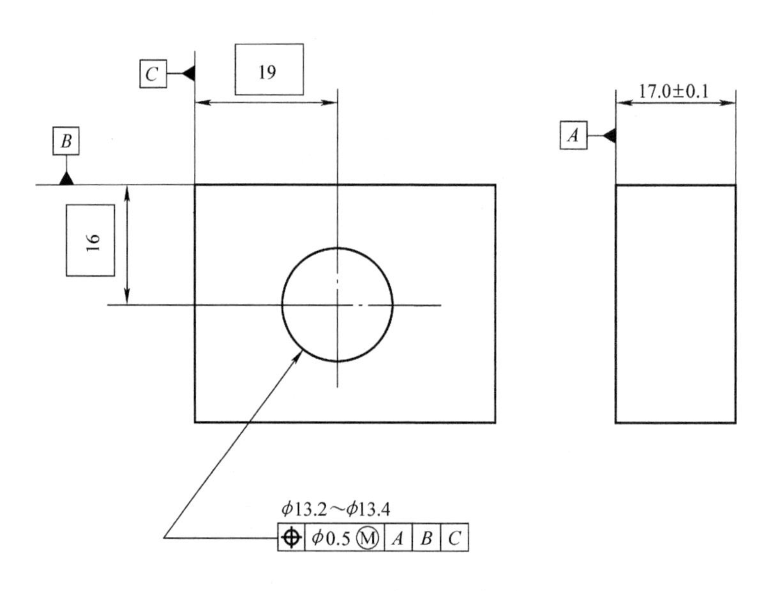

图 7-53　MMC 修正的几何公差

解读孔的功能，需要理解图符隐含的逻辑意义。从位置度考虑，定位了一个孔，位于 A 面（至少三点接触 A 面），定位于 B 和 C 面。然后需要解决的问题如下：①对于这个圆孔，它的匹配特征是什么？显然会是一个轴类特征；②这个匹配轴的最大尺寸是多少？规定的尺寸范围、垂直度和定位要求的孔能够配合的轴的尺寸范围、定向、相关基准定位要求。

匹配轴的最大尺寸的计算公式是实际加工孔的尺寸减去允许的公差。如果将每个结果都罗列出来，会发现这个值是一个常值，即 MMC 条件下的实效边界。这个实效边界是一个理想的圆柱面，以理想状态定向于基准面 A、定位于基准面 B 和基准 C。实现装配的孔需要大于等于这个边界。匹配的销或轴类零件的尺寸和公差（尺寸公差和定位公差）要设计在这个边界之内。如果清楚了这些要求，检测者可以界定接收零件的信心，确保每个零件都能完成装配。以下是实效边界计算的例子：

实际的孔的尺寸 /mm		允许的偏差 /mm		实效边界 /mm
ϕ13.2	−	0.5	=	ϕ12.7
ϕ13.3	−	0.6	=	ϕ12.7
ϕ13.4	−	0.7	=	ϕ12.7

当实际孔的加工尺寸和允许的几何公差发生变化，匹配边界不会发生变化。检测者可以判断，如果孔没有超出这个边界，那么这个孔就能够与加工尺寸最大情况时的轴匹配，也就是说可以匹配所有按要求生产的轴。进一步对于固定的匹配轴类零件，如果孔大于等于这个边界，而轴小于等于这个边界，并且，轴的轴线处于理想位置，所有的轴都可以保证装配要求。

二十、非圆柱面匹配特征的位置

对于非圆特征（如长圆孔）的装配，也可以使用位置度来定义（图 7-54），应用的基本原则同圆柱面特征。不同的地方是，既然特征是非圆柱面，公差控制框中就不合适继续使用直径公差符号。像长圆孔或凸缘，联合基准特征和公称尺寸建立起中心面，或者如对称度控制，使用 RFS 或 MMC 修正的尺寸基准特征的中心面。这个中心面处于理想的设计位置，特征的实际中心面必须位于两个平行面之间，这两个平行面等距于理论中心面两侧定位。这个平行面公差带根据特征控制框建立，平面的位置和之间的间距为公差控制框中的数值，理论的中心面是这个公差带的中心面。

这种位置度控制非圆柱面特征的检测方式是验证这些特征的实效边界。例如长圆孔（内部特征），实际加工的长圆孔上的元素不应小于 MMC 修正下的实效边界。

长圆孔可以通过一个或两个位置度控制的特征控制框定义。特征控制框建立了一个边界。这个边界同心于理论设计位置。在 MMC 修正下，几何公差控制框产生一个实效边界（等于特征孔的 MMC 减去位置度公差）。长圆孔显然有两个 MMC（不考虑长圆孔的深度，即对于安装面的垂直度），因此实效边界也是一个理想的长圆孔。

当实效边界的尺寸、形状和位置定义下来，实际的加工的特征面就有了比较参照。如果所有的实际加工特征面都大于这个边界，本特征合格。可以看出，MMC 修正下产生的实效边界是特征的 MMC 和位置度公差的综合结果。如果两个方向上的位置度公差相同，对于受控特征，一个公差控制框足够定义这个长圆孔。

这个没有直径符号的唯一公差控制框可以定义长圆孔的公差分布。如果在长圆孔的一个方向要求比另一个方向更多的公差，那么两个公差控制框就是必要的了，在公差控制框的下方最好注明“边界”的提示，如图 7-54 所示。

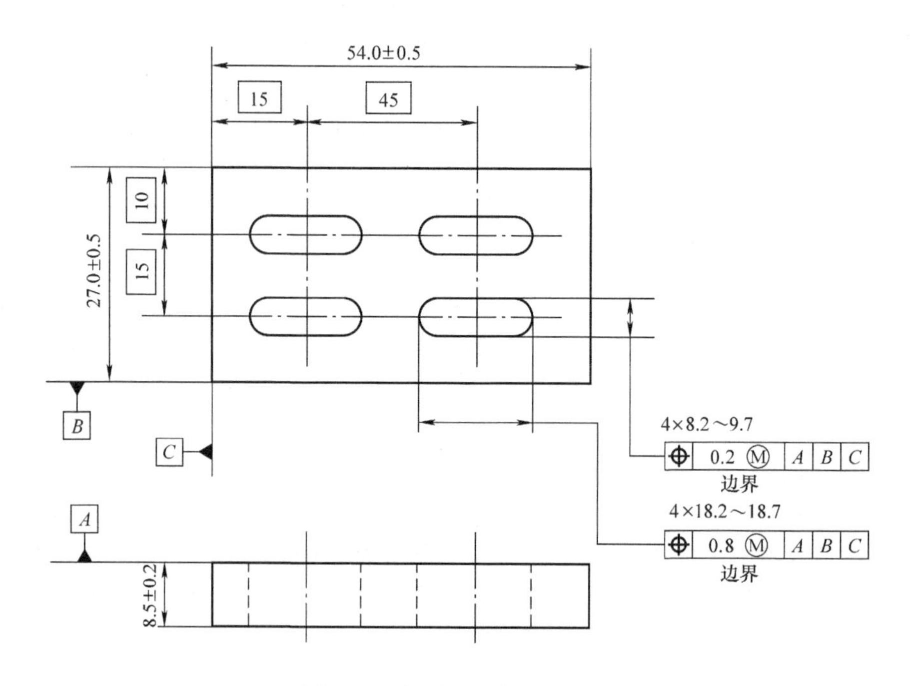

图 7-54　长圆孔的位置度定义

实际加工孔的尺寸和允许的几何公差偏移量不会影响匹配边界（保持常量）。检测者可以使用这个能够保证最差匹配条件的边界去验证实际加工的零件。如果长圆孔大于等于这个边界，而轴小于等于这个边界（轴的轴线或中心线位于理想设计位置），不会发生干涉，能够完成装配。这就是一个合格的特征。

二十一、位置度边界

传统位置度控制的边界概念已经被延伸应用，不再考虑特征的形状。在这样规定之前，位置度控制只应用于长圆孔、球形特征和平行面特征（如尺寸特征）。

这些特征中，除了长圆孔，其他特征的公差带都是约束一个尺寸特征的轴线或中心面。这些公差带产生了一个受控特征面的偏移边界。如果在 MMC 修正下，这个边界既是实效边界。对于一个内部尺寸特征（如孔），这个边界小于这个尺寸特征的 MMC。对于一个外部尺寸特征（如轴），这个边界大于这个尺寸特征的 MMC。

当在规则异形特征，如长圆孔的情况下，公差带不必考虑轴线或中心面，只是考虑极限边界。在最新的 ASME Y14.5 的标准中，这个边界的概念被延伸到其他特征定义中，其法则同长圆孔情况。如 1994 版的 ASME Y14.5 的标准中显示了一个异形孔的定义。这个特征首先被公称尺寸定义大小、形状和位置。一个轮廓度（稍后介绍）控制定义了一个等边分布的公差带。主定位基准特征被用来控制这个轮廓的垂直度，即零件位于安装面上的稳定性（利于

加工或检测）。可以认为这个轮廓度控制产生了一个 MMC 边界（仿形于理论特征轮廓）。一个位置度公差指向这个异形孔，并在公差控制框下指明“边界”。

公差控制框下的“边界”说明了仅仅评估受控轮廓是否超出受控特征的 MMC 轮廓减去位置度公差产生的边界。这个内部特征的轮廓面必须大于或等于这个位置度约束的边界。图 7-55 中是一个连续的面，创建于基本轮廓等距面上。

单单一个组合轮廓度公差控制框不能达到相同的控制结果。组合轮廓度公差控制框的第一组公差框用来定位特征，相对于第二组公差控制框，公差带较宽。第二组公差控制框对于特征的轮廓进行更精确的约束。这与图 7-55 产生的效果不同。

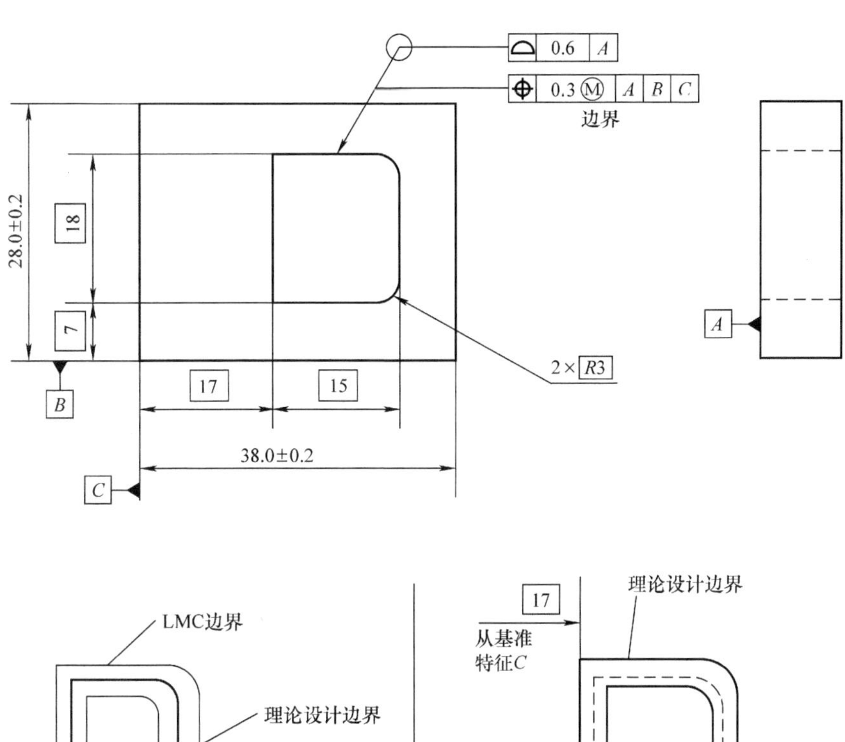

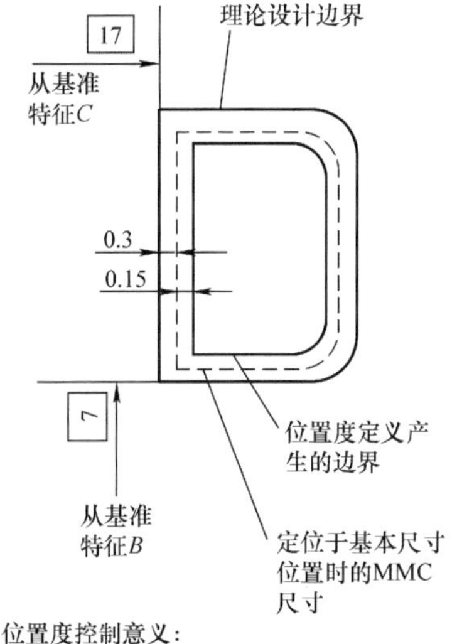

轮廓度控制意义：

受控特征面应用于全孔轮廓，且位于等距于理论设计面的两侧0.3的边界内

位置度控制意义：

受控特征面轮廓必须位于位置度产生的边界(=MMC−位置度公差)边界之外

图 7-55　异形孔的位置度定义及公差

如果一个轮廓度控制联合基准特征来定位一个轮廓，每一组公差框产生两个边界，以精确约束轮廓面。MMC 修正的位置度只产生一个边界（对于内部特征，为内边界；对于外部

特征，为外边界）。位置度控制使得轮廓特征的浮动和定位约束更宽松，并且易于检测，可以使用功能检具进行属性检测。

一个功能检具能够非常容易地检测由位置度控制的常量边界。然而，如果使用一个功能检具检验一个轮廓度，对于验证轮廓的内外边界将是异常困难的。CMM 也可以实现轮廓度的检验，这种方式被称为柔性测量方式。因为 CMM 能够适应不同零件的轮廓。

二十二、位置度控制的对称度（RFS）

图 7-56 中的公差带是两个平行面，以基准特征 *C* 的中心面为中心，平行间距为 0.15mm。公差带垂直于基准面 *B*。

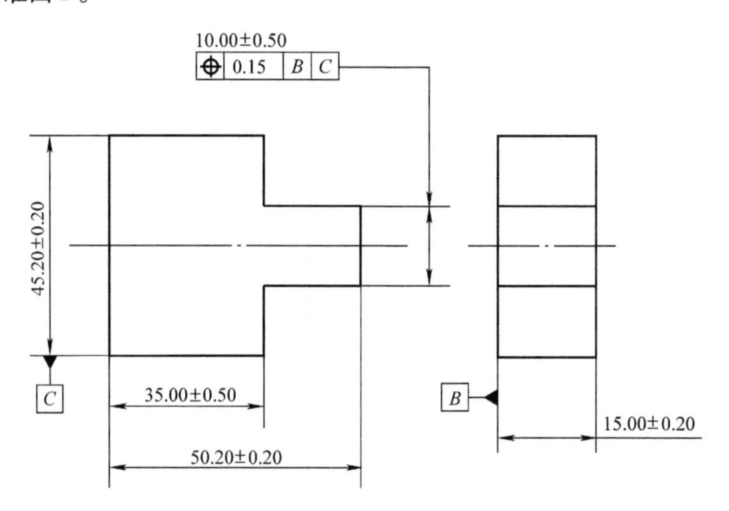

图 7-56　RFS 修正的位置度控制的对称功能

二十三、位置度控制的对称度（MMC）

图 7-57 所示公差带因为被 MMC 修正，所以可以获得尺寸公差的补偿。垂直度约束将面的控制转移到关心的中心面控制。

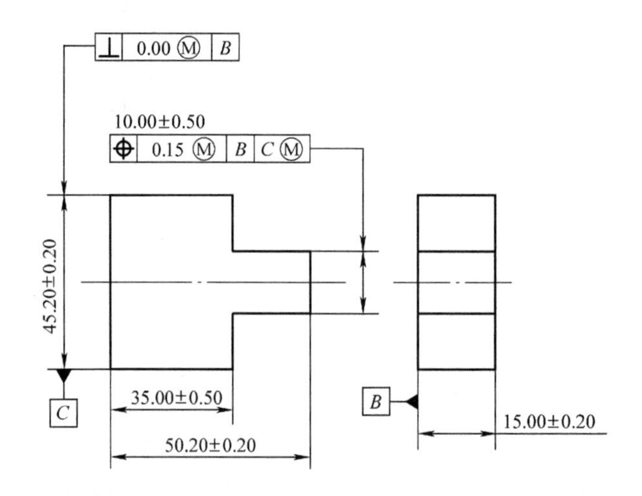

图 7-57　MMC 修正的位置度控制的对称功能

二十四、两个方向上的位置度控制

一个特征的位置度公差有时分布不均匀，其中一个方向需要更精确的控制，而另一个方向出于成本考虑而放宽公差，如发动机壳体壁厚上的孔。这种情况就需要两个公差控制框在两个方向上来约束特征，形成一个矩形的公差带。

图 7-58 的零件孔被公称尺寸和基准定义。两个公差控制框中的基准顺序相同，只有公差值不同。没有直径符号引用，因为公差带在这里已经变成两组互相垂直的平行面，在二维情况下可以看作一个矩形。矩形公差带的中心在圆的理论轴线上。也可以引用一个垂直度控制，如图 7-58 所示。

图 7-59 中垂直度约束了一个更小的公差带。目的是为了保证受控特征不会在不同方向上倾斜太大。为了保证这个控制，引用了垂直度圆柱面公差带。

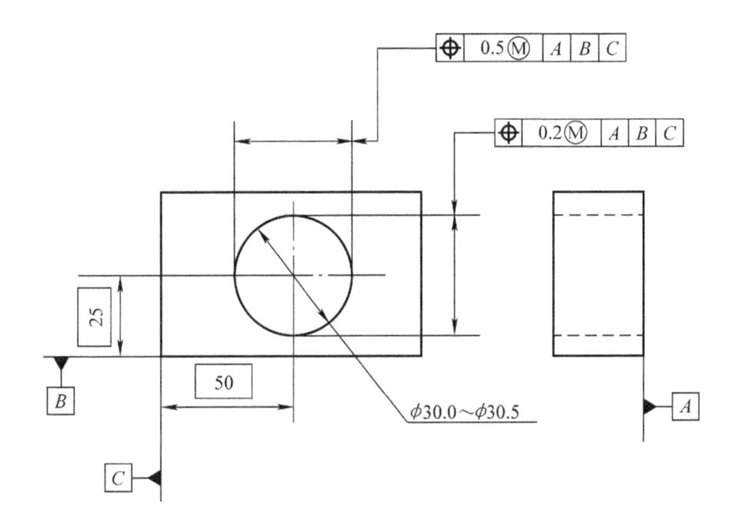

图 7-58　位置度在两个方向上的定义

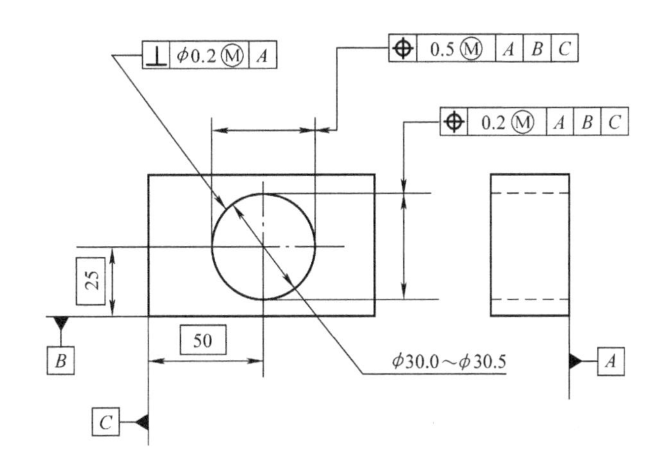

图 7-59　结合垂直度的位置度应用

极坐标方式的双向公差带不同于直角坐标系，如图 7-60 所示。

图 7-60 显示了一个半径为 20mm 的圆弧，圆心在基准轴 *B* 上。图 7-61 显示了图 7-60 的公差带。图中一个公差控制框规定了 0.2mm 宽的公差带，这个宽度等边（0.1mm）分布在 *R*20mm 的圆弧两侧。相对于基准面 *C* 定向为 45° 的平面与 *R*20mm 的圆弧面相交的线，定位了受控圆特征孔的轴线。公差带的两个平行面同时平行于同基准面 *C* 成 45° 的中心面，平行面间距为 0.5mm，等边（0.25mm）分布于中心面两侧。实际加工零件孔的轴线必须位于这个围成的公差带内。

垂直度控制更精确地约束了受控特征。这个垂直度的公差带为一个圆柱面，保证了受控特征在所有的方向上定向一致。这是一个非常实用的齿轮安装定义方式。

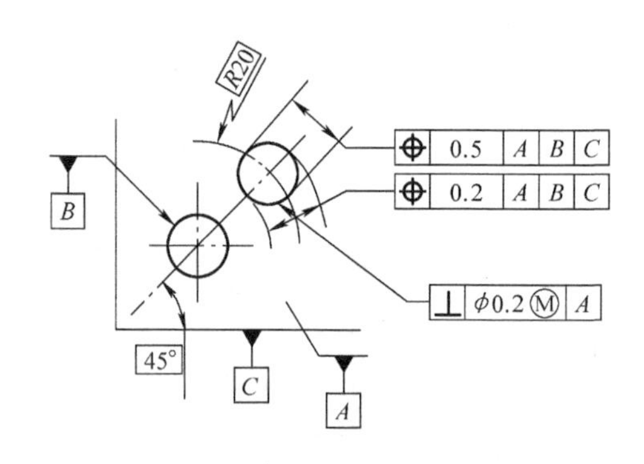

图 7-60 极坐标方式的标注

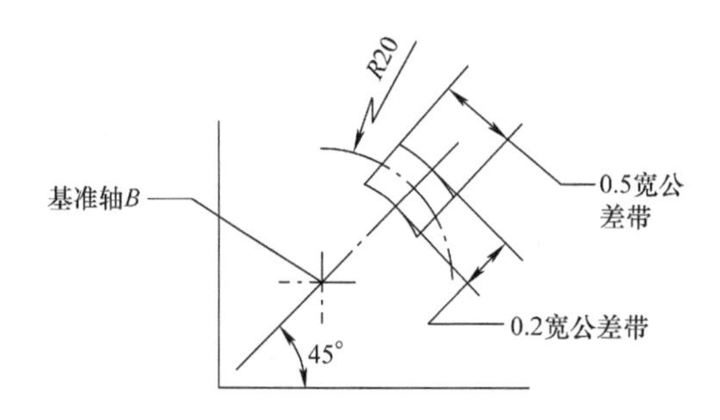

图 7-61 极坐标方式位置公差带

二十五、同步或独立要求

如果不止一个特征阵列使用公称尺寸和相同的基准特征定位，这些基准特征在相同的参考顺序，并且不是尺寸特征，那么这些特征阵列可以看作是一个阵列，可以使用相同设置的功能检具检验。这就意味着阵列特征内关系检测和阵列整体关系检测为同一次设置。既使主基准特征在主定位面（用来验证所有的特征）上不稳定（晃动），可重复性差，也能保证所有的阵列特征能够在相同的功能模拟下进行加工或检测。例如，一个有两个以上销钉阵列的匹配零件可以与另一个孔板匹配。因此，多阵列可以看作是一个阵列。这种将零件上的多阵列特征当作一个阵列来处理的方式，公差控制比独立验证这些阵列控制更严。

如果被作为“独立要求”，这些同一个零件上的不同阵列可以在检验或加工时在不同方向上晃动（而不是同一个方向）。这当然增加了零件通过检验的机会，但是会导致某些零件不能同时匹配到另一个零件上。这些“独立要求”的零件适合那些独立的零件转配于独立的阵列上的定义。对于被同样的材料符号修正的尺寸特征作为基准特征的情况，这个法则同样有效，如图 7-62 和图 7-63 所示。

被公称尺寸和相同顺序的基准定位的多阵列特征（如图 7-62），可以不考虑基准特征的尺寸，是平面特征。这些基准特征平面由各个特征面的高点建立。

图 7-62 是使用尺寸基准特征定位，使用相同的材料修正（MMC）定义多阵列特征。

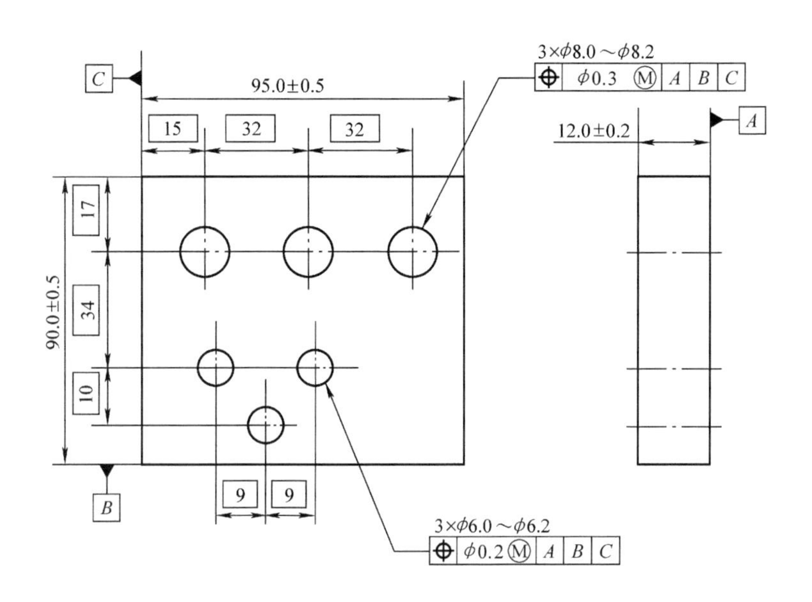

图 7-62　阵列特征的应用实例（RFS 修正基准）

如果尺寸基准特征被 MMC 修正，相应的受控阵列特征可以浮动。如果基准特征偏离其 MMC（当作为主定位时），或实效边界（当作为第二定位或第三定位时），受控的阵列特征作为一个整体可以可以偏离基准轴线或中心面一定的量。

如果相同的基准引用，给定同步要求，则所有的阵列特征会作为一个整体浮动，方向和偏移量相同。因此匹配的销钉板可以适当地整体调整位置（偏离中心轴线或中心面）以便满足装配。如果这些阵列内的特征不是一个整体，而是独立要求，则这些独立的阵列可以浮动在相反的方向上。这样会导致孔板和具有统一阵列销钉板的装配困难。

但是，如果孔阵列和不同的销钉板零件配合，则作为一个整体的阵列的孔板的检测会太严格，导致能够装配的销钉板的孔板拒收。如果不必要作为一个整体定义阵列，那么采用不同的基准顺序，在基准特征后面使用不同的材料修正符号可以实现这些阵列关系相互独立。也可以在特征控制框下标注“独立要求（SEQ REQT）”来取消这些阵列内在的相互关联，以减少零件通过检验的条件，接受更多的零件。

虽然同步要求隐含于这样的设置：多阵列通过公称尺寸和同样材料符号修正的基准（尺寸基准）、同样基准顺序进行定位。设计者也可以通过在公差控制框下的“同步要求”的标注来进一步强调。

对于一个组合公差控制框，本单元的内容只适用于第一组公差控制框，基准 – 阵列的控制，不适用于特征 – 特征的控制。换句话说，如果两个阵列的特征被组合公差控制框约束，这两个阵列特征可以作为一个整体验证基准 – 阵列的约束，对于特征内的特征 – 特征关系，需要分别独立验证。

但是，如果需要对于特征 - 特征的同步要求，只需要在第二组公差控制框 (特征 - 特征控制) 标注特征的数量，以示对于所有特征的同步要求，如图 7-64 所示。

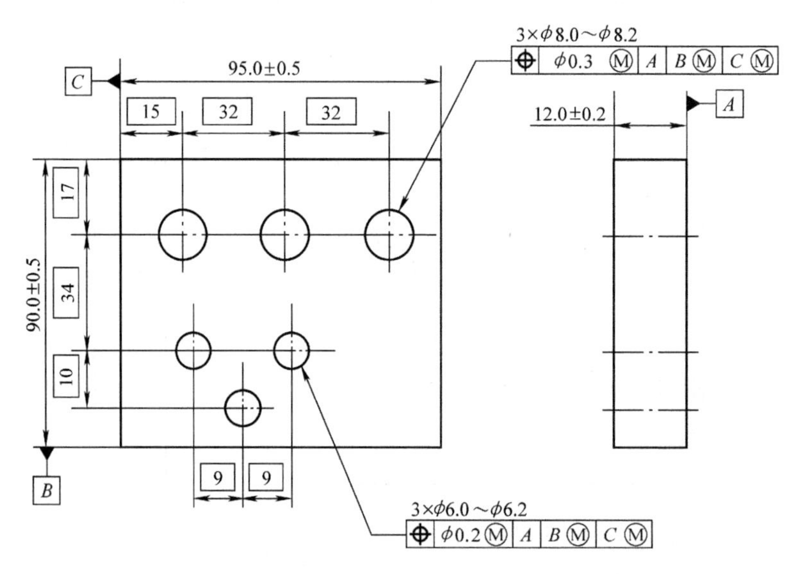

图 7-63　阵列特征的应用实例（MMC 修正基准）

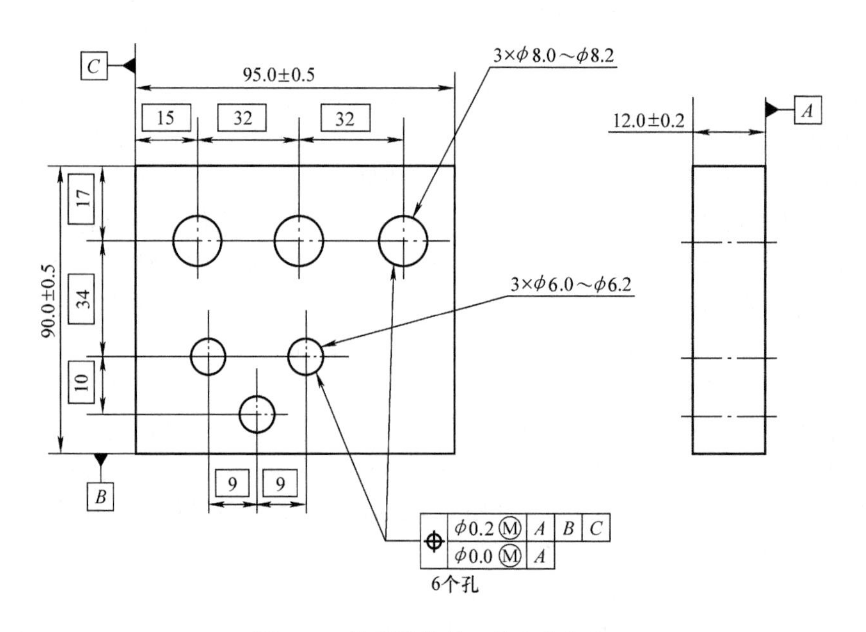

图 7-64　阵列孔的另一种定义方法

图 7-64 中的组合公差控制框中的两组公差框都被要求同步检验，在做阵列内特征测量时，这两个孔阵列被作为一个整体进行验证。这两个孔阵列在图中被两个根引线联到一个组合公差框上，并在公差组合框的下方注明了应用孔的数量。孔的尺寸被单独标示。

同步要求和检具测量声明了对于这两个孔阵列同样的顺序的平面基准特征参考。两个孔阵列之间的浮动不能超出基准 – 阵列的公差（上组公差框），也要考虑阵列内的孔之间更小的公差要求（特征 – 特征）。如果设计者选择不使用注解，则需要包括进其他特征。推荐使用图 7-63 中的标注方式。这六个孔不但被考虑为一个整体特征，也要求了特征 – 特征的同步验证要求。

在图 7-65 中，因为多个公差控制框中有同样的基准参考和引用顺序，所以同步要求被默认创建。如果存在尺寸基准特征，那么这些公差框中的尺寸基准特征都应该使用相同的材料修正符号。也可以在公差控制框下方注解“同步要求”。所有这些“同步要求”的定义要求了相关特征被作为一个基准阵列验证。如果尺寸基准特征偏离 MMC（某些时候是实效边界），那么阵列内受控特征允许增加相应的浮动（偏移），但是所有的阵列内的特征必须作为一个整体，沿同一方向浮动（图 7-66）。

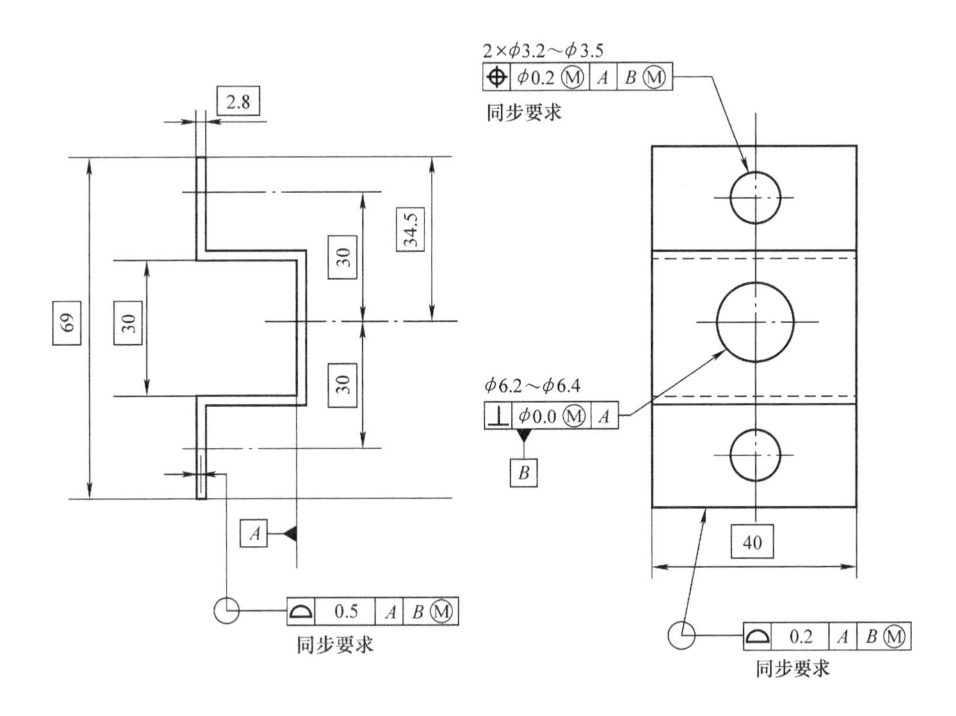

图 7-65　同步要求

图 7-67 中，因为多个公差控制框中同样的基准参考和引用顺序，所以同步要求被默认创建。如果存在尺寸基准，那么这些公差框中的尺寸基准都应该使用相同的材料修正符号。也可以在公差控制框下方注解“同步要求”。所有这些“同步要求”的定义要求了相关特征被作为一个基准阵列验证。同步要求意味着相同的基准框架设置，所有的公差带测量同步验证。如果公差带包容在另一个公差带之内，多出来的公差带（两个公差带的交集多余部分）通常是无效的（图 7-68）。

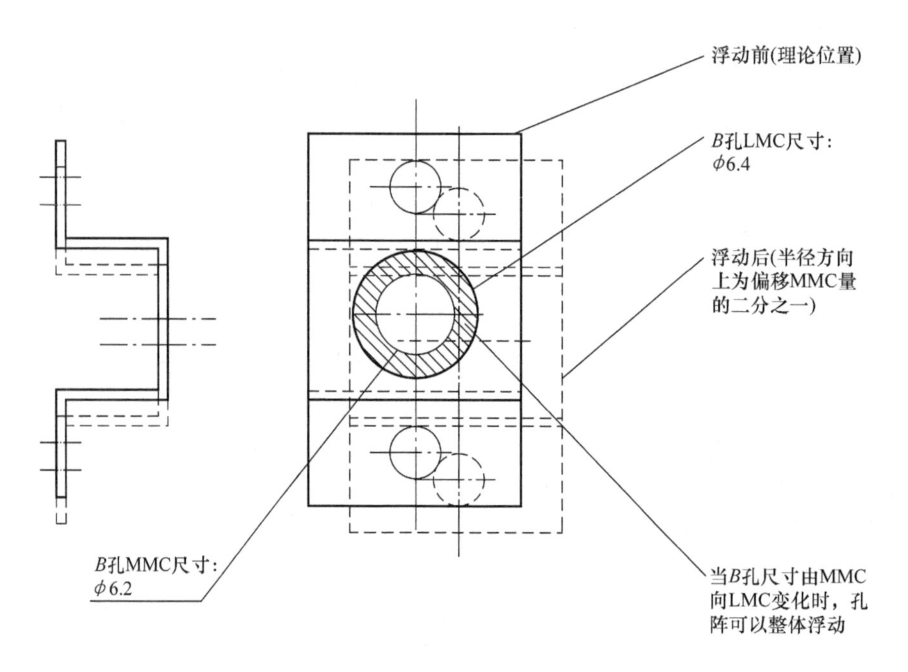

图 7-66　同步要求的公差带

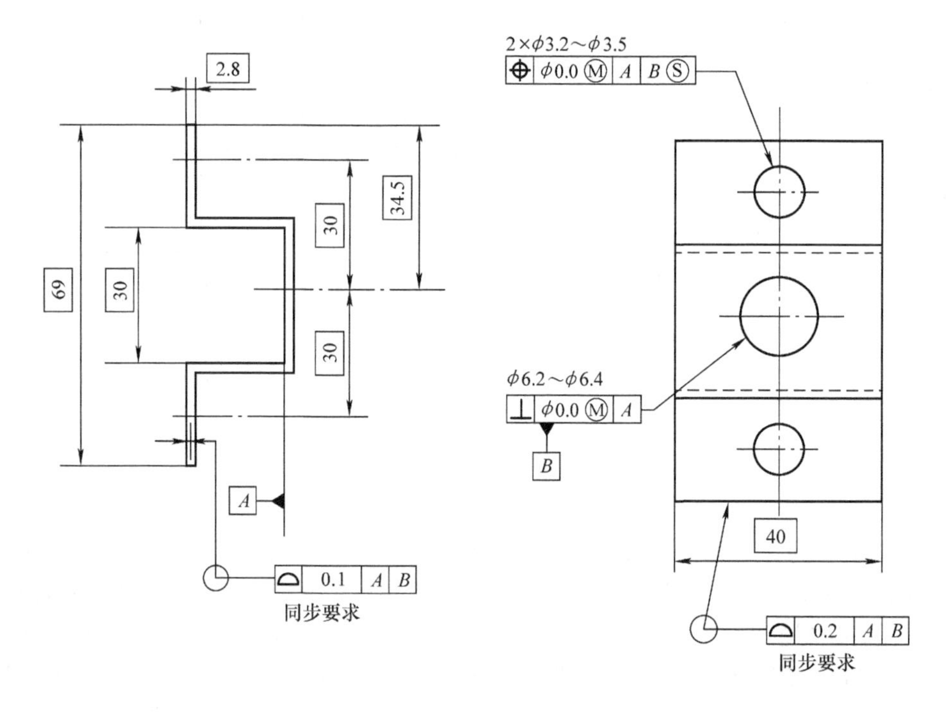

图 7-67　同步要求定义

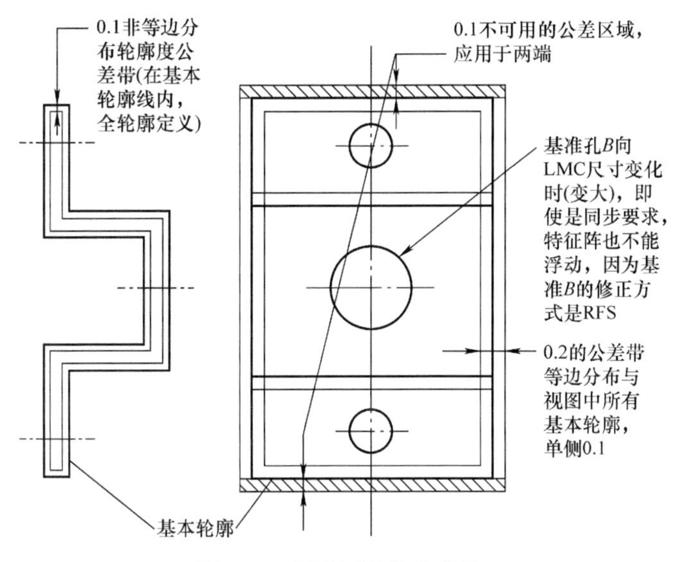

图 7-68　同步要求的公差带

图 7-69 是关于同轴孔的定义。图中使用了组合公差框，有较大的基准 – 阵列的公差带定义，较小的特征 – 特征公差带定义，特征为 MMC 时零同轴度公差定义。图 7-69 中的孔，不再是连续的贯通的孔，这三个孔被指定为 *Y*，两个孔被指定为 *X*。一共有五个孔，并非三个。清楚了这一点，几何公差定义的程序就变得简单。

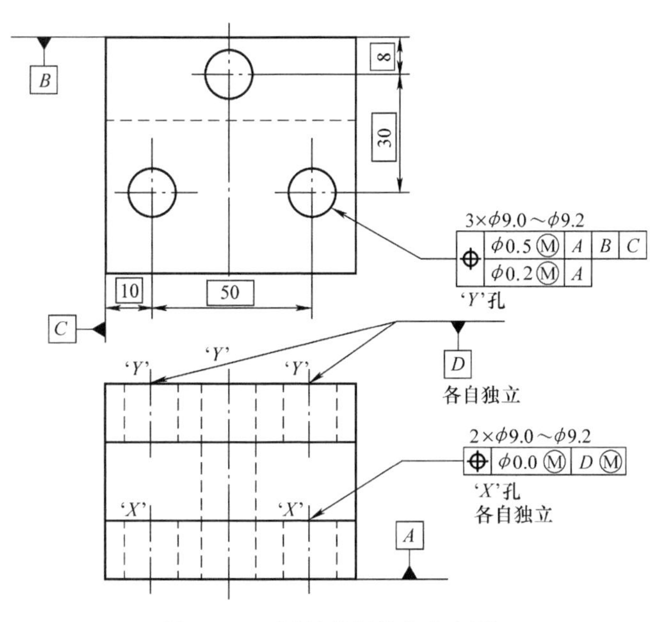

图 7-69　不连续特征的定义应用

标示为 *Y* 的孔阵列的实际加工尺寸为 MMC（ϕ9.0mm）时，可以在一个 ϕ0.5mm 的公差带内浮动，公差带由基准 *A*、*B*、*C* 定位。因为 MMC 修正，所以当孔的尺寸由 MMC 向 LMC 变化时，这三个孔可以作为一个整体沿同一方浮动。同时要保证第二组公差控制框中的特征－特征（孔－孔）之间的约束，如果孔的尺寸为 MMC（ϕ9.0mm）时，孔和孔之间位置保持在 ϕ0.2mm 的公差带内。在第二组公差控制框中，对于基准 *A* 的垂直度也约束了一个更小的公差带。基准 *B* 没有重复出现，但是如果也引用在第二组公差控制框中，那么这个孔阵的旋转方向会被同时约束。

两个 *Y* 孔也被定义为基准 *D*，分别独立的控制相应的特征孔 *X*。当基准孔 *D* 和 *X* 孔在 MMC 时，*X* 孔和 *D* 基准轴线被要求的同轴度公差为零。现实中不存在零公差，所以孔应该被加工为大于 MMC 的尺寸，以对同轴度公差进行补偿。

二十六、位置度总结

位置度是一种位置公差控制，应用于尺寸特征的中心定位（如孔或轴特征的轴线定位，凸台或槽的中心面控制），其他的应用包括尺寸特征的定位、同轴特征、阵特征控制等。像匹配件，如需要铆钉紧固的零件、导引销钉或那些需要将特征定位到一个规定范围的尺寸内紧固到一起的情况。根据 ASME Y14.5，位置度控制不仅保证了适当的装配，也允许了公差补偿。这是尺寸公差不具有的功能，保证了装配，并且能够提供公差补偿是加工厂最希望的一个结合。

位置度也能用来控制非旋转零件的同轴关系，在 MMC 最大实体材料修正时，只是简单的装配关系，在 LMC 最小实体条件修正时，应用于特殊的位置控制和壁厚控制，在 RFS 尺寸不相关原则修正时，应用于同轴装配。

位置度控制的应用注意事项：

1）位置度公差的主要目的是定位尺寸特征的中心，如孔、销、凸台和凸缘。

2）位置度公差必须参考基准。

3）位置度公差能用来实现定位、同轴控制和对称控制。

4）位置度公差控制位置时，需要公称尺寸来定义理想边界。

5）位置度公差使用 MMC 或 LMC 修正时，允许加工者进行公差补偿，且不会影响零件的功能。

6）位置度公差使用 MMC 修正时，可以使用属性检具册检测。

7）位置度公差使用 RFS 修正时，不能使用属性检具，也不能应用公差补偿。

8）位置度公差不应用于一个尺寸特征的面或边定义，只应用于尺寸特征的中心定义。

在许多设计应用中，存在很多孔阵列、销阵列或一系列的匹配特征阵列。阵列特征在图样上可以有很多定位方式。如果阵特征没有参考基准，那么控制框中的公差是表明阵中各特征的相互间的公差约束，而不是整个阵列的位置公差。

特征阵列的控制比单一特征的位置度控制复杂得多。因为不但要求整个阵列特征的位置，这个控制也要求阵列中各特征之间的位置关系。最终的目的就是要达到这些特征阵列之间的装配关系。

以孔阵列为例，每个孔都有独自的圆柱面位置公差带，由公称尺寸将这些圆柱面公差带定位。这样导致的一个问题是，没有测量的起始设置点。考虑这一点是因为孔的公差带之间是相互关联的。

另一个问题是，只有两种可以精确评估定位的方式：①属性检具；②数据图表分析（也成为图样检具）。三坐标有时候会误判一个零件不合格，因为三坐标仅仅模拟孔在公差带内的情况。

第八章　如何逻辑定义零件公差

一、线性分段方式——曲轴子装配

线性分段方式是对于按顺序定义一个待匹配零件元素的方式。首先需要了解零件的基本装配信息，只考虑与待定义特征的相关的匹配特征，如果作为主装配零件，那么这个特征只能作为一个形状控制特征。

因为一个零件需要和几个零件装配，设计者就需要多个线性分段方式定义，不影响这个方式的应用原则。这些应用在一个零件上的分段方式也是又相互关系的，如同样的装配子零件，同样的基准或一个特征被定义为另一个特征的参考基准，那么这些线性分段方式是有发生顺序的。

线性分段方式的理想状态是定义的顺序和加工工艺顺序相同，这样既能能满足功能要求，加工这个零件将也是最简易的方式。

图 8-1 所示是一个曲轴子装配图。需要注意这个零件的装配方式。假设这个装配只有这两个零件，第一步需要解决的是在两个零件上的基准的定义。按照基准的创建顺序，先创建主定位基准。完成这个步骤，要确认两个问题：①在这个总成中的装配面是那些？②那些面或特征起到配合零件定向功能？

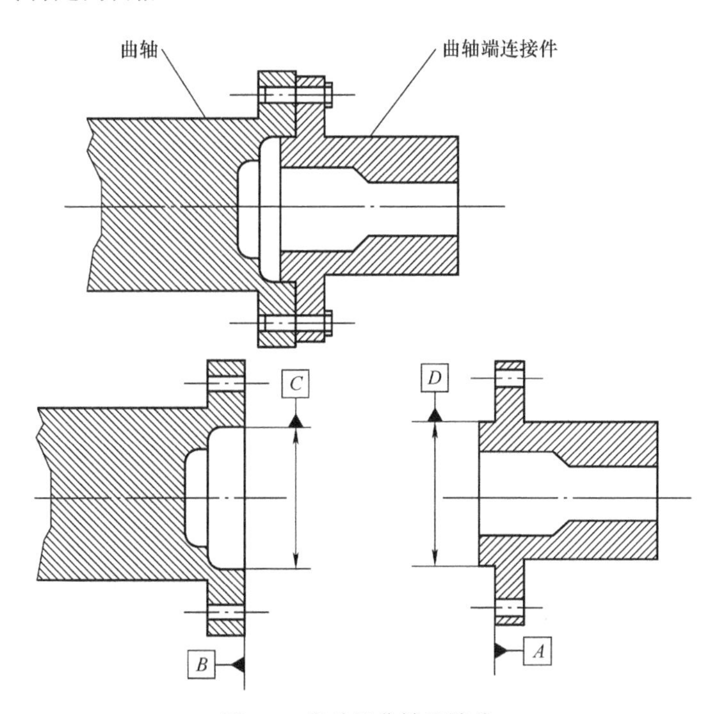

图 8-1　发动机曲轴及端盖

这两个问题很重要，因为如果一个需要至少三点接触的平面，并且在螺栓或轴销等紧固件去掉以后，起主要的承载作用，那么这个平面很有可能是一个期望的主定位基准面。当轴或螺栓侧向紧固时，主定位基准能够起到零件的定向作用。至于这个定向是垂直度、平行度或倾斜度，取决于选择的主定位基准特征。主定位特征起到了定位和定向的双重作用，不能混淆的是，主定位至少包含定向作用。

因此，需要详细研究图样，哪些面是必须接触的装配面，哪些是间隙配合或其他形式的配合面。从这个例子很明显看出，中间的圆柱特征是一个间隙配合面，不能接触。因此这个柱面不能起到任何定向作用。有四个螺栓孔的平面是起到定向的装配面，必须至少三点接触。将这两个零件上的对装配面指定主基准符号 *A* 和 *B*。这个步骤是定义这个集合体的首要步骤。定义完后，约束了两个零件必须在这个主定位面上定向的倾斜度下旋转。如果不是这两个平面作为主定位，当这两个接触面少于三点接触时，将不能保证零件的装配。将图 8-1 的总成分解为零件，确定初始装配尺寸和基准如图 8-2 所示。

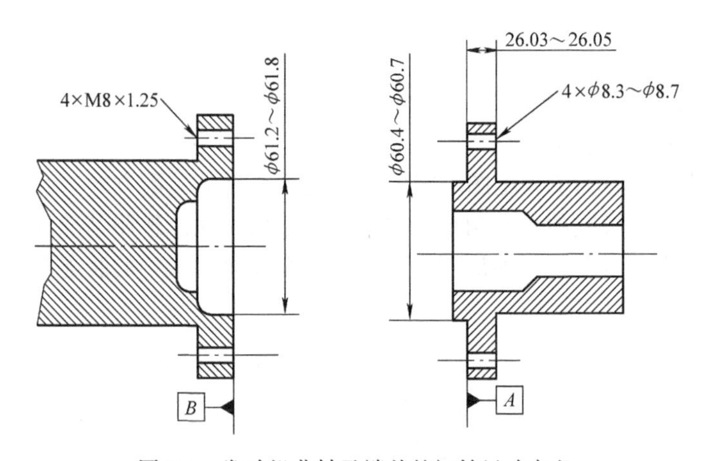

图 8-2　发动机曲轴及端盖的初始尺寸定义

这两个装配面相互定向存在一定的倾斜度，试想一下，如果不是三点接触，从配合缝隙中可以看到螺栓的螺纹。如果增大螺栓的扭矩来闭合这个缝隙，那么会导致这个装配上的螺栓受力不均匀，后果是疲劳断裂。如果使用 *A* 面和 *C* 面作为主定位面，保证它们至少三点接触，那么这个问题就可以避免。

对于这两个主定位面，另一个要求是装配状态下的稳定性（不能摇晃）。满足这个要求需要形状公差定义这些面。按照几何公差法则一，主基准面 *A* 有一个尺寸公差默认来控制这个 *A* 表面的平面度（同时对于相对面的形面控制）。基准面 *A* 必须在 26.03~26.05mm 之间，即平面度公差带为 0.02mm。

如果这个尺寸公差给出的公差带不能满足这个装配的定向要求，需要指定一个更紧的配合公差使这个装配可靠的定向，能使后续的几何公差定义可重复性更好。现在需要比 0.02mm 更紧的公差带，一种方式是简单的加严这个主定位面和向对面之间的尺寸公差。但这种方式比独立定义 *A* 面的平面度的方式的成本高。

公差的赋予需要考虑加工成本和实际的装配效果。因此设计者需要和加工者沟通，了解加工特征平面度的能力和成本。权重加工成本和零件的功能性。在这个例子里假设平衡成本和功能后的平面度公差是 0.002mm，并且将这个公差赋予主定位面 *A* 和 *B*。

一般主定位面确定后，需要选择第二和第三定位基准。第二基准特征应该是能够起到定位功能的平面或轴线。第二定位基准应该是功能性的，起到对齐或匹配的作用。这个例子中的柱面轴线能够满足这个要求。指定这两个基准特征为 *C* 和 *D*。基准特征 *D* 配合入基准特征 *C*。

基准特征 *C* 和 *D* 是一对配合特征。对于基准 *D* 的约束一定是形状控制。按照几何公差法则一，图中基准 *D* 已经存在一个形状约束。即当基准特征 *D* 的实际加工尺寸为 ϕ60.7mm（MMC）的时候，特征 *D* 必需的圆度、直线度和锥度是零公差。对于 *D* 的匹配特征 *C* 在 ϕ61.2mm（MMC）时，情况相同。在形状控制的约束下，两个特征在理想尺寸时的配合尺寸控制已经足够保证配合，不需要格外的定义。

因此，必须另寻适当的定义方式。由于是在基准定义阶段，不可能使用位置度，或同心度，或跳动的控制方式。因为基准 *A* 创建先于基准基准 *D*，所以基准 *D* 需要基于基准 *A* 创建。它们之间的关系式倾斜度约束关系，不是位置关系。这个倾斜度关系是简单的基准特征 *D* 形成的轴线与基准特征 *A* 形成的面的垂直关系。因此建立基准特征 *D* 和基准面 *A* 的垂直控制。

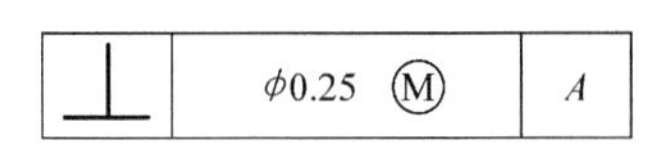

图 8-3　基准特征 *D* 的定义

图 8-3 的控制方式可以解读为，当特征 *D* 的实际加工尺寸为最大实体尺寸时，轴线相对于基准面 *A* 的垂直度为 ϕ0.25mm，或特征 *D* 安装在 *A* 面上的柱面垂直度在 ϕ0.25mm 之内。公差计算来自于特征 *D* 和 *C* 的最大实体材料尺寸相减，所得的几何公差平分给两个配合特征。如果实际加工中，一个特征的垂直度加工比较困难，那么尽量将公差分配给这个特征，这种时候合理分配公差可以降低成本。在这个例子里，假设两个特征的加工难度相等，平均分配公差，所以公差 0.5mm 的一半（0.25mm）赋予基准 *D*。接着解决基准 *C* 的公差设置，同基准 *D* 的定义方式相同，即基准 *C* 垂直于基准 *B* 的垂直度控制。

至此，主、次定位基准都已经选择定义完全。接着需要判断是否需要更多的基准辅助这两个零件的定义。这里定义尺寸公差的目的仅仅是满足曲轴能和匹配件通过紧固件配合到一起。因此，只剩下螺栓孔的定义。如果这些螺栓孔相对于现有的基准定义足够满足除相对于特征 *B* 和 *D* 的轴的旋转自由度的约束，那么就不需要继续指定第三基准。因为这两个零件没有键槽一样的特别区分位置的特征，所以现有的基准定义足够满足这两个零件的定义。基准特征的定义如图 8-4 所示。

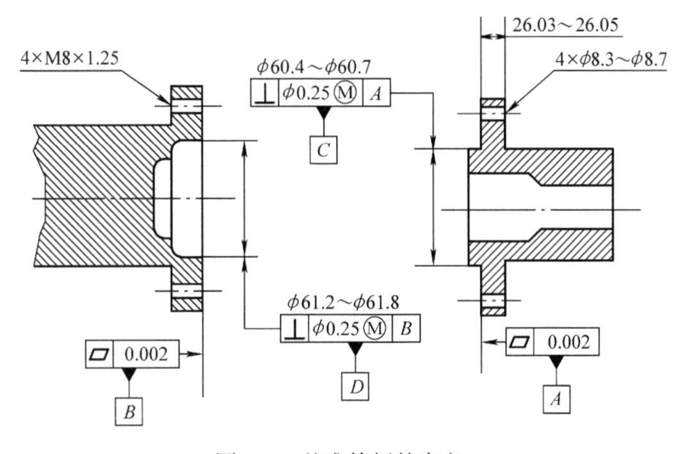

图 8-4　基准特征的定义

在完成螺栓孔定义之前，必须明确以下控制：

1）在基准面 *A* 和 *B* 上的平面度控制允许这些安装面配合时不发生过度的晃动。

2）基准特征 *C* 和 *D* 的垂直度控制能够保证 *D* 插入 *C*。前提条件是基准面 *A* 与基准面 *C* 配合时不发生过度晃动。

现在，为了能够将两个零件紧固到一起，必须先将螺栓的分布圆定义为一个基本直径，然后在分布圆上定义孔和孔之间位置关系，利用现有的中心基准 *C* 或 *D*，通过基本位置尺寸定义这些螺栓孔的位置。然后螺栓孔可以基于这些基准框架给出公差。在开始之前，必须了解间隙孔的公差。四个 ϕ8.3 ~ ϕ8.7mm 需要一个相对于基准面 A 的倾斜度公差，和相对于基准 *B* 的距离公差。

几何公差控制中的跳动是对于受控孔的轴线和基准 *B* 的轴线同轴的定义，因此这两个控制都不适合。基准 *B* 的轴线和抽象的螺栓孔分布圆的轴线同轴，但这个分布圆不适合给出几何公差约束。公差是对实际特征进行约束的。这里孔和孔距基准轴 *B* 的距离是实际存在的，可以作为公差约束对象。而螺栓孔分布圆是一个想象的圆，由公称尺寸定义直径。将要对螺栓孔阵创建的公差控制框定义了允许的偏离理想倾斜度公差和位置公差。

位置度是强大的几何公差定义工具，足够满足相对于当前基准的倾斜度控制和距离控制，比其他几何公差控制工具都更为合适。因此，这里引用位置度，如图 8-5 所示。可以描述为，当零件放置在基准面 *A* 上，并且螺栓孔阵的中心同轴于基准轴线 *B*，并且可绕 *B* 轴线旋转时的螺栓孔的位置度。或者解释为，当配合尺寸为最大实体尺寸，垂直于基准面 *A* 且定位于基准轴线 *B*（与 *B* 的尺寸无关原则），螺栓孔的轴线允许的位置度。

对于匹配特征，曲轴上的螺栓孔阵，使用相同的控制方式。因此 M8 螺栓孔阵的控制方式如图 8-6 所示。

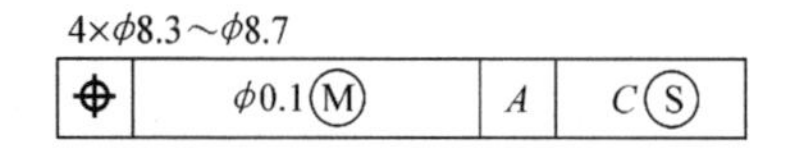

图 8-5　端盖的孔阵列定义

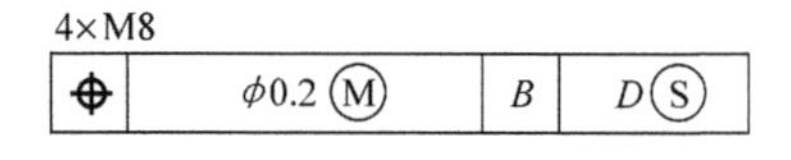

图 8-6　曲轴的螺纹孔定义

因为螺纹孔的自对中性，所以不能够得到等量的尺寸公差补偿。虽然当螺栓节圆直径缩小，螺纹孔的节圆直径变大的情况下，存在一定的公差补偿，但微乎其微且很难数量化。因此，螺纹孔相对于间隙孔在这一点上是不利的。因为这个原因，将更多的公差赋予螺纹孔上，如图 8-7 所示。

即这个螺纹孔的位置度公差带是一个圆柱面，并且分布在零件外侧，即投影公差应用。这个圆柱面公差带的长度等于螺栓没有拧入螺纹孔的长度。因为螺栓的头部在配合零件的法兰上，所以法兰厚度就是投影公差的最小厚度是 26.5mm（MMC）。最终的图样标注如图 8-8 所示。

间隙孔(MMC)	=8.3
－螺纹孔(MMC)	=8.0
总的形位公差	=0.3

公差分配后：

间隙孔　=0.1

螺纹孔　=0.2

图 8-7　公差分配计算公式

评价好的图样是从图样的易读性开始的，就如一个地图，有起始点和终点，在起始和终点之间有连接的线路指导如何到达一样。在阅读的时候，一个控制点直接导引你到下一个控制点，指导整个产品的定义完成。如果确认当前步骤已经完成，那么自然而然地进行下一步

骤的定义。

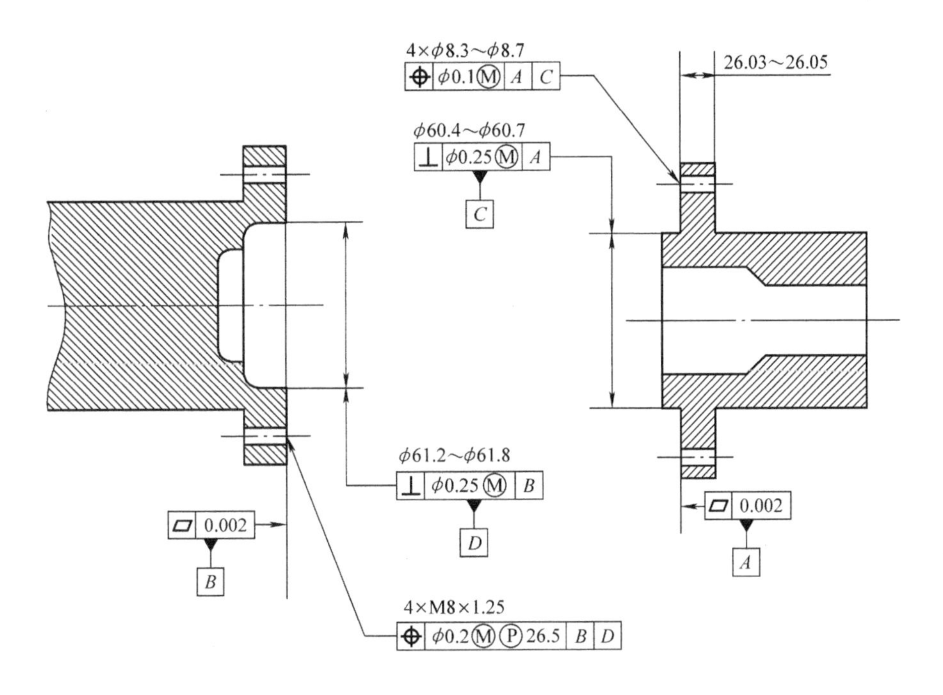

图 8-8　发动机曲轴与端盖的公差控制定义

二、成本与几何公差控制

基于功能性定义一个零件的方式会导致加工困难，成本昂贵。这个问题可以通过以下两个步骤避免：

1）在创建功能性约束的时候，对于特征关联的所有基准特征的约束，尽量选用相等的公差带。

2）去掉不必要的严格公差约束的关系。有时候两个约束的成本低于一个约束。

图 8-9 中的总成图显示两个零件装配在一个需要标注尺寸的零件上。基准特征已经被指定。这些选定的基准有的很好，有的不理想。以下会尝试区分装配上相关这些基准的严格的公差约束，而将宽松的公差赋予那些次要的装配特征上。完成这个目标之前，必须初始定义这个零件，然后进行优化。

首先假设加工者接收的零件毛坯是一个铸造件。零件上用作安装面的表面会首先被车削，然后又来装夹零件作为加工其他特征的基础面。研究一下其他两个零件如何安装在这个零件，判断哪些是主要安装面。这些主要安装面就是需要的主定位面，应该尽可能作为第一道加工。例如这个零件，一个为安装面 *B*，另一个为安装面 *A*。如果需要加工这两个面，必须对于这两个面给出几何公差控制，以便传达这些信息给加工者。

同样的，必须确认是否希望隐含一个加工次序。如果这两个主要接触面没有加工先后的要求，基准面 *A* 和 *B* 必须赋予一个平面度控制，并且它们需要共同遵循标题栏中的垂直度的统一要求。但是如果需要有加工先后的要求，这两个基准特征中的一个（或者 *A*，或者 *B*）

会首先被赋予一个平面度的控制，另一个基准会垂直于这个先定义平面度的基准面。在这个例子中，赋予基准面 *A* 一个平面度控制，使基准面 *B* 垂直于基准面 *A*。即使加工者有一定的优化加工的改动范围，但这个符号一旦出现在图样上，即规定了加工的次序，不在加工者优化范围。

首先加工基准面 *A*，然后基准面 *B* 以垂直于 *A* 面的关系加工。

接下来确认下道加工工序。因为基准特征 *C* 不是任何一个零件的装配面，故不需要加工，也不需要给出公差控制框。标题栏中的默认公差：在没有其他规定的时候，所有的倾斜度在正负多少度内。因此在初始的零件设置中，不会加工一个铸造件的毛坯表面，如基准面 *C*；在后续的设置中也不会把它作为一个测量基点，导致意想不到的错误。所以按照第二步骤，严格的公差不会应用到这个基准特征上。

基准特征 *D* 是中心孔，对于一个匹配件的装配起到很重要的作用。由于四个螺纹孔阵与装配直接关联，并且以基准 *D* 为测量基准，下一步定义基准孔 *D*。通常在产品定义中有两个选择：一是以外部特征定义内部特征，另一个是以内部特征定义外部特征。在这个例子中，两种方式都使用。流程是先由外部基准面定义基准孔 *D*，再由基准孔 *D* 定义四个螺纹孔。可以看出，只是把重点放在安装特征 *D* 和螺纹孔上。这个任务完成之后，在考虑两个间隙孔和相关于 *A* 基准面的定义。

图 8-9 对于基准孔 *D* 的定义只是一个粗略的设置，这里将基准孔 *D* 的约束完全。位置度约束允许使用相对于基准的倾斜度和位置定义。定义的公差带是一个圆柱面，意义是当匹配件安装于基准面 *B* 上时，保证中心孔的匹配。并且将这个圆柱面公差带粗略地定位到基准面 *B* 和 *C* 上。既然基准特征 *B* 是加工面，而基准特征 *C* 不是一个加工面，则尽可能将 *C* 基准放在后面，基准特征 *C* 最合适作第三基准，只需要一个最高点的接触。确认几何公差控制框如图 8-10 所示。

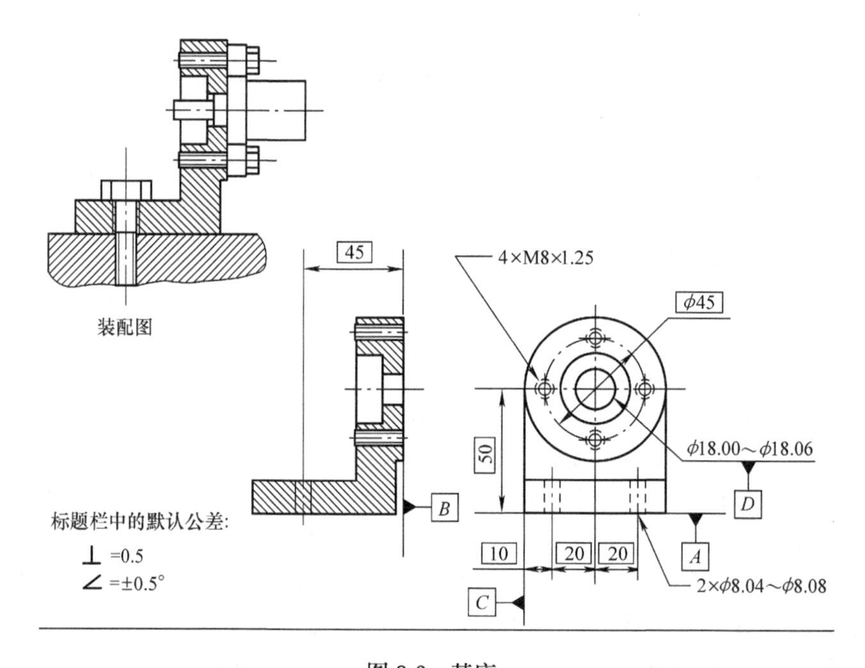

图 8-9　基座

零位置度公差说明插入基准特征 D 的配合零件的轴的实效边界是 ϕ18.00mm。这只是一个初始定义，后续的步骤还要对这个设置重新定义更严的公差。对于基准特征 D 的定义需要清楚的一点是，基准特征 D 只能引用在基准 D 之前定义的特征，而不是那些之后参考基准 D 定义的特征。对于加严约束，要意识到不同的基准特征不同的公差宽泛或加严要求。

ϕ18.00～ϕ18.06

⊕	ϕ0.0Ⓜ	B	A	C

图 8-10　基准 D 的定义的零件实例

在这个例子中，应用为 ϕ1.5mm 的公差带作为与受控特征功能相对无关紧要的基准约束。增大公差的目的是降低成本，提高特征的可加工性并且保证壁厚。这些目标的实现需要计算，以保证零件的完整性和壁厚。最小壁厚的计算在以前的章节讨论过，这里不再做讨论。最小壁厚计算的公式可以反推出最大的公差要求。

初始的几何公差控制意义：孔的实际加工尺寸是最大实体材料尺寸，垂直于基准 B，定位于基准面 A 和 C。由于最大实体材料符号通常应用于匹配特征，当孔尺寸变大、轴缩小的时候，零件更容易装配，但零件也更偏离理想尺寸。如果 MMC 修正符号同位置度符号配合使用，即为一个匹配特征。

在这个例子中，需要定位中心孔。这个控制可以解读为，匹配中心孔特征的位置定位。配合基准可以进一步解读为，当零件安装在 C 基准面上且定位于 A 和 B 基准面时，其匹配中心孔的位置度。公差修正方式是首先使用 ϕ1.5mm 的公差带宽松定位，然后修正相对重要的几何公差约束（在这个例子使用位置制度公差，MMC 原则），如图 8-11 所示。

本步骤定义中，和装配相关匹配零件的基准特征 D 唯一相关基准特征 B。因此，它们之间是唯一需要严格公差配合约束的，即 MMC 时零位置度约束。因为基准面 D 和 B 之间是垂直关系，所以垂直度是一个合适的公差控制方式。可以描述为，当零件安装于基准面 B 上且中心孔实际加工尺寸为 MMC 时，中心孔的垂直度为零。基准特征 D 已经定义过，这一步骤是优化这个定义。下一步可以开始四个螺纹孔的定义，其方式和本步骤相似。

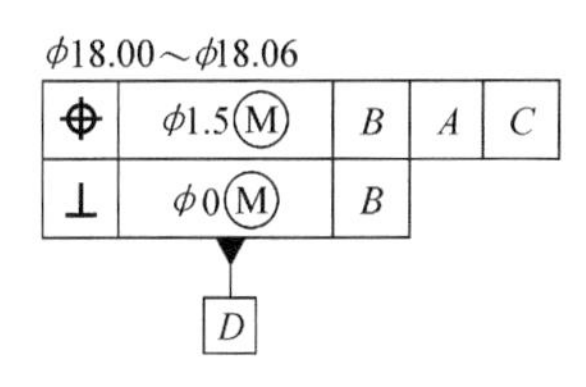

图 8-11　基准 D 定义的优化

四个螺纹孔阵如果定义完成，那么就可以实现两个装配件中的一个零件的装配。四个螺纹孔必须保证内部的相互关系（在 ϕ45mm 的分布圆上的位置关系）和螺纹孔阵同参考基准的整体关系，因此使用位置度控制的方式。这些螺纹孔是圆形的，需要圆柱面公差带约束轴线位置，因此直径符号也会被引用到特征控制框中。

这些受控的轴线由实际匹配的螺纹节圆形成，虽然所获得的补偿公差有限，很难数量化，但是存在的补偿公差还是对装配有益的，因此使用 MMC 符号修正。配合零件放置在基准面 B 上，因此所有的面中，基准面 B 需要最多的接触面接。

实现这个最大接触面积的要求就是将基准面 B 设置为主定位面。四孔阵直接关联基准特征 D，必须保证与基准特征 D 的关系，以实现装配。因此，基准特征 D 被作为四孔阵的测量基点，确定 X 和 Y 方向上的关系。换句话说，基准特征 D 会作为第二基准特征，四孔阵会从基准特征 D 产生的另个正交面定义位置。在基准特征 B 和 D 的框架下，三个相互垂直面被创建出来。但是由于其中的两个面是中心孔的轴线产生，这两个面只相互定向和定向于基准面 B。如果需要约束四孔阵的旋转自由度，即以规定的（通常出自于标题栏）倾斜度公差绕

基准轴线 *D* 旋转，必须参考第三个基准。

这个基准特征会形成一个面，这个面对基准轴线 *D* 产生的两个面定向，结果是，四孔阵以基准轴线 *D* 的两个相交面作为测量的起点。第三基准的作用就是限制孔阵的旋转。在给定的基准特征中，基准面 *A* 或 *C* 都可以被选择为第三基准，用于限制孔阵的旋转。但是 *A* 作为一个加工面，相比较于 *C*，平面度更好，具有更好的可重复性，应该更合适作为第三基准。孔阵并不是以基准面 *A* 作为测量基点，而是从基准轴线 *D* 的两个正交面，两个正交面又垂直于基准面 *B* 并与基准面 *A* 成一定的倾斜度。基准特征 *D* 是一个尺寸基准特征，与四个螺纹孔阵同步满足装配要求（为同一个匹配零件上的特征），可以被 MMC 符号修正。这意味着当基准孔 *D* 尺寸变大并垂直于基准面 *B* 时，四孔阵作为一个整体可以得到一个相应的浮动的量。

当基准 *D* 尺寸变大，孔阵得到的浮动量也意味着等量的基准 *D* 偏离基准面 *B* 的垂直度。因此严格地讲，四孔阵偏离基准轴线 *D* 的浮动量来自于特征 *D* 的实效包容边界（ϕ 18mm 的圆柱面，垂直于基准面 *B*）。确认四孔阵的初始定义如图 8-12（假设配合零件上的间隙孔尺寸为 ϕ 8.4 ~8.7mm）。

4×M8

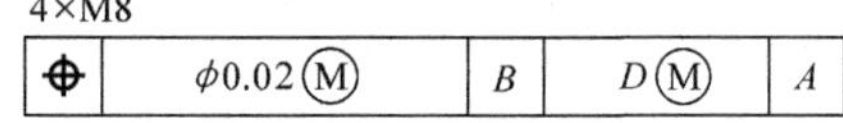

⌖	ϕ0.02Ⓜ	B	DⓂ	A

图 8-12　曲轴的螺纹孔阵的初始定义

ϕ 0.02mm 的公差带来自于配合件的最大实体尺寸同螺栓最大实体尺寸的间隙差的一半。由于匹配零件上的间隙孔的最大实体尺寸是 ϕ 8.4mm，而螺栓的最大实体尺寸是 ϕ 8mm，所以螺栓孔和间隙孔平分公差余量 ϕ 0.04mm。在本例中，平分公差，各自为 ϕ 0.02mm。然而，因为间隙孔可以获得一等一的公差补偿，所以多数情况下超过半数的公差分配给螺纹孔。虽然螺纹孔的公差控制框中有 MMC 符号修正公差值，由于螺纹孔的自对中效果，抵消了大部分补偿公差。在和间隙孔的公差分配中，螺纹孔通常需要不止一半的可用公差量，以实现螺纹孔的可加工性。对于间隙孔在这种情况下对于补偿公差的应用不是有优势。

这个圆柱面公差带不在零件材料内部，而是投影到零件上一定的高度，取决于螺栓装配后在 *B* 面上的高度，即装配件的厚度。这里假设零件的最大厚度是 15.5mm。实现这个控制，新的公差控制框如图 8-13 所示。

4×M8

⌖	ϕ0.02ⓂⓅ15.5	B	DⓂ	A

图 8-13　曲轴的螺纹孔阵定义的完善（投影公差）

这个公差框可以有很多的解读方式。如：如果螺纹孔的节圆实际加工尺寸为最大实体尺寸，螺纹孔的节圆轴线的相互位置度公差为 ϕ 0.02mm，公差带投影到基准面 *B* 上的高度为 15.5mm，并垂直于基准面 *B*；公差带定位于基准轴 *D*，如果基准轴 *D* 的实际加工尺寸为最大实体尺寸，那么螺纹孔阵的整体浮动为零；这个孔阵定向于基准面 *A*。配合零件放置在基准面 *B* 上，销轴插入基准特征 *D* 内，间隙孔对齐螺纹孔，同基准面 *A* 没有关联。如果允许旋转螺纹孔阵，也不会影响零件的功能。如果不参考基准 *A*，螺纹孔阵相对于基准面 *A* 的关系可以被图样标题栏中的通用倾斜度公差替代约束。公差定义关键的是确定哪些是紧公差要求和哪些是宽松公差要求。

如果需要确定一个特定的公差量，可以由独立组合公差框控制来实现。假设经过计算，允许相对于基准 *A* 的旋转公差为 ϕ 1mm，其他关系保持不变，可以得到如图 8-14 的公差控制框。

4×M8

⌖	ϕ1ⓂⓅ15.5	B	DⓂ	A
⌖	ϕ0.02ⓂⓅ15.5	B	DⓂ	

图 8-14　曲轴的螺纹孔阵定义的优化

在组合公差控制框的第一组的公差控制框中的基准顺序非常重要。如果没有前面的来自于基准 D 的 X 和 Y 位置定位，一个约束旋转自由度的基准 A 很可能被误认为定位基准。四个孔阵现在可以整体绕基准轴线 D 在一个静态的 ϕ1mm 的公差带内旋转。但是不能超越它们之间的内部相互位置关系，与基准 B 的关系，和与基准 D 的关系。这个控制现在得到了优化，能够实现功能和成本降低。这个控制可以看出，两个几何公差控制不一定比一个几何公差控制成本高。

现在需要下一个任务，另一个匹配件的装配。这个装配中两个间隙孔将两个零件紧固到一起。间隙孔 ϕ8.04~ϕ8.08mm 必须保证 40mm 的间距，并且垂直于安装面 A。这两个间隙孔孔阵需要相关一些基准来定义，开始各分配一半的可用公差到两个零件上。还是假设紧固件是一个 ϕ8.00mm 的螺栓。那么一半的可用公差为 ϕ0.02mm。同定义螺纹孔阵时候一样，分配更多的公差给螺纹孔，这样也会减少间隙孔的补偿公差。计算好公差后，可以得到如图 8-15 的初始定义的公差控制框。

对于基准 C 和 D 的选择比较困难。在这一步骤的定义中，基准 C 没有参考的必要，因为本公差控制框中的紧公差要求，而且铸造零件的表面粗糙度，上面的高点的可重复性很低。虽然基准特征 D 没有一个粗糙度问题，如果引用的话，就意味着将两个间隙孔定中心于基准轴线 D。定中心可能很难实现并且需要夹具的支持（至少减慢了操作速度）。因为两个间隙孔和基准特征 D 没有关联，所以这些操作显得多余。两个间隙孔和基准 C 也没有什么关联，但是如果使用基准 B，仅仅需要一个挡块就可以实现 B 面的高点模拟。但是要记住的是，由于铸造件表面粗糙，在加工和测量的阶段中，这些高点会不同，可重复性很差。如果引用基准 D，可以使用 MMC 修正，或 RFS 修正。

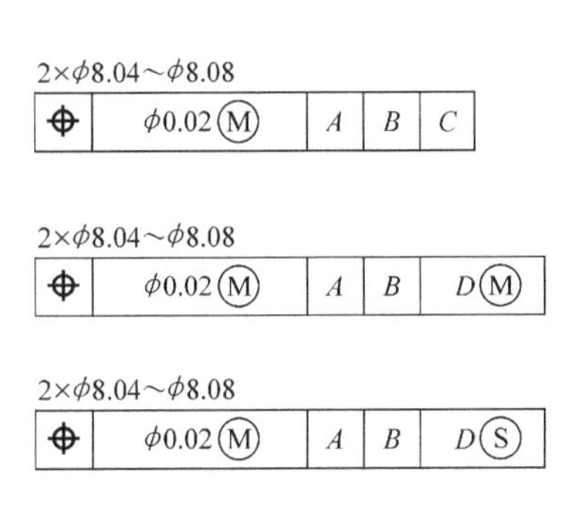

图 8-15　间隙孔的三种定义方式

虽然正确的定义应该是RFS修正的基准 D，但基准孔 D 的尺寸同两个间隙孔的位置无关。使用 RFS 修正之前，要清楚 MMC 修正是否会影响零件的功能。在这个例子中，基准特征 D 使用 MMC 修正后，允许两个间隙孔阵一个浮动的量，最大为实际 D 孔尺寸变化的一半。由于 D 孔尺寸公差很小（ϕ0.06mm），整个间隙孔阵的最大浮动量为 0.03mm，不会影响零件的壁厚。对于成本的节省也不应该显著，但是如果使用 MMC 而不是 RFS 方式，检具和夹具可能更简单。

综合考虑所有的可能选择，选择基准 B 而不是基准 D 是因为在下一步的优化控制中，能够去除相关于基准 B 的严格公差，替换为一个自由公差。因此确认控制：当零件放置于 A 面上，并且孔阵定位于基准 B 和 C，间隙孔的位置度公差为 ϕ0.02mm。

很明显，因为需要最大的接触面积，基准 A 是主定位面。选择基准 B 而不是基准 C，是因为基准 B 是加工面，有更好的可重复性，而 C 不具备这些特点。同样的，这个控制可以允许宽松的公差给不重要的关系，紧公差赋予重要的关系。匹配零件直接与两个间隙孔和基准面 A 关联，没有直接接触或对齐于基准 B 和 C。因此公差关系在 B 面和 C 面上可以放宽。假设经过计算，当间隙孔的尺寸为 ϕ8.04mm，壁厚和另一些因素允许的公差为 ϕ1mm。可以得到如图 8-16 所示的控制框。

这个组合公差控制框中第二行中的位置度符号是很重要的，垂直度不能实现 40mm 的空间距控制。第二行公差控制框可以解读为，如果间隙孔的实际加工尺寸为 MMC，并垂直于 *A* 面，两个间隙孔之间的位置度为 ϕ0.02mm。在这个公差控制框的约束下，实际加工的零件，虽然一些零件破坏了零件的尺寸限定，但是仍然能够满足装配。因此，需要进一步优化这个控制。能够满足 M8 螺栓装配，位置度公差为 ϕ0.02mm 间隙孔的最小尺寸为 ϕ8.02mm。确认最终控制如图 8-17 所示。

2×ϕ8.04～ϕ8.08

⊕	ϕ1Ⓜ	*A*	*B*	*C*
⊕	ϕ0.02Ⓜ	*A*		

图 8-16　间隙孔的特征间约束

这个优化后的公差控制的好处是保证了图 8-16 一样的壁厚和同样的匹配边界极限，但是允许更多的零件通过检验。这样达到了减少成本的目的。如果孔的加工尺寸是 ϕ8.04mm（图 8- 15 的 MMC），位置度的补偿公差会恢复到原先的 ϕ1mm 和 ϕ0.02mm。因此这个控制保持了原来的匹配和壁厚的技术要求，但是扩大了可接受零件的范围。最终基座的公差定义如图 8-17 所示。

2×ϕ8.02～ϕ8.08

⊕	ϕ0.98Ⓜ	*A*	*B*	*C*
⊕	ϕ0Ⓜ	*A*		

图 8-17　间隙孔的零位置度定义

基座的最终定义实例如图 8-18 所示。

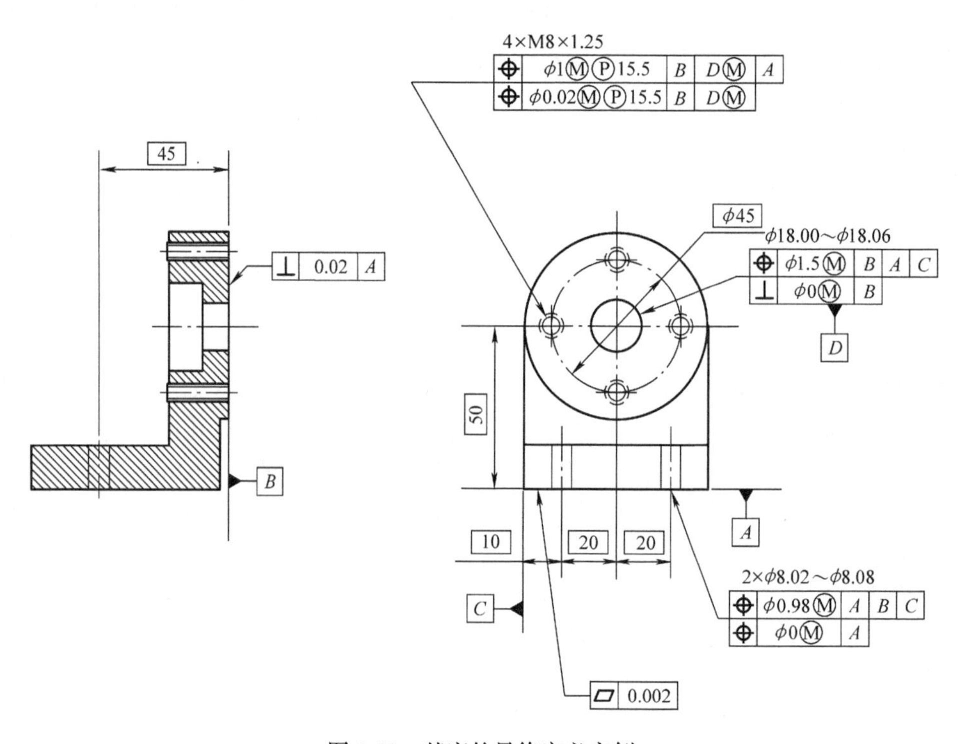

图 8-18　基座的最终定义实例

第九章　几何公差控制——跳动

跳动在 ASME Y14.5 2018 重新定义，更改过去以加工的方式描述。跳动是控制旋转面相对于 RMB 基准轴的几何关系。对于跳动定义的特征，如果同时有尺寸特征的定，那么跳动公差可以大于、等于或小于尺寸特征的公差。

圆跳动是一个二维几何公差控制，是对一个特征相对一个轴的圆度和同轴度公差控制方式。如果应用在一个于基准轴线成 90° 的面上，圆跳动能够控制这个面的摆动（即能够将质量绕基准轴线均布）。圆跳动是探测 360° 圆元素，每个线元素独立检验。

全跳动是三维公差控制，用来检验特征面相对于基准轴线的成形面（平面、锥面或圆柱面）和同轴度。如果应用在一个于基准轴成 90° 的面上，全跳动可以控制平面度和面对轴的垂直度。检测时，特征面绕基准轴旋转，指示器探针沿着受控面滑动，最终的 FIM 读数不应该超出公差控制框中的读数。

这些控制是面对基准轴的控制，没有 MMC 或 LMC 的修正。公差控制框中不应出现 MMC 或 LMC 符号。需要至少引用一个基准。公差控制框不能有直径符号。

跳动是一个功能很强大的公差控制，因为跳动公差的设置模拟了车床的加工设置，所以在加工设备上就可以进行检验，省略了二次设置，另外对于检具也很容易设置。跳动可以完成平面度、圆度、位置度的同等公差控制能力。极力建议使用。

某些几何形状的误差会影响到旋转部件的功能，这种情况是振动越小越好。旋转零件的振动导致了噪声，经常过早失效，如电机的转子轴。通常这种振动是旋转零件的动平衡差导致的。这种不平衡是围绕旋转轴的质量分布不均匀导致的。几何控制上的原因有圆度误差、同心度误差或垂直度误差。跳动控制特别设计出来综合控制这三方面误差。

第一节　圆跳动的定义、应用及检测方法

一、圆跳动的定义

跳动控制同轮廓度控制，有两种不同的约束方式。圆跳动是一种面特征的圆元素的二维几何公差控制。圆跳动复合了特征的圆度和同轴度控制。如果特征面于基准轴线成 90° 角（如端面），则可以控制这个面的摆动。

圆跳动是一种受控面参考基准轴的控制，需要一个以上的参考基准。圆跳动因为均匀分配零件的绕轴质量，所以通常用于有旋转功能的零件，进行平衡或同心度控。

圆跳动使用基准、复合基准或主定位、次定位基准建立或定向基准轴线。受控特征绕基准轴线 360° 旋转。一个带度数的千分表的探针与被测特征面接触，建立每个剖面的 FIM 测量。如果受控特征符合尺寸公差要求，在每一个剖面上的 FIM 读数不超出公差框中的公差值，那么这个特征复合要求。

作为主定位，基准轴线通常由基准特征的最小圆柱面的拟合中心线建立。如果没有其他规定，圆柱面特征的尺寸约束一个圆柱面特征的圆跳动、受控面的直线度和锥度。如果需要

定义圆跳动控制的公差带比尺寸公差的公差带窄，则取代尺寸公差，由圆柱度公差来约束受控面的圆度。因为受控面定中心于轴线，所以圆跳动有很好的旋转零件的质量平衡分布。

通常认为，圆跳动比同心度更容易检测并且比在 MMC 修正下的位置度的平衡控制更好。但是由于圆度要求的需要，被圆跳动定义的零件（有中心和位置度定义）通常被认为加工更困难，成本更高昂。操作圆跳动测量时，FIM 读数在每个剖面上的线元素（做 360° 旋转）同公差控制框中的公差值比较，每个线元素的测量时读数器都要归零。

这些圆跳动的每一个公差带都有各自的径向的圆度偏差值，同轴度定义的零件允许拟合中心线上的点偏离基准轴线，偏移量为同轴度公差控制框中的公差值的一半。而对于圆跳动，检测者不需要清楚这些，只要记录下圆跳动的偏差。如果 FIM 读数超出规定的圆跳动公差值，那么零件不合格。如果在公差规定的范围内，接收零件。

二、圆跳动的应用

图 9-1 是一个圆跳动的控制例子。

圆跳动控制的特征面是一个圆柱面，基准 *A* 是一个轴线：

1）受控面的半径方向上的圆度偏差是 0.15mm。这个受控面上不允许有深 0.15mm 的凹坑，没有高于 0.15mm 的凸点，且整体相对于基准轴线倾斜不能超出 0.15mm。检测可以使用千分表测得每个圆元素的直径方向上的相对点偏差在 0.30mm 之内。注意的是，尺寸特征必须优先满足，执行尺寸不相关原则，需要遵循几何公差法则一的要求。

2）拟合的中心线上的每一个点必须在半径方向上相对于基准轴线不超出 0.05mm，直径上 0.10mm。

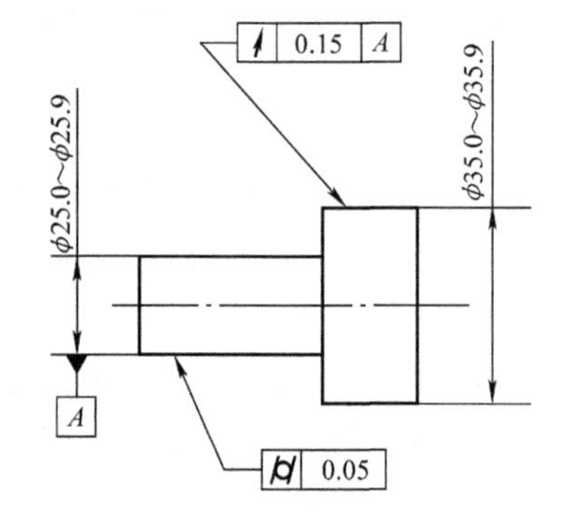

图 9-1　圆跳动定义方式

3）圆度和同心度要求必须同时满足公差要求。

对于圆柱度和圆跳动，尺寸公差优先独立确认。在静止状态下（无旋转），受控特征必须满足 MMC 要求。换句话说，就是每个特征必须首先满足尺寸约束，不能超出 MMC；每一个截面的相对点上直径方向的值也不能小于 LMC 约束。然后再确认是否在跳动公差控制内。

圆跳动公差不应用 MMC 或 LMC 条件修正。跳动公差总是应用尺寸不相关原则 RFS。跳动公差可以大于或小于特征的尺寸公差。如果需要更严的公差，受控特征可以受圆度或全跳动进一步修正。如果比尺寸公差的要求公差放宽松，尺寸公差会接管控制成形，跳动控制将特征定中心于基准轴线。

圆跳动的应用注意事项：

1）圆跳动至少需要一个基准，即旋转的基准轴。

2）圆跳动检测时，每个圆元素独立设置。

3）圆跳动内在同时完成了对特征面的圆度和同心度控制，这两种几何误差的累积效果被视为面到轴的关系。

4）圆跳动应用无关原则。

5）圆跳动及应用在截面为圆的圆度和同心度的特征控制，如锥面。这种情况测量时，探针要和锥面垂直。

三、V 形架的检测方式探讨

用 V 形架检测基准外径特征的跳动、同心度，以及 V 形架的另一些应用的方式已经被沿用很多年了，但这种方式还待商榷。检测者应该了解使用 V 形架检测的局限和可能导致的错误。首先，从技术的倾斜度来讲，V 形架直接接触一个圆柱面直径的两条直线，为了测量的可重复性，图样会要求成一定倾斜度的基准线，V 形架来模拟这个基准特征。这种情况很少见，V 形架在工业中的检测很常见。最重要的是要清楚，当使用 V 形架时，基准的外径必须达到规定的精度，以便于 V 形架的两条接触线形成的中线与这个直径的中心线同轴。

对于一个外部的面特征参考一个内径基准特征的轴心线，最好是用一个检具销插入基准孔来建立一个可以检测时用来旋转的轴心线。然后可以选择使用卡盘或 V 形架来建立旋转的中心轴线。对于卡盘，中心线会自动建立。对于 V 形架，需要找到一个能最大配合入内径的检具销。

图 9-2 对圆跳动可以约束的面给出了圆跳动可以控制的面。跳动只能应用于 RFS 条件，不能用 MMC 或 LMC 修正。

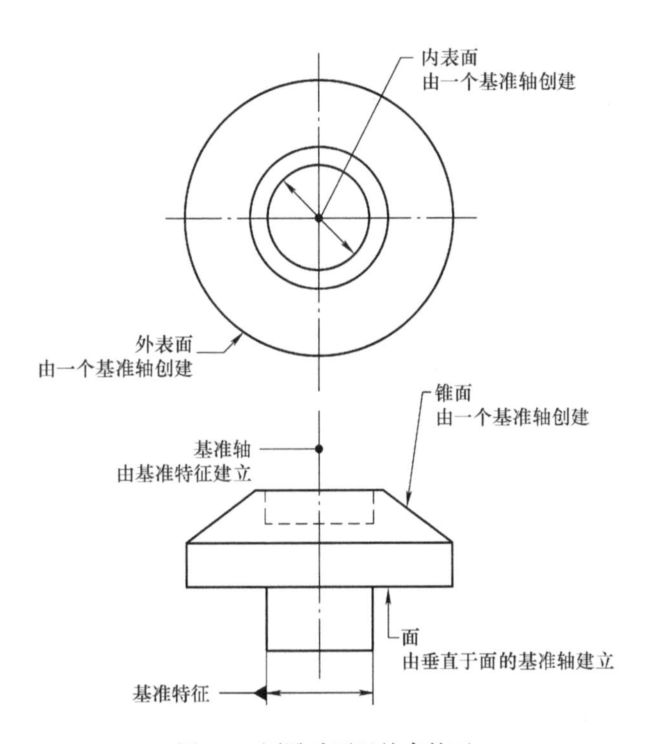

图 9-2 圆跳动可以约束的面

当测量圆跳动时，指针必须在每一测量的起始点复位到零，并且每一个测量的圆元素是完全独立的比照给定的跳动公差值。这个例子中，圆跳动能够用来鉴别特征的二维摆动（定向控制）和表面（形状控制），但不是三维面的整个轮廓和面的摆动。

四、锥面到轴的控制应用

圆跳动只控制二维圆元素（它们同心或同轴），这个圆元素可以是锥面上的。对于整个特征面的控制是完全另外一种控制方法。

锥面上的每一个独立的圆元素的公差带等于固定且垂直于理想锥面的千分表读数，测量时锥面绕基准轴 360° 转动，在特征面上的每一个测量位置相互独立，不互相影响，也就是说，每次测量都需要重新设置。

图 9-3 中，基准轴 *A* 的最小包围面创建了零件的旋转基准轴线 *A*，零件绕基准轴线旋转。如果基准特征 *A* 圆柱面特征偏差较大，使用 V 形架会导致基准轴线 *A* 的不稳定，造成测量结果不准确。带读数的千分表垂直于锥面特征，FIM 输出读数不能超过 0.75mm。

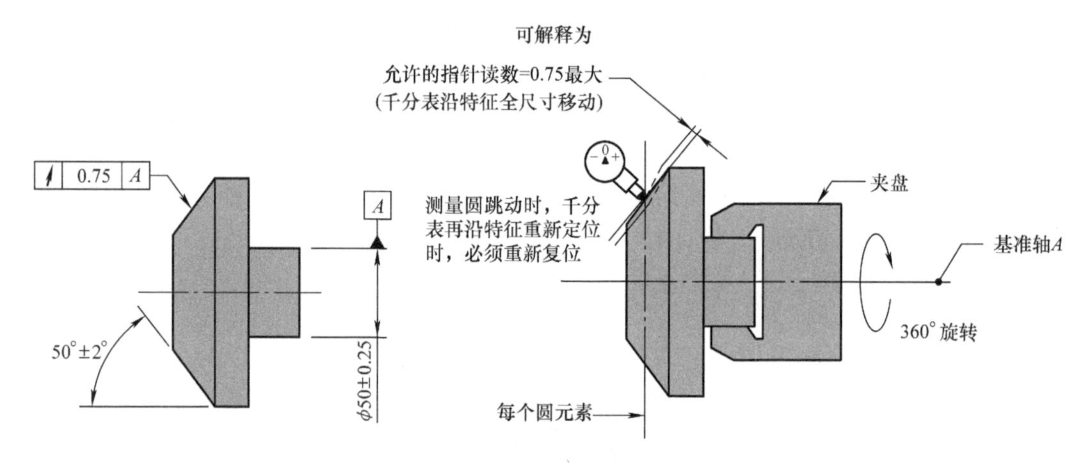

图 9-3　圆跳动对于锥面到轴的控制及检测装置

五、垂直于基准轴的面的控制应用

如图 9-4 所示，圆跳动仅控制这个平面的二维方向上的圆元素，而不是整个平面，也就是说要在每次测量开始时，复位千分表。

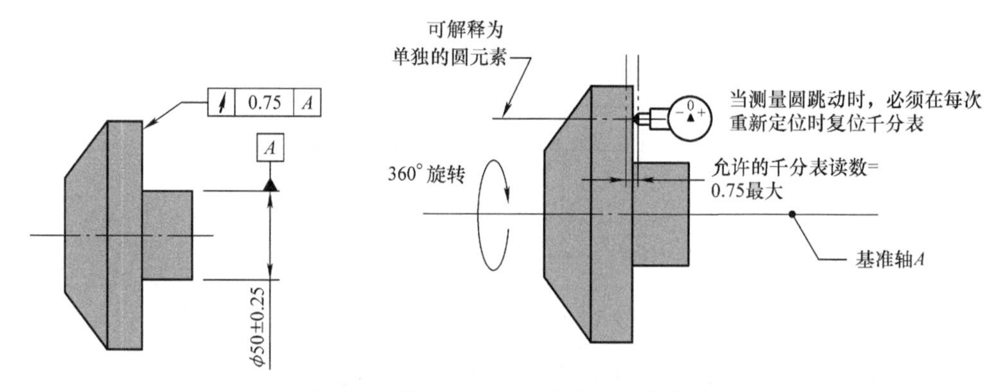

图 9-4　圆跳动对于面的控制及检测装置

每一个独立圆元素的公差带等于千分表的读数，千分表垂直固定于这个理想的垂直面，这个特征面随零件绕基准轴 360° 转动，沿特征面分布的这些圆元素的公差相互独立。

在图 9-4 中，基准特征面 *A* 的最小包围面创建基准轴线 *A*（这个最小圆柱面和基准特征上的高点接触），零件绕基准 360° 旋转，带度数千分表垂直接触于待测端面（每次在起始点

将千分表复位归零）。FIM 输出读数不能大于 0.75mm。

六、同轴于基准轴的面的控制应用

任何独立圆元素的公差带都等于千分表指针的读数，千分表沿特征每测一个圆元素需要重新定位，千分表的指针垂直于理想的特征面，每次测量零件绕基准轴旋转 360°。公差控制的是每一个圆元素。

图 9-5 这个例子中的圆跳动仅仅控制了这个面特征上的二维圆元素，而非整个特征面。圆柱面基准特征 *A* 的最小包围面创建基准轴线 *A*，零件绕基准轴 *A* 旋转，每次在起始点注意复位千分表。FIM 输出读数不能大于 0.75mm。

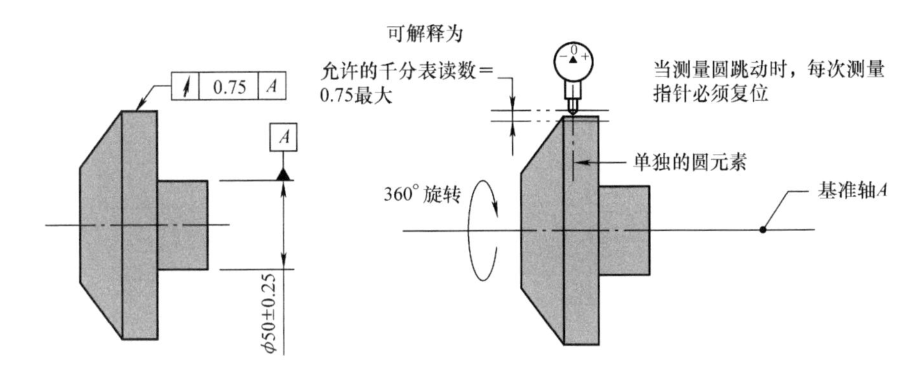

图 9-5　圆跳动对于面的控制及检测装置

七、复合基准轴的测量（中心孔方式）

每一个独立圆元素的公差带范围都等于千分表的读数，千分表垂直固定于理论特征面上，且零件绕轴线旋转 360°。跳动公差独立应用于每一个独立的圆元素。

面向对基准面和轴的跳动控制。

图 9-6 中的公差带由两个径向差 0.75mm 的圆环圆柱面组成，并且这个圆环柱面同轴于复合基准轴线 *A-B*。基准轴可以由两个同轴的中心孔创建，这个中心孔要确保同轴以减少测量误差。零件绕复合基准轴线 *A-B* 旋转，带度数千分尺垂直接触零件表面，沿纬线方向滑动，注意每次测量要重新先复位千分表。FIM 读数输出不能大于 0.75mm。

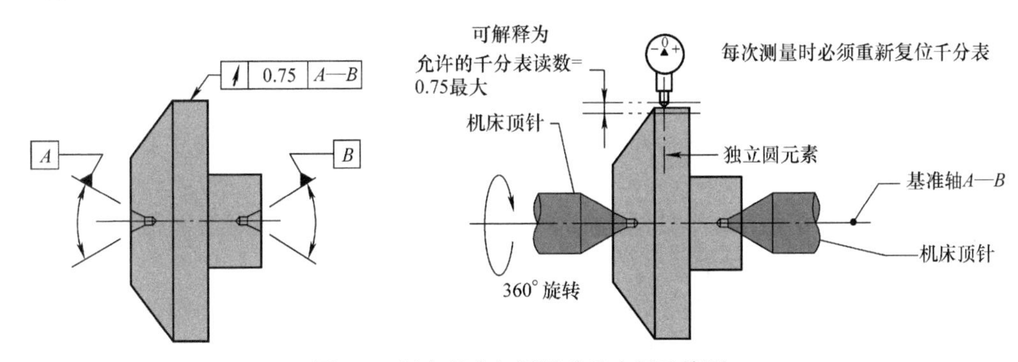

图 9-6　复合基准与圆跳动的应用及检测

八、两种基准的方式

图 9-7 是圆跳动参考两个基准的情况，端面的摇摆和垂直度得到约束，测量的结果是断面的摇摆和垂直的综合结果。

零件先在基准特征面 *A* 上创建基准特征面 *A*（与 *A* 面上至少三个最高点接触的平面）接触，基于基准特征 *A*（垂直于基准特征面 *A*）卡紧特征圆柱面 *B*（与 *B* 圆柱面上的至少两个高点接触），将零件定位。然后旋转零件，在 *A* 和 *B* 的基准框架中，待测端面的圆跳动不能超出 0.75mm。

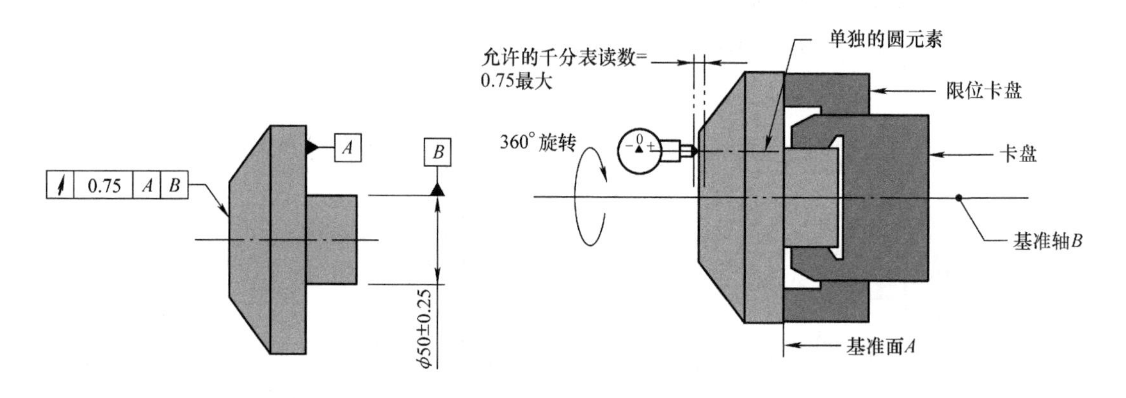

图 9-7　两个参考基准下的圆跳动及检测装置

第二节　全跳动的定义、应用及检测方法

一、全跳动的定义

跳动是一种旋转零件的复合控制，能够约束三维面特征，需要至少一个参考基准。全跳动综合了旋转特征的圆度、同轴控制、直线度、锥度和零件的面轮廓度的控制。当全跳动用来控制一个旋转特征的端面（特征面垂直于特征轴线的情况），它又综合控制了这个端面的摆动、垂直度和平面度。全跳动通常用于高速旋转的零件的平衡和振动，及一些质量分布的问题。全跳动和圆跳动的主要区别是，全跳动检测的是面，而跳动检测的是圆元素。

全跳动建立基准轴线的方式相似圆跳动。不同的是，全跳动检测时，特征面 360° 旋转于基准轴线，FIM 的读数是整个特征面的值。当千分表的探针接触特征面，受控特征面旋转 360°，千分表探针沿特征面的长度方向即纬线滑动。全跳动能够用来约束整个特征面，或部分特征面。如果全跳动控制面的一部分，需要定义公称尺寸来定位这个独立要求的特征面的位置。

如果两个特征面相关于一个共同的基准轴线，这两个特征面之间的公差值在允许的各自相对于基准轴的公差值的和之内。

如果全跳动用作同轴度控制，特征面对于基准轴线的控制可以归结为圆柱度和同心度控制。这比圆跳动有更严的公差要求。对于这样的圆柱面特征，当尺寸公差带大于跳动公差带时，像桶形、腰形或锥形特征可以通过圆跳动的检验；因为对面是一个整体的要求，所以全

跳动检验会要求面的直线度和锥度而拒收这样的形态的特征面。全跳动对于特征面的控制比圆跳动更严格，全跳动和圆跳动对于特征面的定中心要求相同。

全跳动如前所述，做全读数动量 FIM 检测。全跳动于圆跳动不同，圆跳动将特征面作由独立的圆线元素组成，每个线元素有独立的公差带。全跳动将特征面作为一个三维特征面，所有的特征面上的线元素必须同时位于一个公差带内。圆跳动创建了一个同圆度一样的公差带，每一个剖面上的公差带是一个同心圆环，区别是多了一个定中心于一个基准轴的约束。全跳动创建的公差带像圆柱度，为两个同轴的圆柱面，区别是多了一个定中心于一个基准轴的约束。

如果没有其他要求，受控特征必须先满足尺寸约束。即特征整体不超出尺寸 MMC 要求，每一个剖面上的直径方向上的相对点的尺寸不能超出尺寸 LMC 要求。但是这个尺寸控制是独立于全跳动优先验证的。

因为受控面对于基准轴的定中心效应，全跳动被认为是一个有效地控制旋转零件转动平衡的方式。这被认为是比圆跳动更难于检验（对于紧公差）和一个成本更高的加工方式。但是，这对成形控制更严，可以得到期望的有效的功能约束。

全跳动公差允许受控理想圆柱面特征在公差控制框中规定的公差值范围内有一定偏差。检测者只需要将读数器的探针沿纬线从头到尾方向滑动，记录下 360° 读数全动量 FIM 读数。如果 FIM 超出公差控制框中的值，受控特征即为不合格。

二、全跳动的应用

对于一个全跳动计量，如图 9-8 所示。这个例子的全跳动控制是一个圆柱面的直径特征，基准特征 A 是一个轴线。

受控圆柱面特征在径向公差在 0.15mm 之内（单边）。这个圆柱面上的凹凸点峰值不能超出 0.15mm，锥度不能超出 0.15mm，面的直线度在 0.15mm 之内。然而，直径上的相对点上在整个面上的测量（游标卡尺）的偏差范围在 0.30mm 之内。

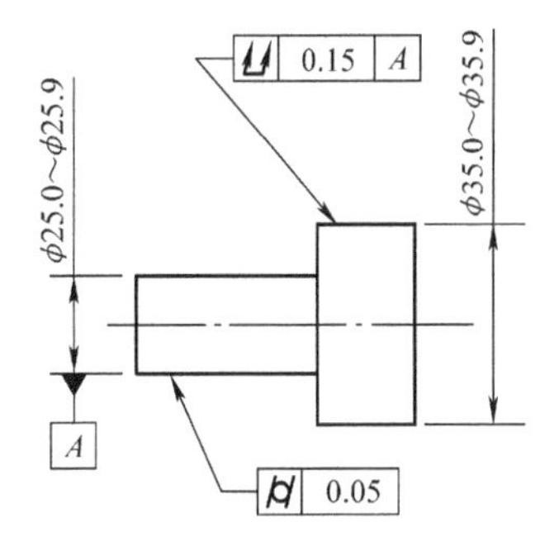

图 9-8　全跳动定义实例

另外，必须注意直径上给出的尺寸公差的进一步加严约束只能通过这种方式实现。如果尺寸约束更加宽松，那么一些公差，如面的锥度变差会在尺寸公差范围内符合规范，但是不符合全跳动的要求。

这个受控面的拟合中心线上的点的控制必须在基准轴线的 0.05mm 圆柱度公差内。

受控面特征的圆柱度的要求必须同时不能超出规定的公差范围。

三、锥面到基准轴的应用

图 9-9 中，基准轴 *A* 的最小包容面创建了零件的旋转基准轴线 *A*，零件绕基准轴线旋转。如果基准特征 *A* 圆柱面特征偏差较大，使用 V 形架会导致基准轴线 *A* 的不稳定，造成测量结果不准确。带读数的千分表垂直于锥面特征，FIM 输出读数不能超过 0.75mm。千分表只在起始点复位一次。

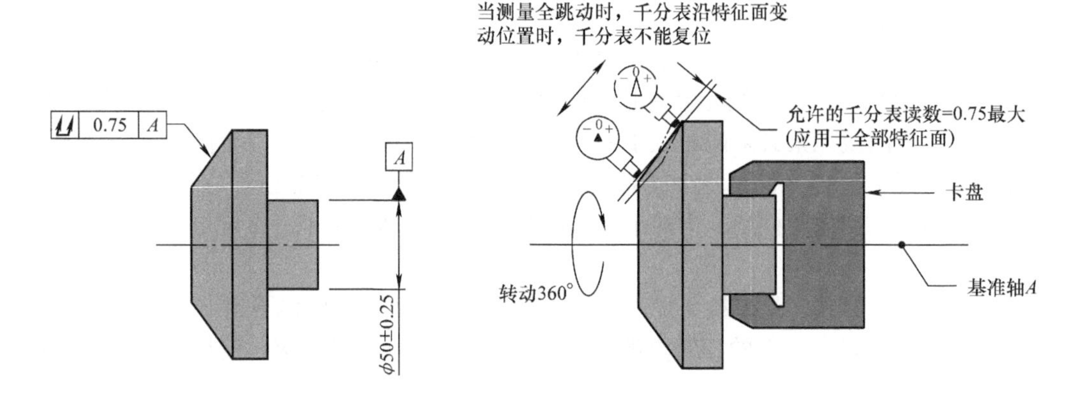

图 9-9 全跳动对于锥面的控制及检测装置

四、垂直于基准轴的面的应用

如图 9-10 所示，圆跳动仅控制这个端面的一部分，这个被定义的整个平面作为一个整体测量，千分表只作一次复位设置。

在图 9-10 中，基准特征 *A* 面的最小包围面创建基准轴线 *A*（这个最小圆柱面和基准特征上的高点接触），零件绕基准 360° 旋转，带度数千分表垂直接触于待测端面。FIM 输出读数不能大于 0.75mm。这个测量同时检验了这个面的平面度和垂直于基准轴 *A* 的垂直度。这个全跳动的定义定位在距离中心 35mm 的位置的宽度为 10mm 的区域。

这个设置的测量通过全跳动检测零件端面的平面度和垂直度的方法。基准特征 *A* 应该卡紧在一个最小圆柱面内（于圆柱面特征 *A* 的高点接触）。零件 360° 旋转，读数千分表在由公称尺寸定位的 10mm 区域内划过（可能是特殊装配或密封的原因）输出 FIM 读数。千分表读数不能超出 0.75mm。

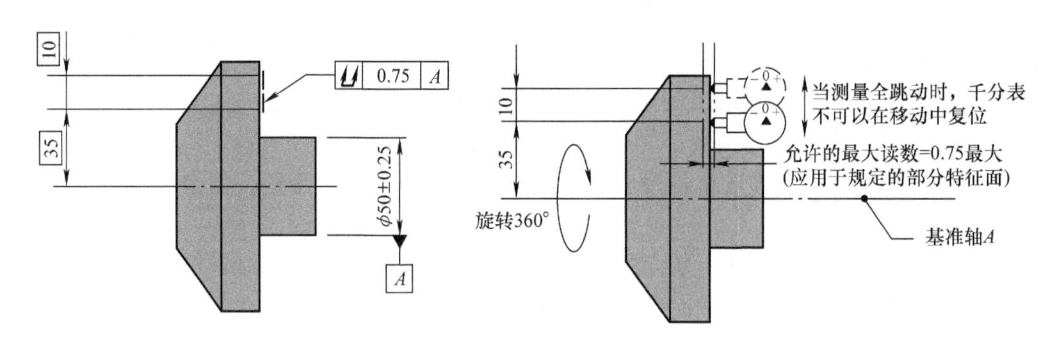

图 9-10 全跳动对于端面的定义

五、全跳动的测量

图 9-11 所示是全跳动通常的检测方式。

在图 9-12 中，零件基准 *B* 由主定位基准特征面 *B* 上至少三点接触的面建立。第二基准

特征 A 用来构建基准轴 A，是由基准特征圆柱面 A 的实际最小外切面构建，且理想状态垂直于基准面 B。然后读数千分表的探针和受控特征面接触。零件 360° 绕基准轴 A 旋转。FIM 读数不能超出特征公差控制框中的公差值。圆跳动控制的特征面上圆线元素做独立的验证，全跳动控制的面必须作为一个整体验证，FIM 读数不能超出公差框中的公差值。

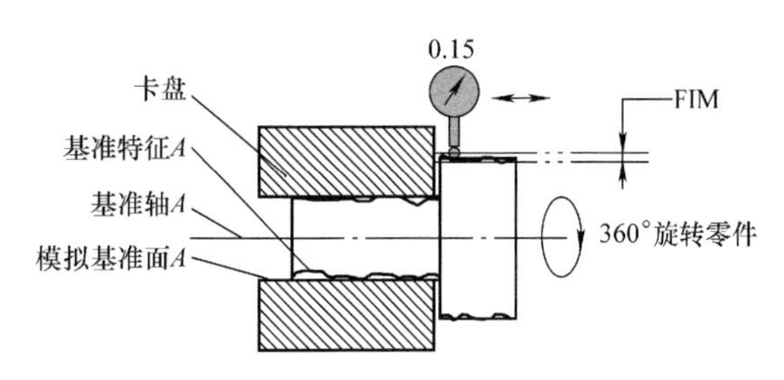

图 9-11　全跳动的检测测量

图 9-13 显示了圆跳动控制一个面相对于一个基准轴线的圆度和同轴要求。基准轴由两个同轴的基准特征面建立。这个圆跳动控制的特征面由无限多个圆线元素组成。每一个圆线元素需要独立地进行测量验证。全读数动量测量 FIM 不能超出圆跳动公差控制框中规定的公差值。在每一个测量面上的圆线元素必须位于规定的公差带范围内。

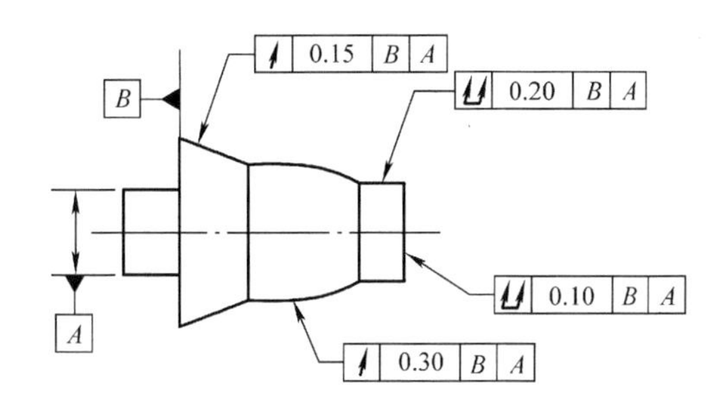

图 9-12　零件的跳动控制定义

这个公差带由两个同轴的圆组成，圆环的径向间距为公差框中的公差值 0.10mm。每一组同轴圆环公差带也同轴于联合基准 A-B（A、B 同为主基准）。这个几何公差控制隐含这样的约束：受控特征面上的凹点不会深于 0.10mm，受控面上的凸点不会突出 0.10mm。受控特征的尺寸公差约束是 ϕ25.04~ϕ25.10mm，公差带宽为 0.06mm。尺寸公差带的 1/2 为 0.03mm 比圆跳动公差带 0.10mm 更小，对形状控制更严格。因此尺寸公差接管形状控制，在直径上的圆柱度的变差必须小于 0.03mm。圆跳动约束仅用来控制受控特征面偏心于基准轴的距离偏差。受控圆柱面特征轴线与基准轴线允许一半的圆跳动公差量 0.50mm 的偏心度，或 0.1mm 的轴线与特征轴线的同轴要求。

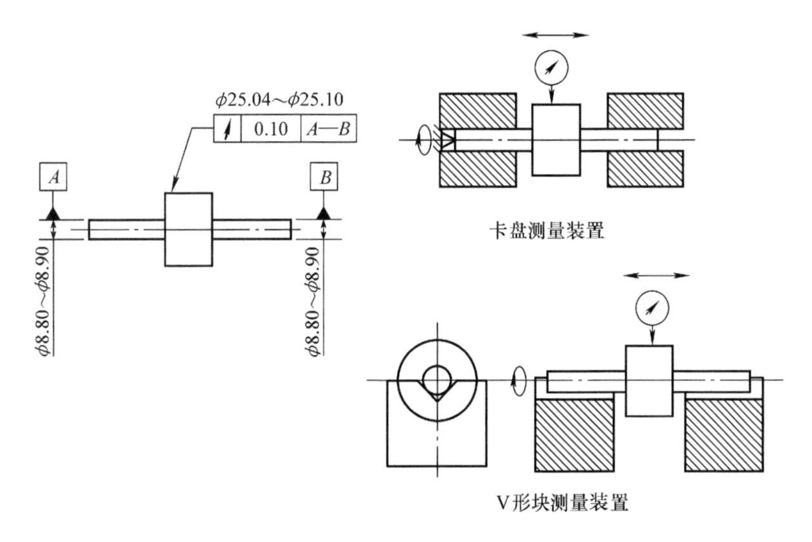

图 9-13　联合基准的定义及检测装置

图 9-13 中也列出了两种用同轴的基准特征建立基准轴线的方式。用同轴的旋转圆柱面更好，但是也可以使用 V 形架替代，只要圆柱面能够满足圆度、直线度和锥度条件，以得到一个相对精确的测量读数。

图 9-14 中两个同轴基准特征圆柱面建立一个联合基准轴的方式对于加工和检测的操作都是很困难的。如果没有两个针对同轴基准特征圆柱面 *A* 和 *B* 的最小圆周面套筒固定去固定基准特征，而使用 V 形架是不可取的，因为 V 形架不能稳定联合基准特征轴（尤其当基准特征 *A* 和 *B* 实际形状超出圆度的要求，例如，是一个椭圆形时候）。图 9-15 是另一种解决方案。

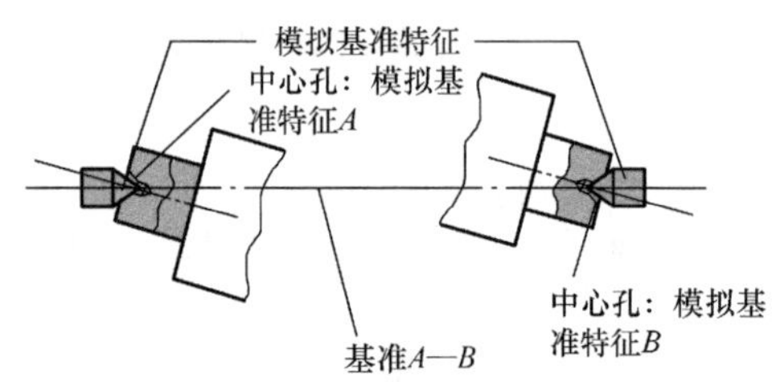

图 9-14　中心孔方式的检测装置方案

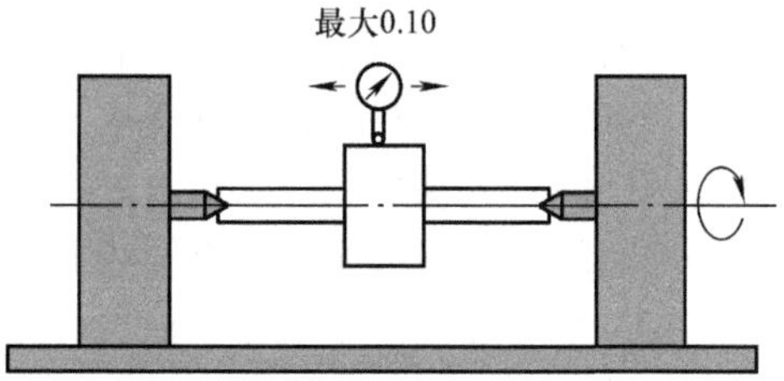

最大0.10

图 9-15　中心孔设置的检测装置

全跳动应用注意事项：

1）全跳动必须参考至少一个基准，这个基准特征建立了一个旋转的基准轴。

2）全跳动的公差带是两条平行线，所有面上的元素点必须位于两线之间。全跳动在测量的时候，只设置一次。

3）全跳动内在的控制了圆度、同轴要求、面的直线度和锥度。所有的这些控制误差累积体现在这个面到轴的关系。

4）注意全跳动只能应用在 RFS 条件，不能够被 MMC 和 LMC 修正。

5）当全跳动应用到端面，可以控制垂直度、摆动和平面度。

当测量全跳动时，千分表在特征面上沿直线移动，零件绕基准轴 360° 旋转，通常只是测量特征面上的部分圆元素。由于全跳动的公差是赋予这个特征的面元素，整个测量过程中只设置一次。

六、基准的建立

图 9-16 的零件的定义没有问题，但在实际加工检测过程中，会发现这个联合基准很难建立，所以设计者不可避免地受到加工和检测者的抱怨。

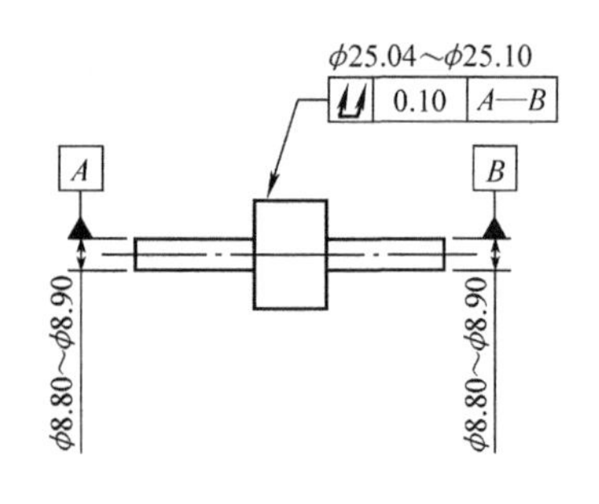

图 9-16　全跳动定义的零件

理论上，要求建立一个共同的基准轴线，这个基准轴线由两个圆柱面直径同时创建。反映到实际加工检测时，就是一个内径圆柱面为基准特征 *A* 和 *B* 的最小包容面的轴套卡紧这两个特征，同时形成一个共同的基准轴线。零件然后绕这个基准轴线旋转进行加工或检测，控制特征面的全跳动 FIM 读数（即圆柱度和同心度）。但是每个零件的基准特征 *A* 和 *B* 的实际直径不可能相同，这就意味着必须为每一个零件准备一个具有最小包容圆柱面为内径的轴套来实现定位。这在大批量生产时，在成本上是不可想象的。而且同时

卡紧着两个基准特征面也不是那么容易。

因此检测和加工者通常采取非完美的定位方式。比如，中心孔定位，如前面所述，这种定位方式的局限性。但这是可以接受的，因为现实不可能存在完美的定位。

下面再简化一下这个定位定义，只使用一个基准特征 A 圆柱面定位这个零件来看一下这个现实的定位方式。通常会使用自定心卡盘卡住圆柱面 A。或许为了提高精度，升级到单动卡盘来卡紧零件的基准特征面 A。但都不是一个理想的结果。虽然增加了卡盘于零件基准特征面 A 的接触面积，在卡盘爪之间，理论上仍有可能没有接触到特征 A 上的高点。这个精度要求于现实应用的一个交叉点就是定位导致的偏差不会影响零件的装配及功能。

正如测量时默认理想状态是测量操作不能对零件施加任何力。现实中这是不可能的。但是检测者和加工者清楚这对偏差的影响可以忽略或以某种方式补偿掉得。至少多数情况，这种忽略都是正确的（笔者接触过因为月球的周期引力导致的加工偏差情况）。

如果一个检测者使用千分表或探针对一个特征面的形位控制进行检测，理想状态是要求探针能够接触到特征面上的每一个元素。或许某种情况下有可能做到，因为时间上的成本，没有人能实际这样操作过。通常都是按需要检测足够的多的元素，如果这些必需的元素在公差范围内，那么所有元素在公差范围内。比如对于一个汽车风窗玻璃的检测，通常在关键部位取足够多的点即可。这是一种非常可行的实现检测的办法。这就要求设计者在设计中要考虑的，比如在图样上给出一个汽车风窗玻璃检测点的数量和位置。

一旦理解现实的不完美性，理论上不可能实现图样上要求的设置和检测，设计者、加工者和检测者就能够更好地掌握他们的工作。如设计者必须对一个零件给出公差，因为现实中不存在理想状态的零件；检测者也必须明白检测过程中的设置有很多错误；加工者也要理解任何设备都有偏差。检测者可以参考检具操作指导书，标准，环境，设备和预算，然后融合对零件功能的理解，在这些条件下提出一个最合适的检测方法。这需要判断能力、专业能力和胆量。

如果这些设置导致的偏差太大，必然造成损失。一个项目的正常运行，需要这些人能在理论与要求之间足够谨慎。检测者要记住的是尽可能实现不可能的目标，并做到最好。

第十章　综合应用

一、基准建立的应用实例一

图 10-1 是一个基准建立的应用，可以参考以前介绍的基准知识选择合适的基准来建立这个零件基准框。

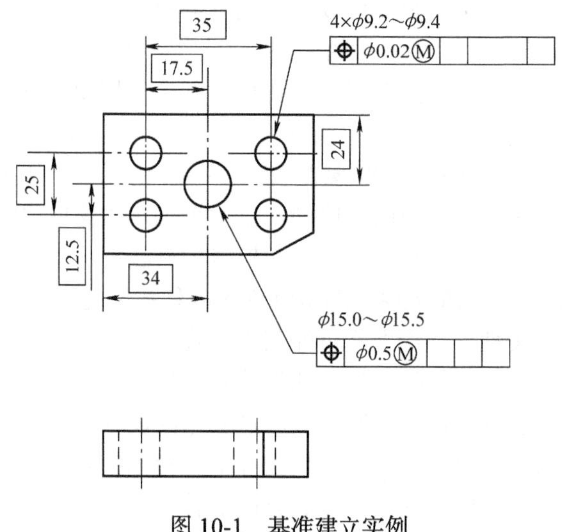

图 10-1　基准建立实例

图 10-2 是一种基准的建立方式，旋转基准面 *A* 为主基准是因为这个面是一个安装面，如果尺寸公差不能够达到稳定零件的要求，可以继续使用平面度来约束这个面。有趣的是这

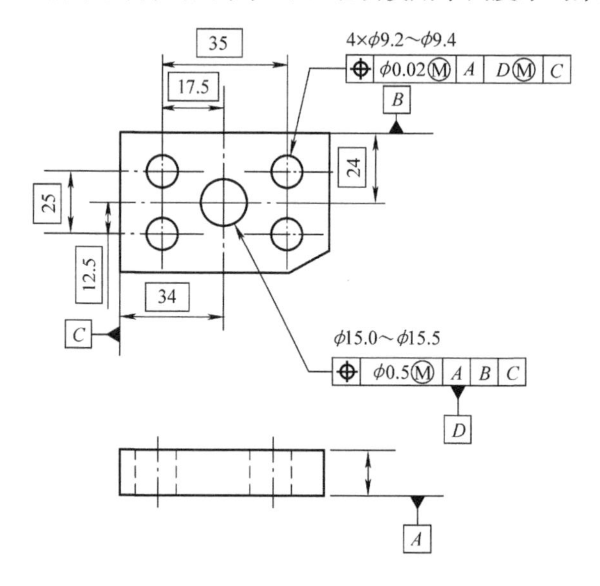

图 10-2　基准建立结果

个零件的孔阵定义，可以看出本方案中，零件的孔阵列定向垂直约束于主基准面 *A*，与 *A* 面上至少三点接触。但是直接定位于基准 *D*，这个基准联同基准 *C* 作为一个 *X* 方向上的约束，保证了至少两点接触。然后基准孔 *D* 在 *Y* 方向上的另一方向上的约束了这两个孔阵列的空间六个自由度。这就是通常说的 3-2-1 定位方式。另外孔阵直接参考一个基准孔的定位方式叫作直接公差方式，这种方式虽然需要两次设置，加工检测时需要两套夹具和检具，但比间接使用基准 *B* 和 *C* 定位的方法成本低、可靠性高。基准孔 *D* 只需要宽松的定位在零件上，不需要基准 *B* 和 *C* 有很高的加工精度。

二、基准建立的应用实例二

图 10-3 基准的设置比图 10-1 复杂。同样这个圆形零件的孔阵列也应用直接公差方法和采取 3-2-1 方式定位。首先设置有平面度要求的基准 *A* 为主基准，如图 10-4 所示，其他特征和基准参考基准 *A* 建立。然后设置第二基准，第二基准需要至少两点接触，这里选择尺寸特征，零件的外圆的一个方向作为第二基准的一个定位，这个外圆只能在 *X* 或 *Y* 方向上提供一个方向约束，另一个方向使用键槽 *C* 来约束。第三基准使用零件外圆的尺寸特征的 *X* 方向定位。至此就完全建立了一个基准框架，零件的空间六个自由度也可以完全约束。

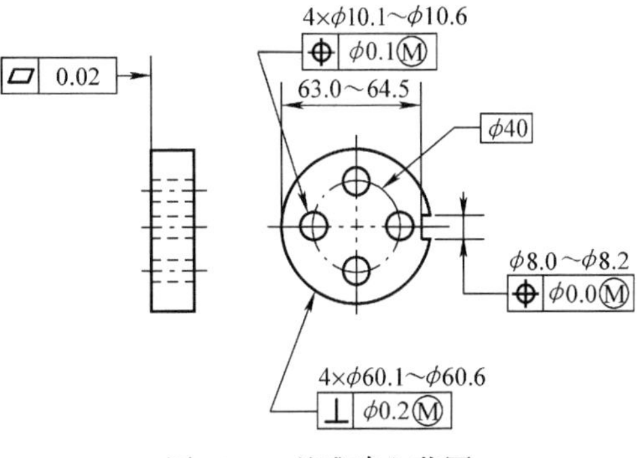

图 10-3　基准建立草图

如果这个零件没有键槽特征，则这个零件实际上在其圆柱面轴线上 360° 对称的。因此基准 *A* 和基准 *D* 虽然不能完全去除最终要定位的孔阵的空间自由度（可以绕轴线旋转），但是这不影响零件的加工。加工者只需要将零件夹紧到基准 *A* 和 *D* 定位的夹具上，即可满足加工要求。

确定了基准特征，就可以设置基准的公差控制框了。基准特征 *D* 需要参考基准 *A* 建立，基准 *D* 与基准 *A* 的内部关系是定向关系，即垂直关系。基准 *C* 需要先定向基准 *A* 和基准 *D* 建立。这里基准 *C* 的应用了零公差方式。最后的四个孔阵定向于基准 *A*，定位于基准 *D* 和 *C* 建立公差控制框，如图 10-4 所示。

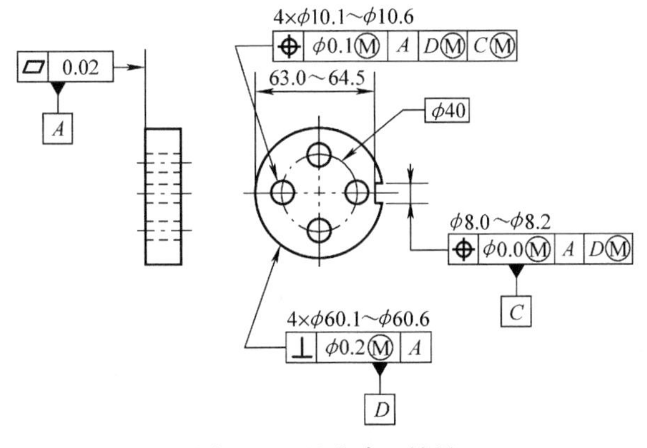

图 10-4　基准建立结果

三、汽车门外板的基准设置方案实例

如图 10-5 所示，考虑到汽车门外板是一个薄壁柔性件，在作基准支撑时有下垂变形发生，导致测量的可重复性差，因此作为支撑的主基准面 *A* 应该多于三点。对于薄壁柔性零件（如冲压件和塑料件），一般定位的方式是 N-2-1，因为传统的 3-2-1 很难满足克服重力的不稳定因素，所以通常采取多于三点支撑的方式来进行定位。设计者有责任在图样中给出这些夹紧点是自由状态Ⓕ或夹紧状态的要求。GD&T 对于图样上的定位点默认为自由状态，通常自由状态比夹紧状态对于零件的规格要求的更严。

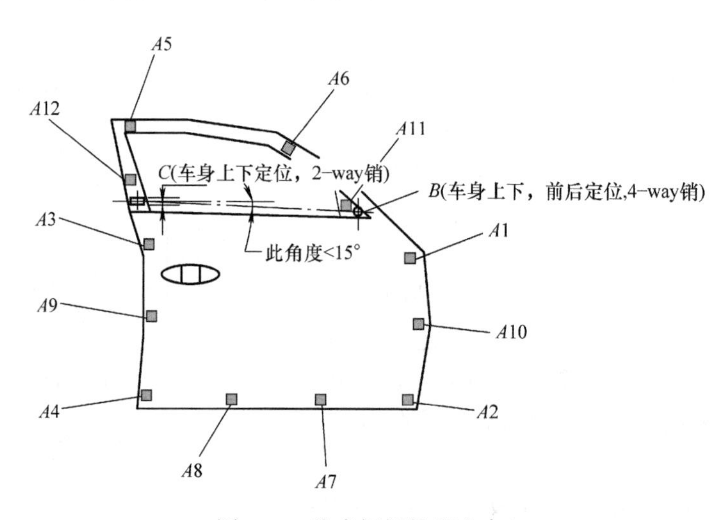

图 10-5　汽车门板的基准建立

图 10-5 中这个门板的基准案例使用了 12 个支撑面（12-2-1 定位）。经过计算和模拟，这 12 个支点可以保证门板的下垂变量达到设计要求。布置这些安装点要考虑焊枪的干涉，以防止无法实现焊接或其他操作生产。注意这些基准的支撑方向是与车身正交的，*A* 基准的支撑方向是车身横向方向。注意这些 *A* 基准的顺序，也就是当门板放在检具上时的夹具夹紧顺序，这个顺序由经验和计算模拟得出，可产生的累积误差最小。在检具的操作指导书上应该明确这个夹紧顺序。基准块的尺寸，即支撑面的尺寸按照公司的标准参数来定。对于外覆盖件，这些基准面常常需要被制造成轮廓的形状，以实现正交支撑。

B 基准是一个主定位销，通常被称为 4-way 销钉 *B* 基准定位了车身上下方向和前后方向。因为这门外板不能有安装螺栓的美观要求，所以这个孔借用了窗口下角后视镜的安装点。

C 基准是一个槽形孔，这个槽形孔的窄边被作为 2-way 销的定位，定位车身的上下方向。同样由于美观要求，这个槽形孔借用了窗口门柱上外饰件的安装孔。注意这个槽形孔的方向是车身的正交方向，不是沿着 *B* 孔和 *C* 孔的连线方向。通常，按照经验来讲，*B* 孔和 *C* 孔的连线和槽形孔的水平方向应该小于 15°。这样都是避免基准销的定位不确定情况发生，即可能是门板在这两个检具销上的定位方向不是设计时的正交的前后，上下方向，可重复性变差。

在主定位面上，*A*1~*A*12 有至少 12 个定位点，而且基准销 *B* 和 *C* 提供两点的在车身上下方向上的定位作为次定位基准。最后 4-way 定位的 *B* 销提供一个车身前后方向上的定位作为第三基准。可以得到为其他门板上子基准或特征定位的基准框架如图 10-6 所示。因为 *B* 和 *C* 都是尺寸特征，而且门板是一个旋转工作的零件，是一个很好的应用 MMC 修正来节省成本

的零件，所以 *B* 基准和 *C* 基准使用 MMC 修正，公差值按照要求，如果适当也应该应用 MMC 修正来降低成本。

A	B Ⓜ	C Ⓜ

图 10-6 MMC 修正的基准参考框架

汽车门外板的开发需要许多前期的基准确认工作要做，因为门总成还有内板，加强梁等。选择基准的一个重要原则在这个例子没有体现出来的是，要尽量布置这些基准，使门内板、外板和其他子零件的基准统一，消除因为加工中切换基准而导致的公差累积。这个是系统上定义基准的 RPS 和 PLP 的重要原则。

四、汽车翼子板的基准设置方案实例

汽车翼子板的造型独特，也有其特别的基准设置方案，如图 10-7 所示。

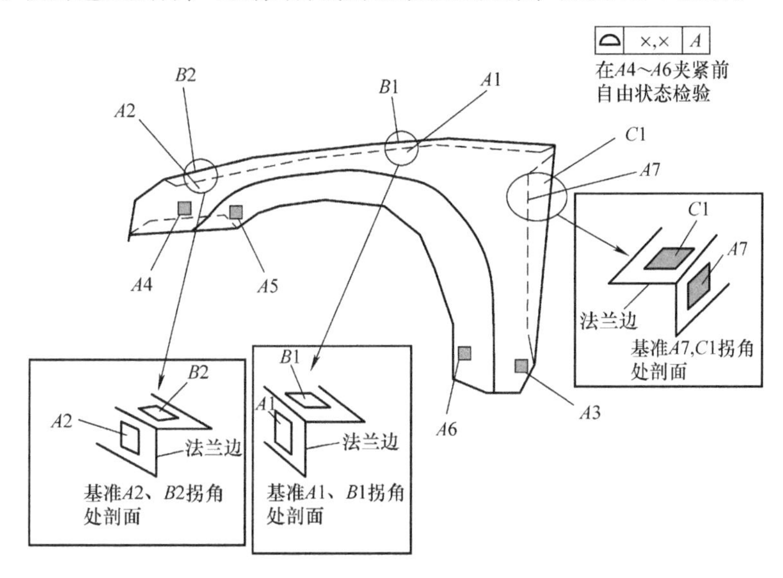

图 10-7 汽车翼子板的基准设置

翼子板存在多个拐角结构，是很好的双基准设置点，在基准布置中优先考虑这些拐角点。还是取车身正交方向布置基准，考虑到翼子板的美观需要，没有可借用的安装孔或可设计基准孔来布置基准，所以选用支撑点的方式。

考虑到薄壁柔性件的特点，经过计算和模拟，图 10-7 中选用了六个 *A* 基准支撑零件，使翼子板的变形降为最低，定位了沿车身横向方向。出于可重复性考虑，注意 *A*1~*A*3 基准的布置跨越最大的面积，同样在检测的时候，*A* 基准需要按顺序夹紧。

第二基准是 *B* 基准产生的，是两个上下定位的基准支撑。*B*1、*B*2 基准和 *A*1、*A*2 基准的支撑方式如图 10-8 所示，是一个非常典型的应用。

第三基准由 *C* 基准建立，采用一点支撑。

该方案中有一个在“*A*4~*A*6 夹紧前的自由状态测量”的标注，目的是保证零件在 *A*1~*A*3 定位下，即零件在一个稳定的状态下，减少测量时的摇晃，进行零

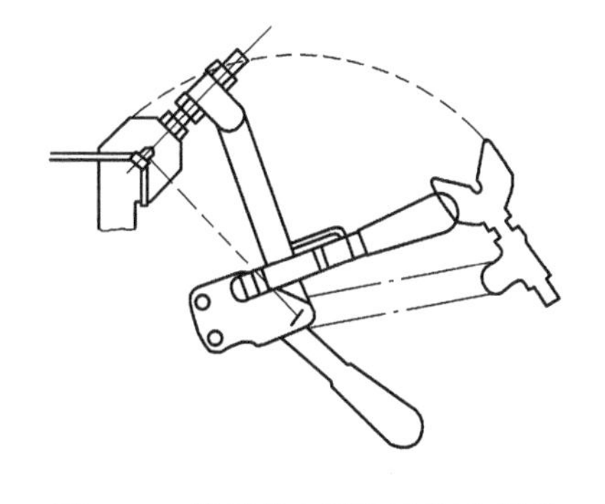

图 10-8 推荐的夹紧装置的示意图

件的轮廓度测量。

五、汽车梁的基准设置方案实例

汽车的梁是结构件，因为结构件的直线直面的特点，并且梁上有很多线束或油管等的安装孔，所以基准设置较简单，但是避免在法兰面上布置主基准的三个主定位支撑。因为一般梁的材料是高强度钢材料，法兰的反弹很难解决，基准的可重复性不好。请见图 10-9 的基准布置方案。

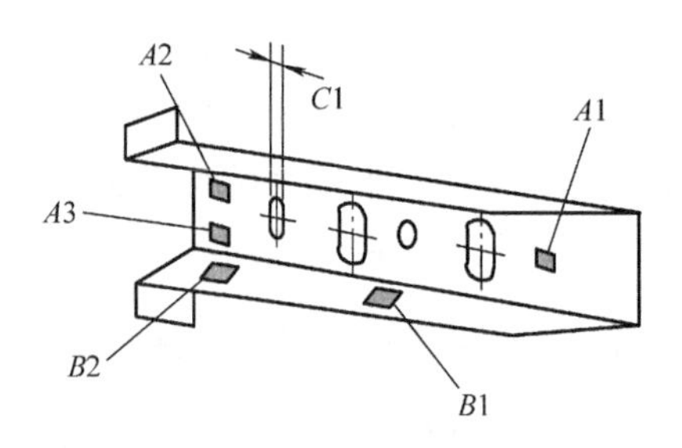

图 10-9　汽车梁类零件的基准设置实例

因为梁的刚性比较好，不易变形，所以选择了三个基准 *A* 支撑。注意基准 *A* 布置在梁的非法兰面上，并且尽可能增大 *A*1~*A*3 的定位面积，以提高主定位的稳定性。基准 *A* 限制了车身横向定位。

基准 *B*1 和 *B*2 限制了车身上下方向的定位。*C*1 限制了车身前后方向的定位。至此满足定位的 3-2-1 的要求，零件被完全约束。另外一点需要注意的是，布置梁的基准，需要考虑此梁与其总成零件的基准统一，避免基准切换时导致的累积误差。

六、补偿公差计算方法（孔或内部特征）

补偿公差是几何公差中很重要的计算。表 10-1 是一个孔（或内部特征）的补偿公差计算。由于这个孔（或内部特征）被 MMC 修正，可以获得公差补偿。其计算公式如下：

$$s_t=T_{MMC}+(S_1-S_{MMC})$$

式中　s_t——补偿后的公差；

T_{MMC}——当孔（或内部特征）为最大实体尺寸时孔的位置度公差；

S_1——孔（或内部特征）的实际测量尺寸；

S_{MMC}——孔（或内部特征）的最大实体尺寸。

表 10-1　孔补偿公差计算表　（单位：mm）

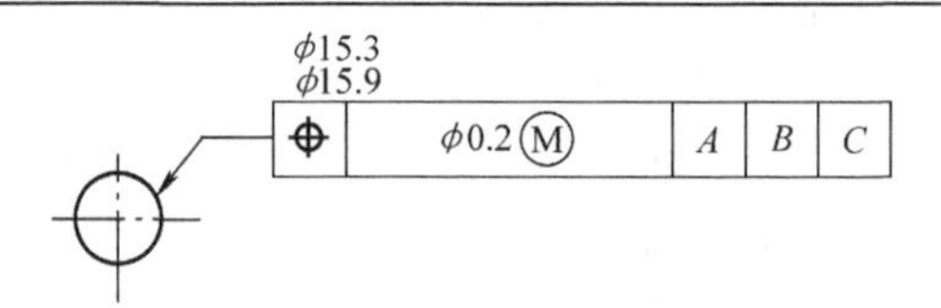

孔的实际尺寸	MMC	补偿公差	位置公差 @MMC	补偿后的位置公差
15.9	15.3	0.6	0.2	0.8
15.8	15.3	0.5	0.2	0.7
15.7	15.3	0.4	0.2	0.6
15.6	15.3	0.3	0.2	0.5
15.5	15.3	0.2	0.2	0.4
15.4	15.3	0.1	0.2	0.3
15.3	15.3	0.0	0.2	0.2

七、补偿公差计算方法（轴）

这个应用是针对外部特征（如轴类）的补偿公差计算，见表 10-2。注意，当轴的加工直径为 ϕ15.2mm 的时候，说明这个轴超出零件的 LMC，为不合格零件，无须下一步的补偿公差计算。外部特征（如轴类）的补偿公差计算公式：

$$s_t=T_{MMC}+(S_{MMC}-S_1)$$

式中　s_t——补偿后的公差；

T_{MMC}——当轴（或外部特征）为最大实体尺寸时孔的位置度公差；

S_1——轴（或外部特征）的实际测量尺寸；

S_{MMC}——轴（或外部特征）的最大实体尺寸。

表 10-2　轴补偿公差计算表　（单位：mm）

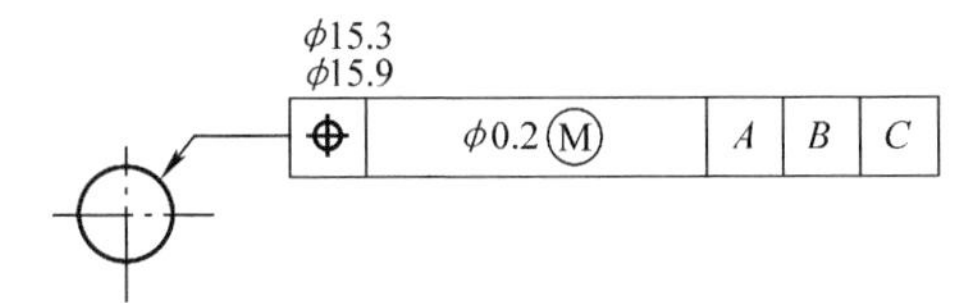

轴的实际尺寸	MMC	补偿公差	位置公差 @MMC	补偿后的位置公差
15.9	15.9	0.0	0.2	0.2
15.8	15.9	0.1	0.2	0.3
15.7	15.9	0.2	0.2	0.4
15.6	15.9	0.3	0.2	0.5
15.5	15.9	0.4	0.2	0.6
15.4	15.9	0.5	0.2	0.7
15.2	15.9	超差		

八、轴的实效边界计算方法

实际上，知道了如何计算实效尺寸，也就是知道了如何计算检具尺寸（检验边界的装配状态），或者是与这个尺寸的匹配零件的尺寸，实际制作检具的时候要考虑检具的公差和磨损，通常为检测尺寸公差带的 10%，这与 GR&R 要求一致。其实对于一个检具来说，无论看起来多么复杂无非都可以简化为单个的检具销或孔的计算。会了简单的检具销设计也就会了整体检具设计，这个计算就是实效尺寸计算，加上企业的检具要求，就可以设计检具，当然对于公差的实际分配需要一定的工程经验。

轴（或外部特征）的实效边界计算公式为

$$V_C=T_{MMC}+S_{MMC}$$

式中　V_C——实效边界；

T_{MMC}——当轴（或外部特征）为最大实体尺寸时孔的位置度公差；

S_{MMC}——轴（或外部特征）的最大实体尺寸。

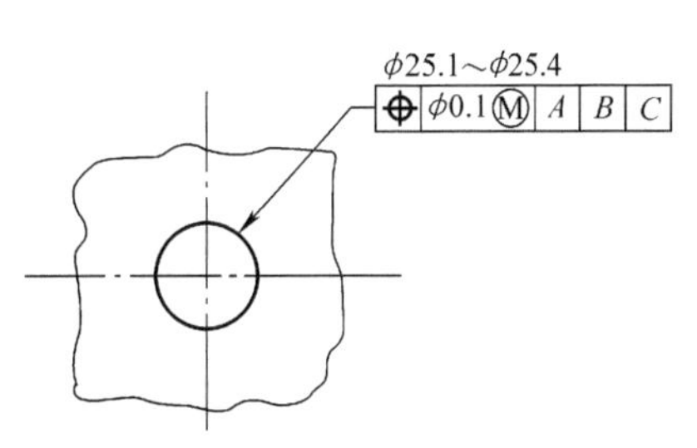

图 10-10　轴的位置度定义

图 10-10 所示为轴的位置度定义，已知这个轴的公差要求，要计算轴的匹配孔的实效边界，即轴的匹配

边界。根据外部特征的实效边界计算公式，可以得到实效边界为 ϕ25.5mm（=ϕ25.4+ϕ0.1）。

九、孔的实效边界计算方法

孔（内部特征）的实效边界计算公式为

$$V_C=S_{MMC}-T_{MMC}$$

式中　V_C——实效边界；

S_{MMC}——当孔（或内部特征）为最大实体尺寸时孔的位置度公差；

T_{MMC}——孔（或内部特征）的最大实体尺寸。

图 10-11 是求一个孔（内部特征）的实效边界计算，也可以是匹配件的边界，或者是 GO/NO GO 检具销的 GO 检销尺寸。根据计算公式，这个孔的实效边界为 ϕ24.9mm（=ϕ25.2−ϕ0.3）。

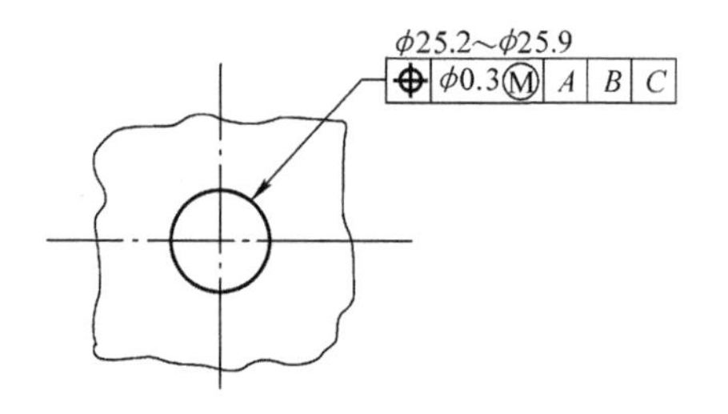

图 10-11　孔的位置度定义

十、RFS 修正的孔的配合边界与零公差注意事项

图 10-12 的孔应用 RFS 原则，没有公差补偿。

因为没有 MMC 修正，所以计算结果是这个零件的位置公差为 ϕ0.0。不能获得尺寸公差的补偿，意味着这个孔的位置度的精度永远是 ϕ0.0！现实中是不可能加工出来的。所以这个定义是错误的，当对零件的最大边界进行计算和零公差应用的时候，要注意避免 RFS 修正出现零公差的设计。

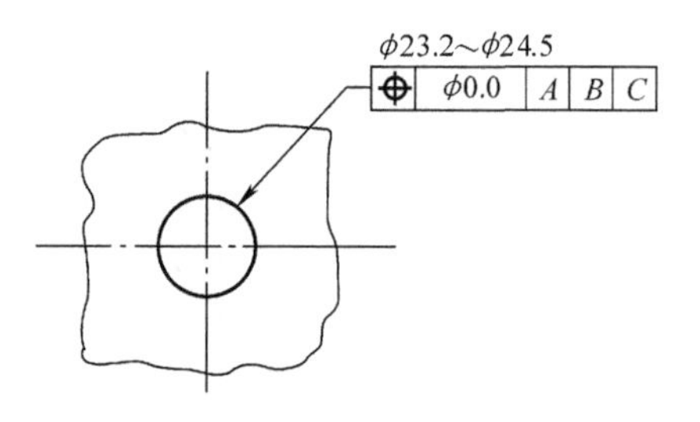

图 10-12　RFS 修正的孔的位置度定义

十一、GD&T 中两种尺寸标注的比较和曲线的应用

GD&T 中大量使用了上、下限尺寸，如图 10-13a 所示中的尺寸标注方式，而正负公差尺寸（图 10-13b）很少应用，此处以孔为例研究，轴的应用原理相同。

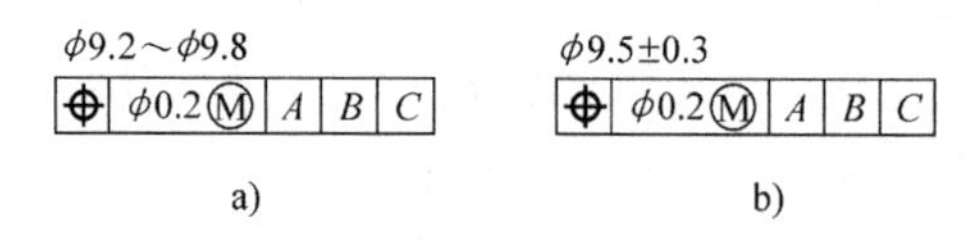

图 10-13　两种位置度定义的比较

之所以如此，是因为几何公差补偿的应用。对于图 10-13a 的标注方式，在 MMC 修正下，如果是孔的话，那么意味着孔的尺寸越接近 LMC，即孔越大，那么补偿后的位置度公差越大，意味着加工成本越低，更多的零件可以通过检验。另一方面，孔越大，也意味着装配越容易。上、下限尺寸方式都是与 MMC 修正符号同时应用才有意义。

但对于图 10-13b 所示的正负公差方式，应该理解为，设计者希望得到一个均匀公差或者设计者认为能够保证零件功能的情况下的一个特定值最好，而赋予一个公称尺寸一定的公差值。意图是保证多数零件的加工尺寸分布在这个中值附近。虽然在 MMC 情况下有补偿，但是不如上、下限尺寸标注方式那么显著。

这两种方式隐含的加工意义完全不同。图 10-13a 的设计完全出于最节省成本考虑，告诉加工者加工尺寸集中于 ϕ9.8mm。而图 10-13b 所示的标注是告诉加工者保证加工尺寸集中于 ϕ9.5mm，不考虑成本。

图 10-14 是对图 10-13a 公差带的曲线分析。在孔的尺寸为 ϕ9.8mm 时，位置度公差为 ϕ0.8mm，达到最大，也是加工成本最低的目标尺寸。孔的“MMCϕ9.2”的功能是这个孔的设计装配间隙，此位置的公差带为 ϕ0.2mm。这个孔的实效边界（即最差条件的装配边界）是 ϕ9.0mm。在分析曲线中，给出了一个浮动边界 ϕ10.6mm，这个浮动边界的功能是确认零件的强度以及最小壁厚。

通过图 10-14 和图 10-15 可以看出，按照图 10-13a 所示标注方式，这个零件每一个边界都有自己的功能。

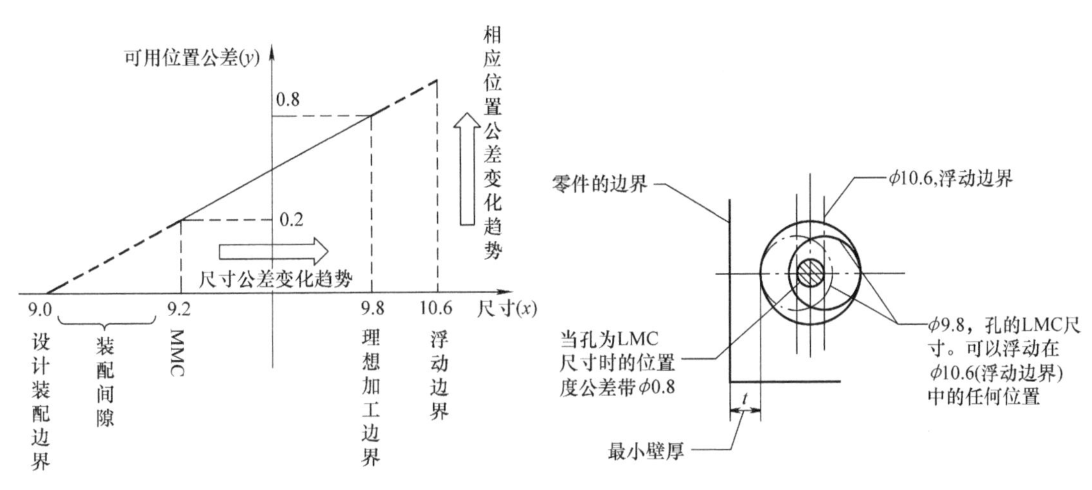

图 10-14 孔的位置度约束公差带变化曲线

图 10-15 孔的位置度约束公差带示意图

图 10-13b 中标注的尺寸使用 MMC 修正，有一个冲突是，这个尺寸的标注仅仅关注尺寸 ϕ9.5，但是却得到与图 10-13a 同样的边界。这样会使加工者对设计者的意图产生迷惑。因此通常在尺寸是正负偏差时，不使用 MMC 修正。RFS 修正也符合控制均匀公差的目的。最终改为 RFS 修正的图 10-13b 所示的标注，公差曲线分析如图 10-16，以明确设计要求。

P_{PK} 是质量控制中衡量过程能力的重要参数。在采用最大实体修正的情况下，结合 GD&T 知识结合分析 P_{PK}，不能只考虑 P_{PK} 的大小来判断过程能力是否需要改善。由于轴小孔大的加工理念（获得更大的经济效益），还要判断分布是在中值的哪一侧。如图 10-17，如果是孔的分布曲线，那么分布 1 不需要改善到分布 2 的状态。

对于这个孔的尺寸，加工目标是孔的 LMC（ϕ9.8mm），曲线的中值希望分布在 USL 尺寸附近。从这一点看来，图 10-13a 标注的孔实际上不适用正态分布 P_{PK} 的分析。但当这个中线分布在 ϕ9.5mm 的左侧时，质量工程就要提出生产能力改善，以期望零件的尺寸都分布在 ϕ9.5mm 的右侧。

对于图 10-13b 标注的孔，非常适合使用 P_{PK} 曲线分析。因图 10-13b 中明确了一个加工中值（ϕ9.5mm）。如果实际跟踪统计的结果 P_{PK} 曲线分布在 ϕ9.5mm 的左侧或右侧，那么整个生产程序都需要提出改善。

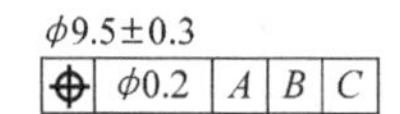

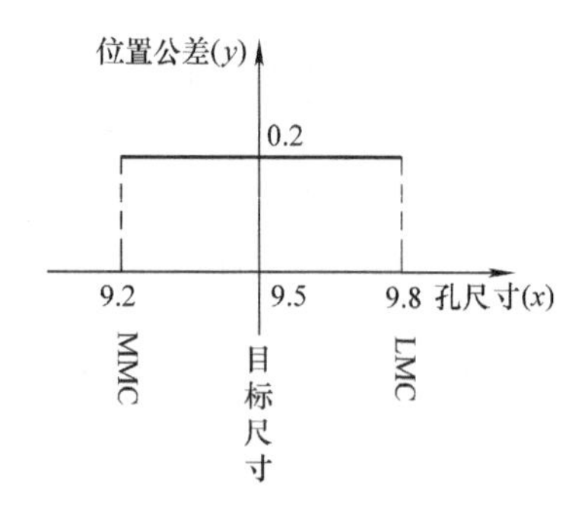

图 10-16　RFS 修正的位置度公差带变化曲线（常量）

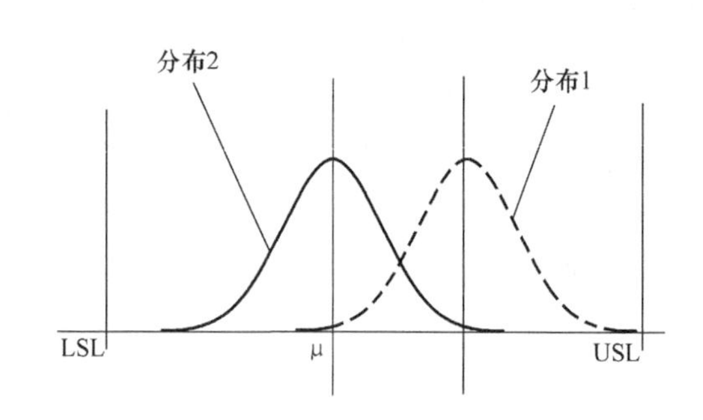

图 10-17　P_{PK} 曲线与生产能力改善原理曲线

对于外部尺寸（如轴类），这个分析同理。

应注意的是，上述的结论应用于 MMC 条件下控制的几何公差，对于 RFS 修正的公差，要得到一个一致的装配间隙，以达到平均分布零件重量的目的（多应用于旋转零件），这时候设计者就要给出一个带公差的尺寸值，加工者和检测者必须按照这个给定的中值设置加工公差，虽然成本会增加。

十二、尺寸公差和几何公差的转换

从尺寸公差转换为几何公差是一个很好的设计流程。在概念设计时可以先快速完成尺寸公差草图，定义真实位置度来明确需要收集的设计信息，并用尺寸公差粗略的估计项目成本以形成项目方案，等到方案审批后，再细化为 GD&T 图样。图 10-18 所示是尺寸公差转换为几何公差的方法。

转换之前，先分析一下这个图样。除了厚度尺寸 10 可以沿用到几何公差外，其他的尺寸都需要转换，包括本体的外形轮廓（轮廓度），孔的位置度（位置度公差），孔的尺寸公差（可以直接应用），考虑到节省成本，也尝试使用 MMC 条件。

对于位置度公差，从尺寸公差的矩形公差带到几何公差带的圆形公差的转换，其法则就是尺寸公差带的矩形对角线等于几何公差的直径尺寸（若影响壁厚，不适用）。$D=\sqrt{2}a$，其中 D 为几何公差带直径，a 为矩形公差带边长。公差转换原理如图 10-19 所示。

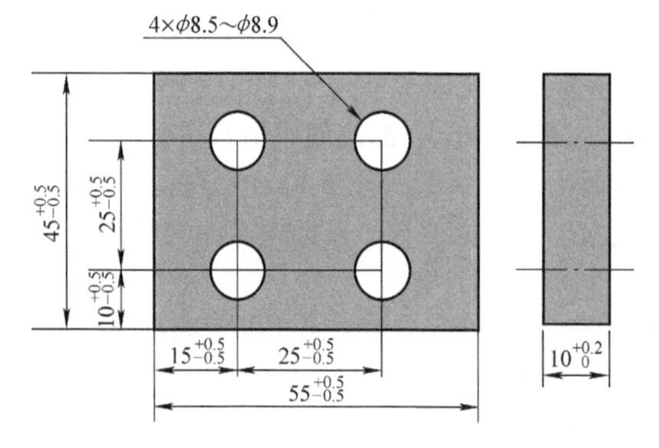

图 10-18　一个尺寸公差约束的零件图

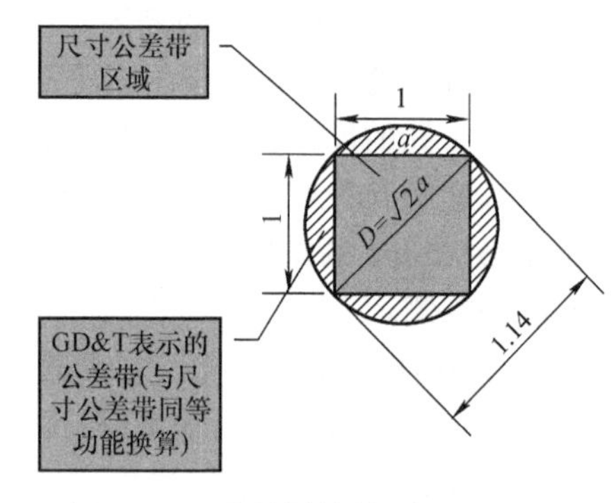

图 10-19　公差转换的原理

1）设置基准（图 10-20）。因为零件的安装平面为此零件的装配面（也叫功能面），所以选取右侧视图定义主定位 *A*，然后在 *A* 的垂直面选取上选取次定位和第三定位，由于基准 *A* 为主定位，无须基准参考，所以可以直接用形状公差——平面度，来控制，这里应用几何公差的第一法则，尺寸公差直接作为几何公差。由于 55mm 的边更长，能形成一个更长的直线，这样次定位更加稳定，所以选取 55mm 的边为次定位，定义为 *B*，在另一个垂直面上的 45mm 边可以作为第三定位，定义为 C。

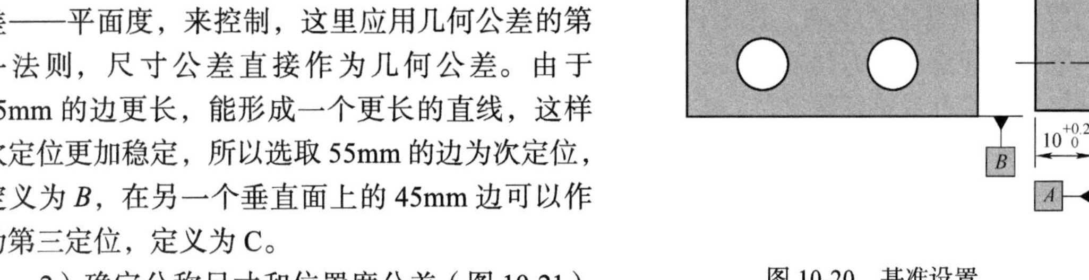

图 10-20　基准设置

2）确定公称尺寸和位置度公差（图 10-21）。由公式可得：$D=\sqrt{2}\,a=1.41$。位置度的公差为 1.41mm。

原位置度公差变为公称尺寸，应用位置度可以用 MMC 条件修正（节省成本），公差的应用基准参考框架是在 *A*、*B* 和 *C* 定位下。

3）轮廓度的标注（图 10-22）。由于零件体轮廓的尺寸公差是等边公差，可以直接应用，注意其公差基准设置为 *A*、*B* 和 *C* 定位的基准参考框架下。

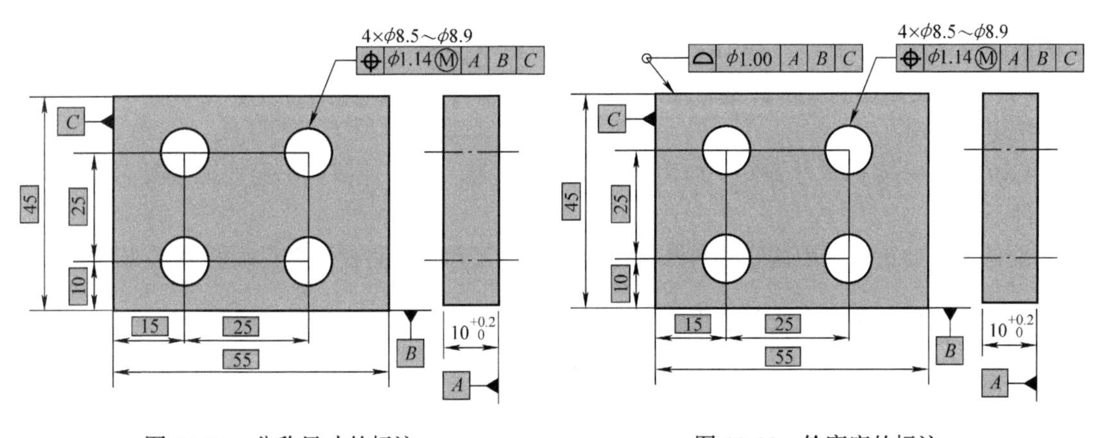

图 10-21　公称尺寸的标注　　图 10-22　轮廓度的标注

十三、MMC、RFS 和 LMC 的应用及对比

当定义一个公差时，要根据受控特征的功能来应用这些材料条件修正。应用材料条件修正时，应尽可能使用 MMC 修正。无论是加工还是检验，RFS 相比较 MMC 需要更多的成本。

当材料符号应用于孔或槽的基准修正时（MMC 或 RFS），MMC 修正的基准是一个直销，基准孔或槽的最大实体尺寸，即孔的公差下限（加上 10% 的加工和磨损余量）为检具心轴的尺寸。检具上 MMC 修正的检具心轴和零件上的孔或槽存在一个间隙。因为在总成中，这个间隙导致的误差会传递到下一级总成，所以要计算分析累积误差，慎重选用基准心轴尺寸和材料修正方式。并且通常检具和夹具要求使用相同材料符号修正的检具心轴，这也是按照图样要求的方法。相对 RFS 修正的检具销来说，MMC 修正的检夹具的成本更低、容易维护。MMC 修正的基准心轴检夹具能够跟踪系统偏差，因为零件可以在检测中可以浮动，所以不能区分是生产工艺偏差还是零件本身的偏差。

RFS 修正的检具心轴是一个锥度心轴或可扩张心轴。表现为待检测或加工特征与基准的尺寸无关。检具上 RFS 修正的检具心轴和零件上的孔或槽不存在间隙。RFS 因为和基准特征孔或槽是接触的，零件不能在检具或夹具上浮动，所以能够定位特征的实际中心，继而零件的测量也更准确。这个优点使后续的生产过程变差和零件本身加工变差容易区分，能够快速解决变差问题，但是锥度心轴和可扩张心轴的加工维护成本都很高。因为和有变差的基准孔或槽接触定位，柔性零件会导致变形，测量误差反而变大，所以建议少用 RFS 基准定位的方式。

RFS 和 MMC 修正的检具都有可重复性的问题。如果 MMC 修正的零件的尺寸公差的精度不够，那么可重复性是很差的。对于 RFS 如果零件是柔性件，变形的原因会导致可重复性差。

对于螺纹特征，装配特征是螺纹的节圆直径，当节圆的尺寸变化，螺纹特征的位置公差可以获得补偿。螺纹具有自动对中性，虽然获得的补偿量微乎其微，但总还是有并且能改善螺纹的装配，而且很难数量化，还是建议对螺纹特征使用 MMC 修正。

总的来说，MMC 修正是一个设计者的主动缩减成本的应用。

当公差框中没有 MMC 符号时，则默认为 RFS（与尺寸无关条件）。RFS 并不意味着紧公差配合，RFS 条件是应用于装配有严格要求的情况下（均匀的装配间隙），或者一个高要求的旋转体（相对于轴线，均匀分布质量）。MMC 控制的零件匹配特征有偏斜孔或槽的中心的倾向；RFS 更严格的要求的是装配间隙（间隙一致），MMC 规定的公差可以比 RFS 规定的公差带更窄。

LMC（最小实体尺寸条件）应用主要在铸造领域，为了保留最小的加工余量而设定的一个条件。

设计者需要正确选用这些材料修正符号，向加工者和检测者传递正确的特征功能信息。

十四、几何公差第一法则应用实例（包容原则）

几何公差的法则一：如果没有几何公差，尺寸公差代替几何公差控制形位要求，并同时控制尺寸要求。此时所有特征元素不能超过理想边界最大实体尺寸。当实际特征尺寸由 MMC 向 LMC 变化，形状公差可以得到补偿，请看图 10-23。

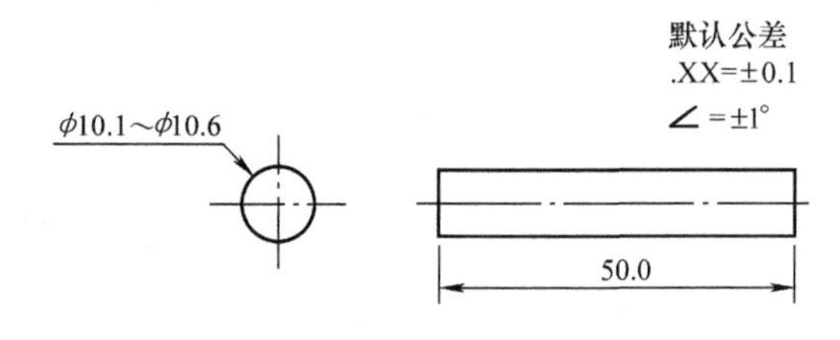

图 10-23　第一法则约束下的轴

1）此标注隐含的直线度是多少？

没有几何公差要求，应用第一法则，外圆直径代替由于此轴的直线度要求。直径尺寸公差是 ϕ0.5mm（=ϕ10.6−ϕ10.1），隐含的直线度是 ϕ0.5mm。

2）如果销轴的实际加工尺寸是 ϕ10.3mm，那么它的直线度是多少？

这个销轴的最大实体尺寸是 ϕ10.6mm，实际尺寸是 ϕ10.3mm，那么此时的直线度是 0.3mm（=ϕ10.6−ϕ10.3）。

3）如果销轴的直径的实际加工尺寸是 ϕ10.5mm，这时的直线度公差是多少？

同上，此时的直线度是 ϕ0.1mm（=ϕ10.6−ϕ10.5）。

4）如果销轴的实际加工尺寸是 ϕ10.6mm。此时的直线度是多少？

此时的直线度是 ϕ0.0（=ϕ10.6−ϕ10.6）。注意此时实际加工尺寸是销轴的 MMC，直线度公差为 ϕ0.0，实际上是无法加工的。

5）如果销轴的实际尺寸是 ϕ10.1mm，此时的直线度是多少？

因为此时直径尺寸为 LMC，余留给直线度公差最大为 0.5mm（=ϕ10.6−ϕ10.1）。LMC 是的理想加工尺寸，这时候加工成本最低，如果没有特殊要求，这个零件在装配中也是最容易的，因为这时候的间隙最大。

十五、零件的配合设计应用

关于 GD&T 的装配条件，有三种情况。

1. 第一种装配条件（通用装配条件）

假如一个零件上的孔的位置度为 ϕ19.1～ϕ19.8 ⌖ | ϕ0.2Ⓜ | A | B | C，设计一个与这个孔的配合轴，要求能够保证静态装配。

因为 MMC 修正的特征是满足静态配合，可能发生公差间隙不均匀的装配。这个孔在最大实体尺寸 ϕ19.1mm 时，其公差带为 ϕ0.2mm。

第一步，可以得到这个零件的公差补偿曲线，如图 10-24 所示。

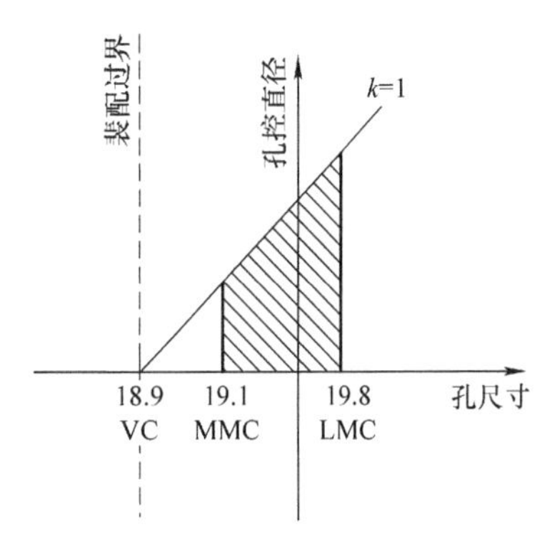

图 10-24　补偿曲线

可以求出这个孔的实效边界 VC（Virtual Condition）为 18.9mm（=19.1−0.2）。也就是孔的装配边界是 ϕ18.9mm，即当这个孔的位置度为零时，能保证装配的孔的合格边界尺寸。要注意这个尺寸无法实现。因为尺寸公差和位置度公差的补偿原理是一比一的关系，所以孔的公差曲线是斜率 k=1 的线性曲线。图 10-24 中，横轴代表孔的尺寸，纵轴代表孔的位置度。

第二步，推算配合轴的公差曲线。

轴的补偿曲线一定是一个 k= −1 的线性曲线，如图 10-25 所示，这个轴在 ϕ18.9mm 尺寸以左的斜线下的面积都能满足这个孔的装配。按照设计要求，假如在成本和装配间隙的要求下，取值 ϕ17.9~ϕ18.3mm，那么对应的位置度值便确定下来。如图 10-26 所示，AB 之间的区域为设计的最小间隙 0.8mm（=19.1−18.3），即设计的径向最小间隙为 0.4mm。

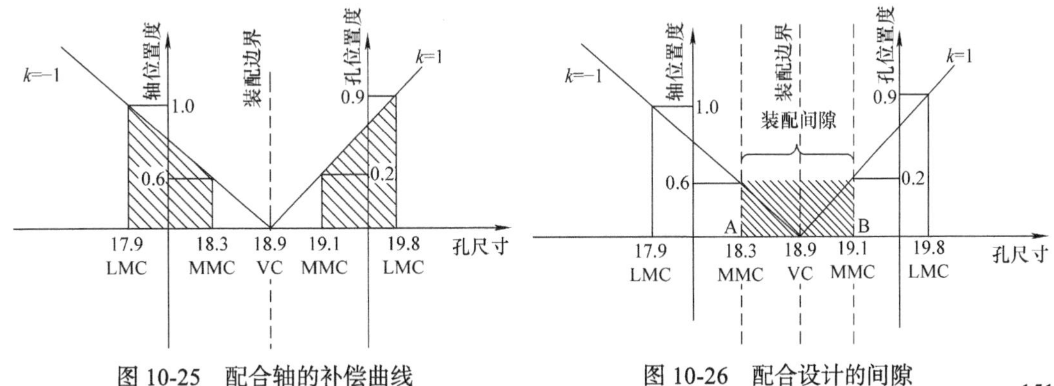

图 10-25　配合轴的补偿曲线　　图 10-26　配合设计的间隙

第三步，完成配合轴的公差控制框。

按照配合曲线图，可以完成轴的公差控制框的输入 $\phi17.9\sim\phi18.3$ |⊕|ϕ0.6Ⓜ|A|B|C|。

对于配合曲线还可以有其他应用。首先是对于通止规和功能销（位置度检测销）的设计。MMC 代表通规尺寸，LMC 代表止规尺寸，VC 代表功能销的尺寸。实际制作过程中，还需要考虑 10% 的加工误差和磨损。对于孔和轴的通规是 ϕ 19.1mm 和 ϕ 17.9mm，止规是 ϕ 18.3mm 和 ϕ 19.8mm，如图 10-27 所示。

图 10-27 也可以作为返工、返修的指导。如图 10-28 所示，当轴的零件处于 B 阴影区时，零件合格。如果零件处于 A 区，表明零件小于 LMC，无法返修，直接报废。如果零件处于 C 区，虽然这个轴大于 MMC，尺寸上判为不合格零件，但在 k=–1 的斜线区域内，零件能够满足装配。如果没有特殊的间隙功能要求，零件可以判为让步接收或放行，但可能 发生装配难度增加的问题。如果零件处于 D 区，则为不合格的孔类零件，这个孔在位置度上超差，方案是返修，根据尺寸公差和位置度公差互相补偿的原理，通过扩大孔来增大位置度公差，达到满足装配的目的，使这个孔移到孔的合格区内。工具要适当选取一个直径在 ϕ 19.3mm~ϕ 19.8mm 之间的钻头来完成返修。

不合格孔 D 所处的坐标为（S，P），那么在维修方案中，最小的钻头直径为

$$D_1=S+(P-S+\text{VC})=P+\text{VC}$$

式中　D_1——最小钻头直径（最小修正内部尺寸）；

S——实际孔的直径；

P——实际孔的位置度；

VC——实效边界常量。

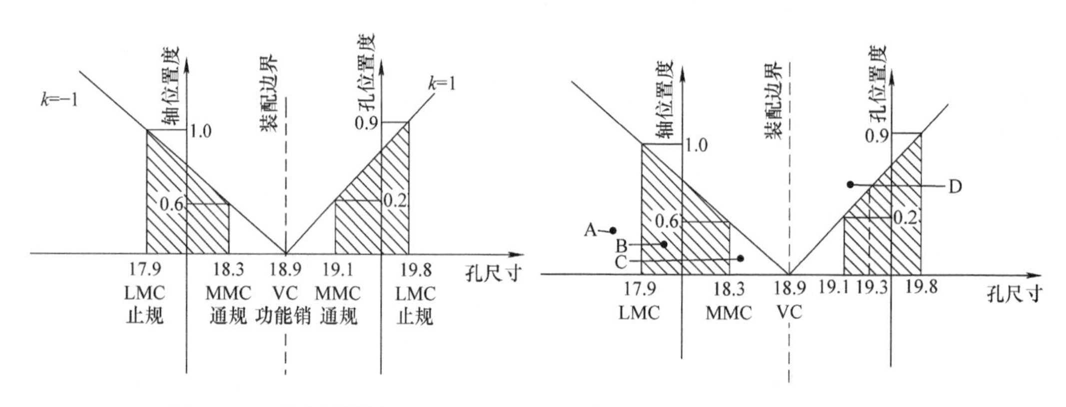

图 10-27　通止规设计　　　图 10-28　处于不同区间的零件的处理方式

以上是第一种装配条件的设计方法，对于这种方式，无论是单个特征装配，还是阵列特征装配都适用。

2. 第二种装配条件

第二种装配情况如图 10-29 所示，因为实效边界即装配边界不再是最大实体尺寸和位置度的关系，而直接指定为第三个装配零件浮动装配螺栓的直径。

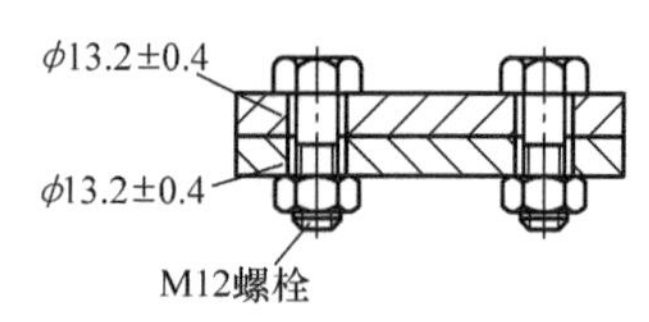

图 10-29　浮动螺栓装配

在这个装配中，可以在机械设计手册里查出 M12 螺栓的实

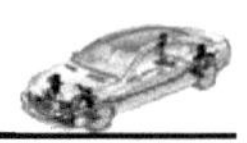

际外径尺寸，这里取 φ12mm。

这两个孔的 MMC=φ13.6mm，LMC=φ12.8mm，VC=φ12mm（螺栓大径尺寸）。

当上下两个孔板的孔的轴线相对方向浮动的时候，装配条件最差。考虑这种装配状态来定义这两个孔的位置度，来满足位置度装配。已知 LMC 和 VC，求位置度。

每个孔的位置度为 0.8mm（MMC−VC=φ12.8−φ12）。也可以使用配钻孔的方式来定义这两个孔，定义两个或多个装配孔的中心轴线在相对位置上的偏差，即在这个装配总成上标注成 2×φ12.8～φ13.6 | ⊕ | φ0.8Ⓜ | M12螺栓。

注意这个公差控制框，并不是这个位置度没有基准约束，而是这里两个孔互为基准。

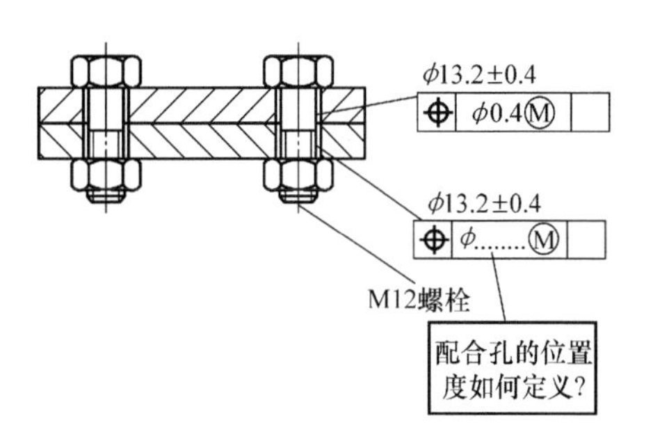

图 10-30 已知条件的浮动螺栓装配

可能还会遇到这种情况，其中一个孔板为采购的，即其中一个孔板的孔的位置度是已经定义了的，那么如何定义其配合孔板上孔的位置度呢（图 10-30）？

因为保证 φ12mm 的装配边界的两个孔的轴线的偏差总量为 φ1.6mm，第一个孔板允许的浮动量为 φ0.4mm，那么另一个轴线的相对浮动量为 φ1.2mm（=φ1.6−φ0.4）。

3. 第三种装配条件

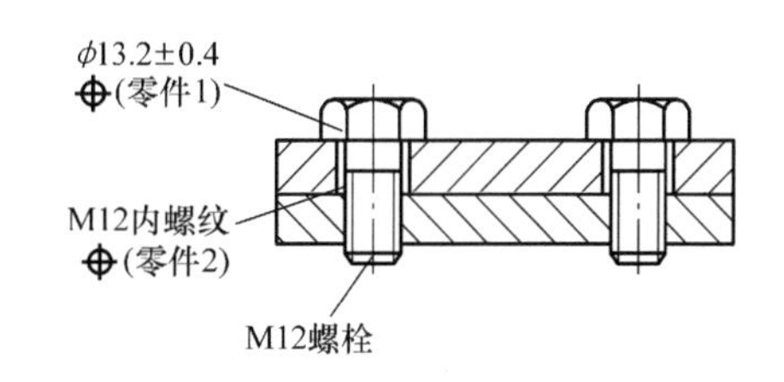

图 10-31 固定螺栓装配

图 10-31 所示是固定螺栓的装配情况。如果螺纹板的螺纹孔的位置度加工能力为 φ0.4mm，那么如何定义孔板上孔的位置度？

这种情况下的实效边界为 φ12.4mm（VC=螺栓的外径＋螺纹孔的位置度＝φ12+φ0.4），可用的装配间隙为 φ0.4mm（=φ12.8−φ12.4）。因此孔板上孔的位置度为 φ0.4mm。标注为 φ7.2～φ7.6 | ⊕ | φ0.4Ⓜ | A | B | C |，如图 10-32 所示。

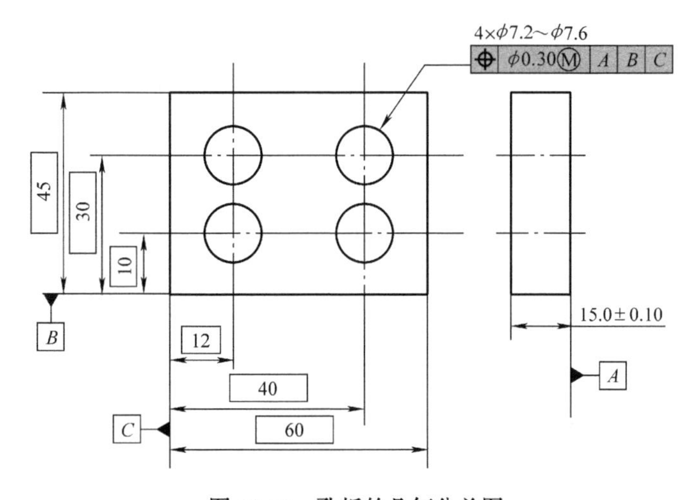

图 10-32 孔板的几何公差图

在实际应用过程中，会有阵列孔或销的装配情况，其解决方式相同。这种分析方法可以整合到企业的设计软件中，实现自动匹配设计，达到加快开发进度、减少设计成本的目的。

4. 孔阵的装配设计

对于装配设计，都可以简化为内部特征和外部特征之间的配合关系，无论为矩阵特征或圆形阵列特征，都是考虑实效边界的尺寸的匹配。

图 10-32 定义了一个四孔板，与图 10-33 所示的销钉板装配。其实效边界为 ϕ 6.9mm。按照第 10 章 15 小节的配合设计方法，其配合轴的实效边界应与孔板上孔的实效边界相等，为 ϕ 6.9mm，才能保证装配。

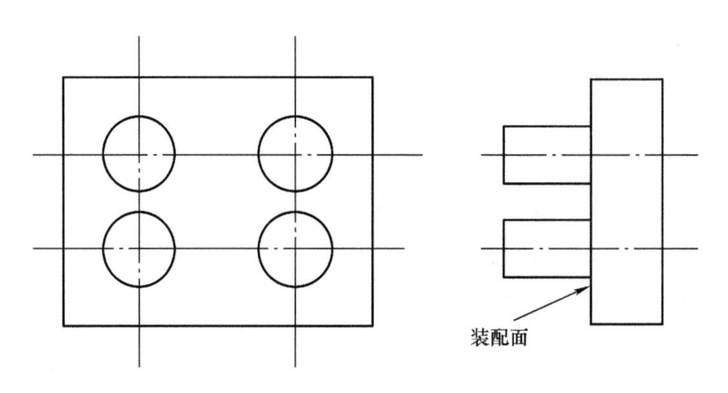

图 10-33　配合销板

图 10-34 是配合销板的结构布置。首先将两个零件的基准框架统一（定义统一的坐标系原点），并使用公称尺寸定义配合销板的理论尺寸，将配合销板的公差带定位到与孔板相同的理论空间位置。销钉座的装配面（功能面）作为主定基准 A，长边作为基准 B，短边作为基准 C，基准框架的圆心在销板的左下角，如图 10-35 所示。

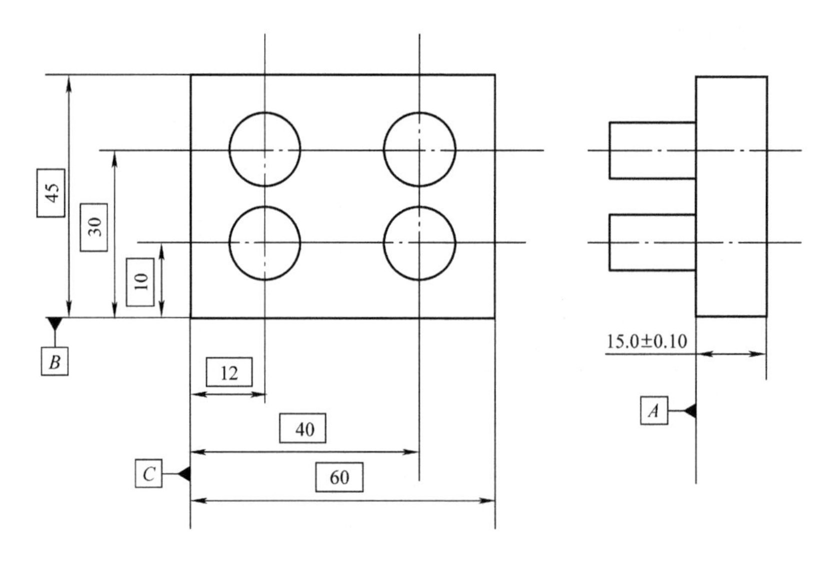

图 10-34　销钉板的基准尺寸定义

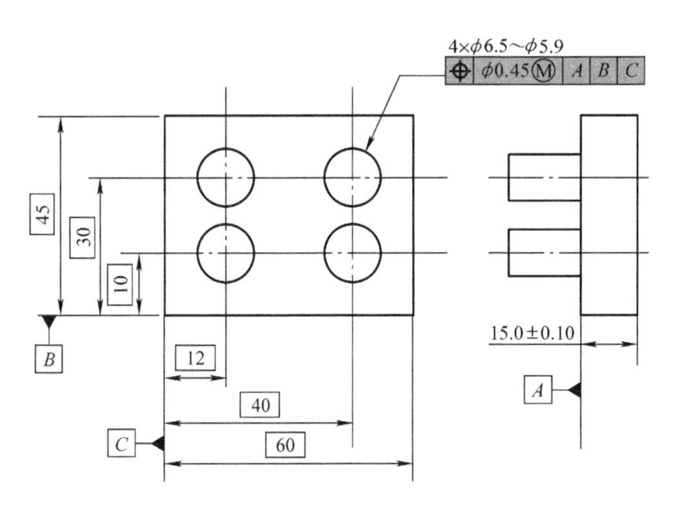

图 10-35　销钉板的公差定义图（一）

设计要达到两个目的：一个是销板的四个销柱能够同时插入孔板，另一个是两个零件的边沿平齐（或均间隙均匀）。先计算孔板四个销钉的配合边界—实效边界，并根据功能定义设计间隙，确定配合销的最大实体尺寸（MMC)，并根据零件的功能，成本和加工能力选择零件的精度和零件的公差带。

如图 10-35 所示，配合销的实效边界为 ϕ 6.95mm，大于孔板的孔的实效边界尺寸 ϕ 6.9mm。在临界边界的情况下，销和孔的配合会发生干涉，不能保证装配。

如果销板的尺寸分布在设计的配合曲线内，那么就不存在干涉情况，销和孔之间有足够的间隙分布，也能保障销板和孔板之间的边沿平齐。如果使用组合公差框，如图 10-36 所示。

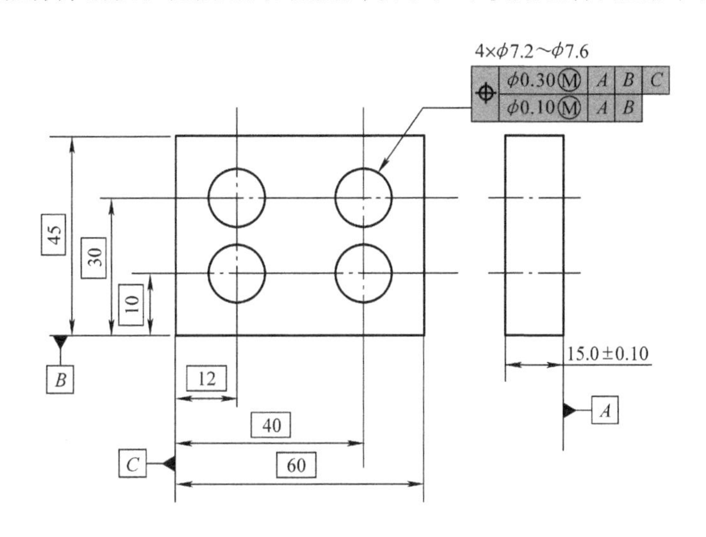

图 10-36　销钉板的公差定义图（二）

如图 10-36 所示，上下两行公差控制框定义了两个装配边界，公差框上部的孔阵列的位置度装配边界为 ϕ 6.9mm。这个边界的功能是同时满足销孔的装配，和两个零件的边沿平齐。但是如果需要更小的销和孔之间的装配间隙，需要研究公差框的下部装配边界定义。下面是几组例子。

图 10-37 使用公差框上部定义的装配边界，这个销板的位置度定义能够满足销的装配，并能保证两个零件的边沿平齐。

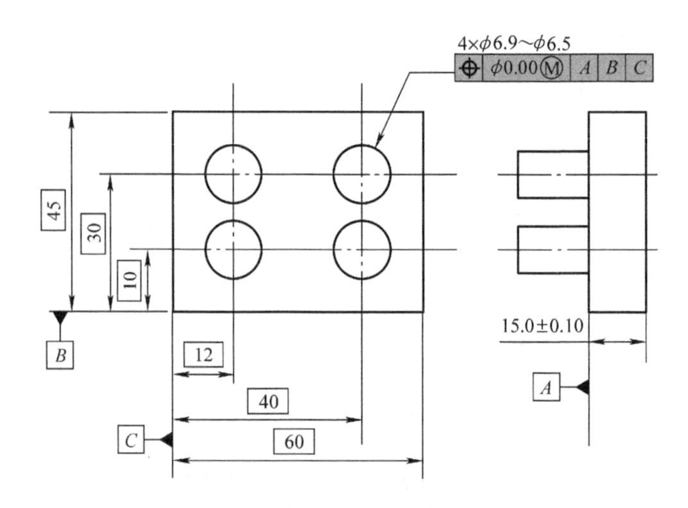

图 10-37　销钉板的公差定义图（三）

如图 10-38 所示，使用公差框上部定义的装配边界，是 ϕ 6.9mm（=ϕ 6.7+ϕ 0.2）。这个装配能够保证配合销板和孔板之间的装配，并能保证装配的边沿平齐。

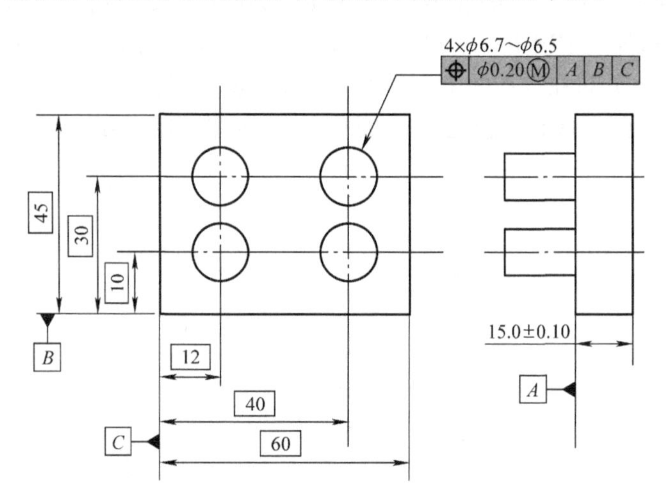

图 10-38　销钉板的公差定义图（四）

如图 10-39 所示，使用孔公差框下部定义的装配边界，为 ϕ 7.1mm（=ϕ 7.2−ϕ 0.10）。这个设计能满足装配，但装配的边沿不能保证平齐。垂直度不能约束销的位置，只能决定销的垂直方向误差（实际设计中可能是为了装配间隙的控制的目的），因此垂直度在这里不做装配设计的计算考虑。

如图 10-40 所示，使用孔公差框下部定义的装配边界，为 ϕ 7.1mm（=ϕ 7.2−ϕ 0.10）。这个设计能满足装配，因为第二行公差控制框决定了销和销之间的位置，但是可能与孔板的装配边沿不能平齐。

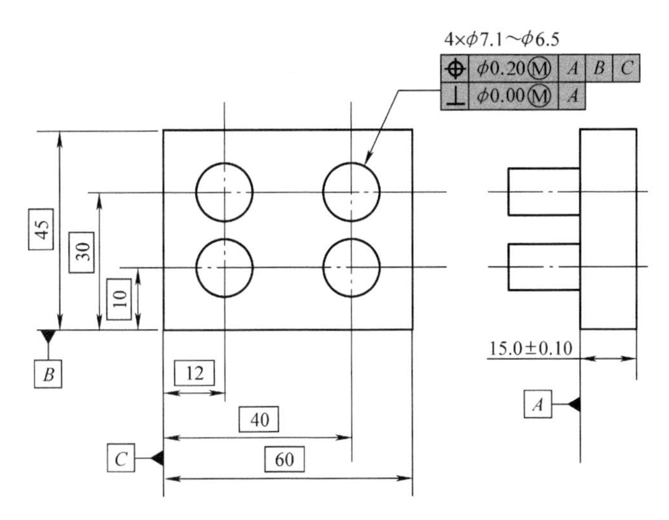

图 10-39 销钉板的公差定义图（五）

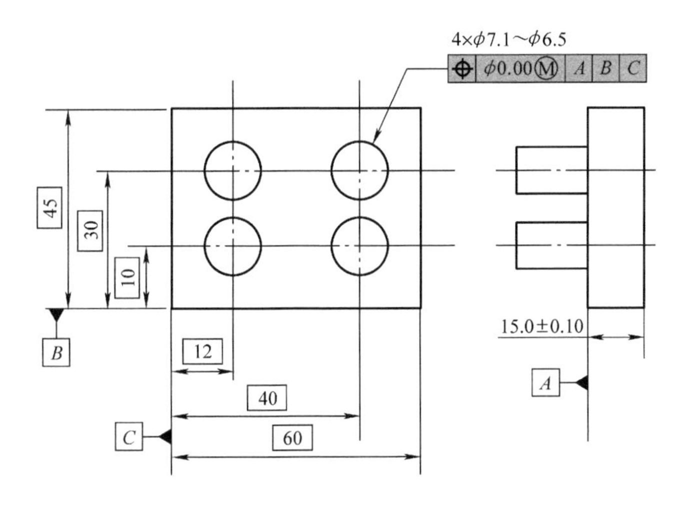

图 10-40 销钉板的公差定义图（六）

十六、匹配公差设计实例一

图 10-41 所示是套筒与轴的配合设计，是计算匹配共差的方法。计算这个套筒的匹配销的尺寸及公差。要求：①与孔可以配合，②最节省成本的公差方式。

1）计算长度。取套筒的最小实体长度和加工公差，可以得到图 10-42 所示。

2）选取几何公差的控制。综合考虑，采取同套筒同样的公差控制方式——直线度；因为要求节省成本，所以应用 MMC 条件，得到轴的几何公差，如图 10-43 所示。

3）公差设定计算。由孔的给定公差可以计算出套筒的配和尺寸 ϕ28.1mm，这也是计算匹配销的最大实体尺寸。因为实际给出条件的销尺寸为 ϕ27.4~ϕ27.9mm，所以有套销之间有 0.2mm 的间隙余量。填入公差框，完成计算，得到轴的完整定义，如图 10-44 所示。

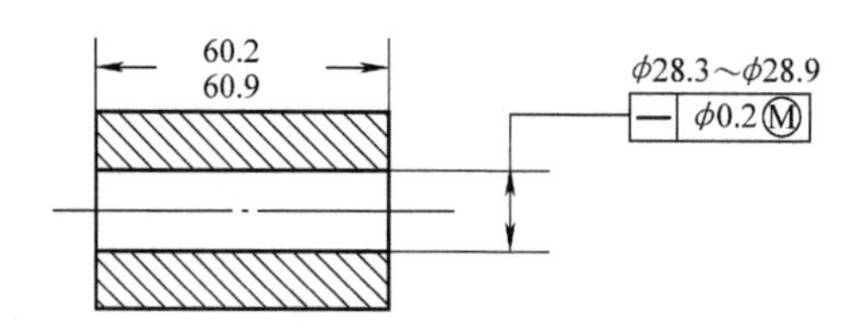

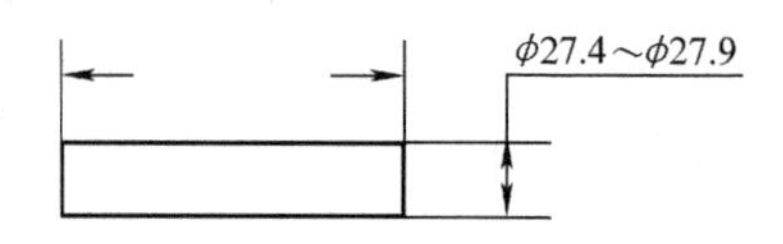

图 10-41 套筒与轴件的配合设计

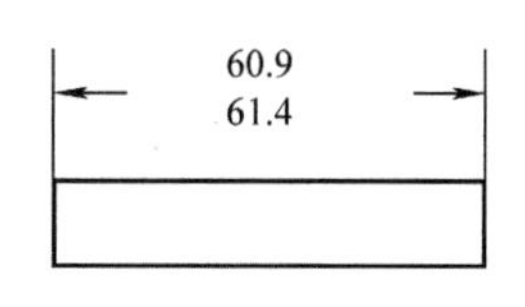

图 10-42 轴的长度定义

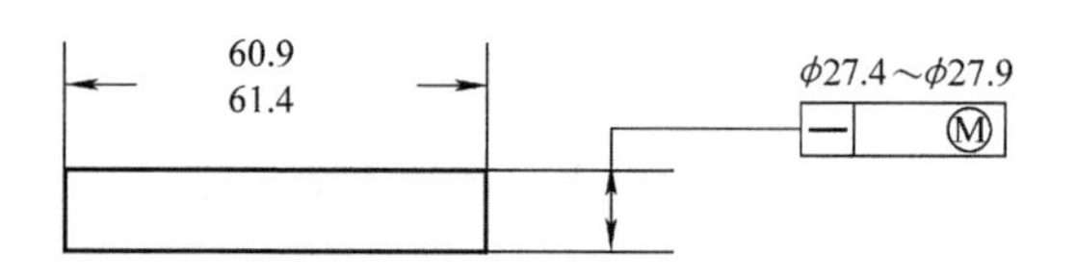

图 10-43 轴的几何公差定义（直线度）

28.3	MMC 尺寸
− 0.2	公差（在 MMC 时）
28.1	孔的实效边界
− 27.9	销的 MMC 尺寸
ϕ0.2	销的直线度公差

由孔的给定公差可以计算出套筒的配和尺寸 ϕ28.1mm，这也是计算匹配销的最大实体尺寸。因为实际给出条件的销尺寸为 ϕ27.4mm~ϕ27.9mm，所以有套销之间有 0.2mm 的间隙余量。填入公差框，完成计算。

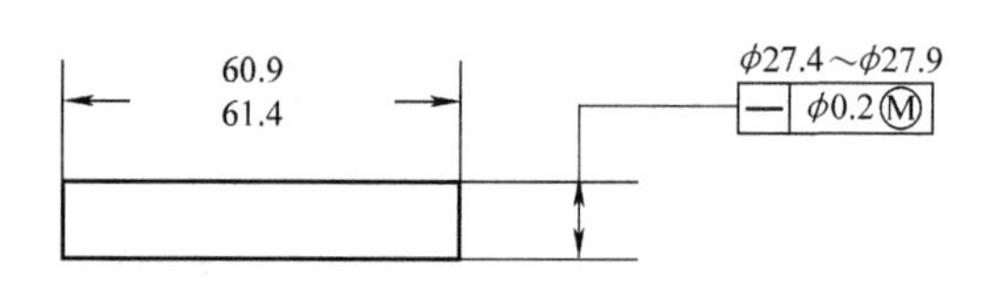

图 10-44 轴的完整定义

这个例子很典型，目的是让大家熟悉公差计算的流程，实际的操作中要收集设备的加工能力，零件的功能，检测的设备及流程然后完成公差的设定。对于复杂检具的设计，也可以参考这个流程。

十七、匹配公差设计实例二

根据图 10-45b 所示的销阶梯轴的几何公差，计算匹配套筒（图 10-45a）的孔公差控制框中的公差值。

要求：①与轴可以配合；②最节省成本的公差方式。

计算过程如下：

1）套筒的长度取销的最大长度，这里不再做介绍。

2）因为轴使用垂直度，所以配合件也最好使用垂直度（图 10-46）。在套筒上的配合面上建立参考基准，定义这个装配面为基准面 *B*。因为要求节省成本，所以使用 MMC 条件修正。

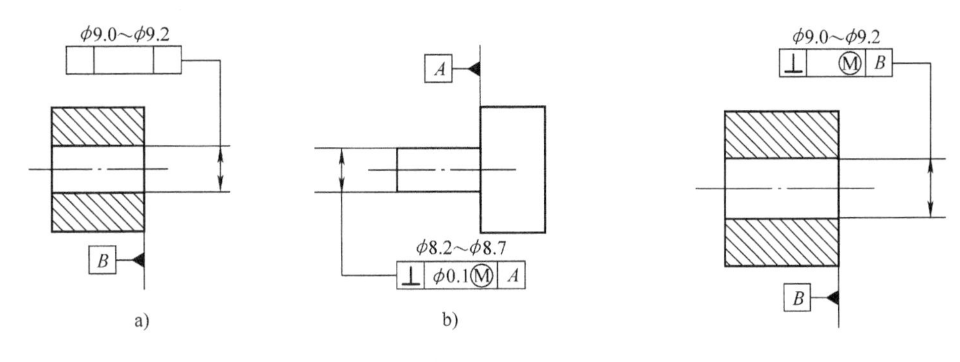

图 10-45　台阶轴与轴套的匹配设计

图 10-46　轴套的几何公差选用（垂直度）

3）公差设定。按照相关公式计算，得到套筒孔的垂直度为 ϕ0.2mm，得到套筒的完整定义，如图 10-47 所示。

8.7　轴 MMC 尺寸
+ 0.1　轴垂直度公差（轴在 MMC 时）

8.8　轴的实效边界

9.0　孔的 MMC 尺寸
− 8.8　轴的实效边界

0.2　套筒的垂直度公差

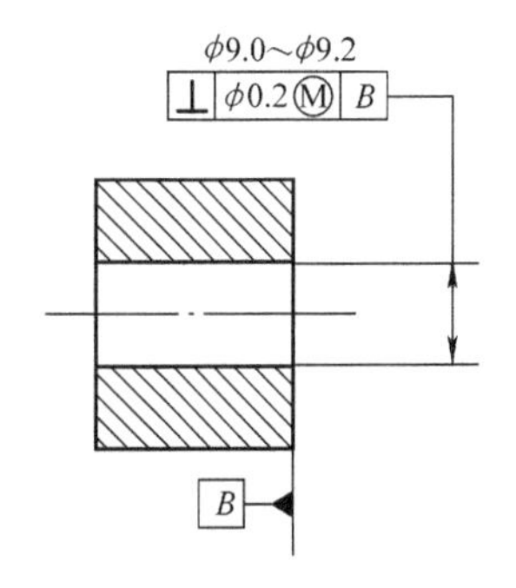

图 10-47　轴套的公差设置

十八、检具设计实例

请设计图 10-48 所示台阶轴零件的检具。

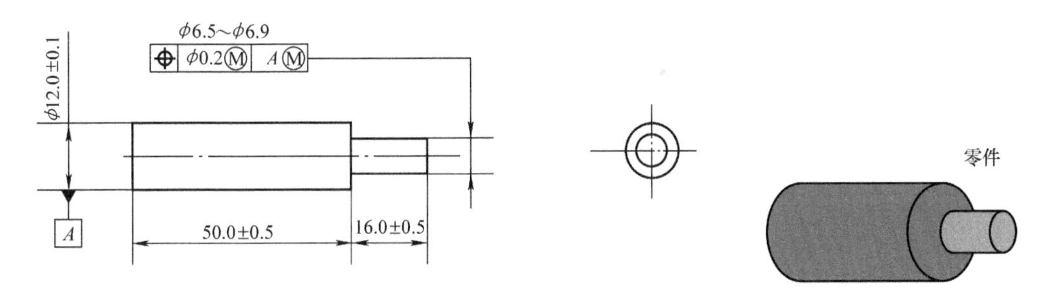

图 10-48　台阶轴零件定义

1. 设定检具的检测方案

这是一个典型的通止规检具设计，方案是一个阶梯套筒。如图 10-49 所示。使用基准轴 *A*，提取与 ϕ 12.0mm ± 0.1mm 特征圆柱面；来检验 ϕ 6.5~ϕ 6.9 的轴端，检测包括长度、位置度和直径。

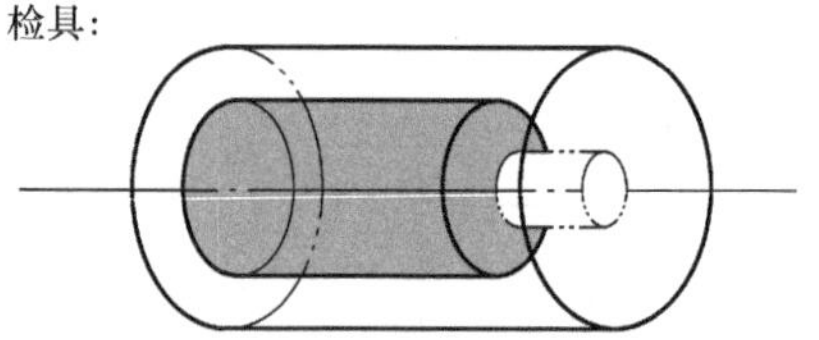

图 10-49 检具的轮廓

2. 确定尺寸（图 10-50）

1）因为主基准在公差控制框中参考为 MMC，即匹配件状态或检具尺寸为其最大实体条件。所以基准段的尺寸设定为 ϕ 12.1mm。实际制作中还要考虑加工公差和磨损，一般各为 5%，因此一部分合格的零件被检测不合格。

2）检具的基准面的最小长度为零件基准特征的最大长度（为了保证基准的模拟精度），50.5mm（最小）。

3）受控特征（轴）的实效尺寸（匹配边界）是检具孔尺寸 ϕ 7.1mm（=ϕ 6.9+ϕ 0.2）。实际制作中还要考虑加工公差和磨损，一般各为 5%。

4）因为传递给检具的检测直径为被检测轴的实效边界，如果检具孔应用 MMC 条件，其位置度公差必须是 ϕ 0.0mm。实际上无法加工到这个精度，故由 10% 的余量来补偿，这里的位置度为 ϕ 0.02mm，如果应用几何公差标注这个检具，只能应用 CMM 或其他现有测量设备检测了，所以对于检具，有专家坚持使用尺寸公差标注，避免“鸡生蛋蛋生鸡的问题”。

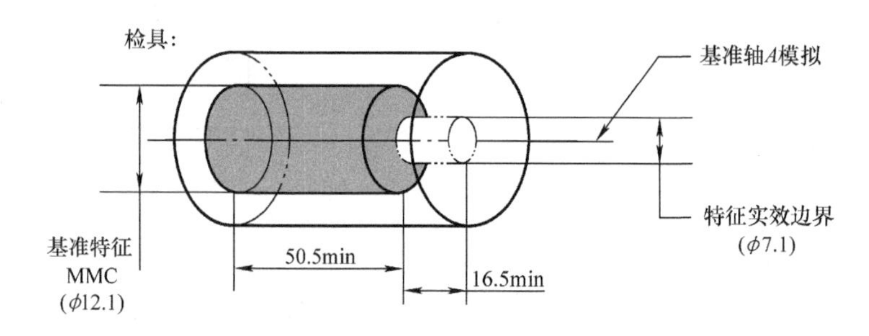

图 10-50 检具需要确定的尺寸

请大家继续思考，如下标注如何设置检具，这里 *A* 基准不应用 MMC 修正（图 10-51）。

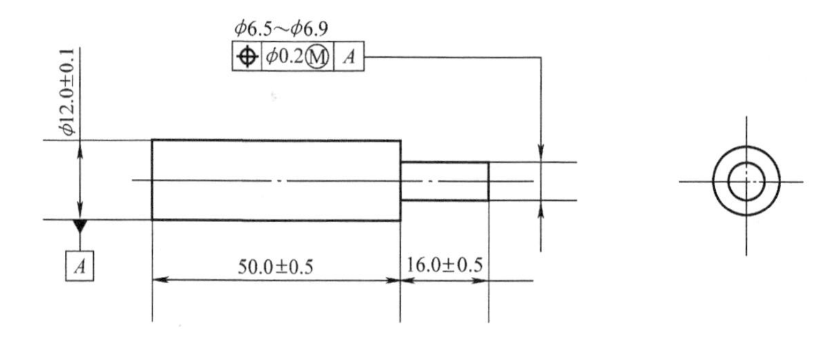

图 10-51 基准 *A* 无 MMC 修正的情况

因为是 RFS 条件，所以以基准面 *A* 上的高点模拟基准轴线 *A*。基准 *A* 特征面的实际尺寸为检具尺寸，一般通过三爪卡盘模拟。

图 10-52 所示为基准 *A* 无修正的检测设置。

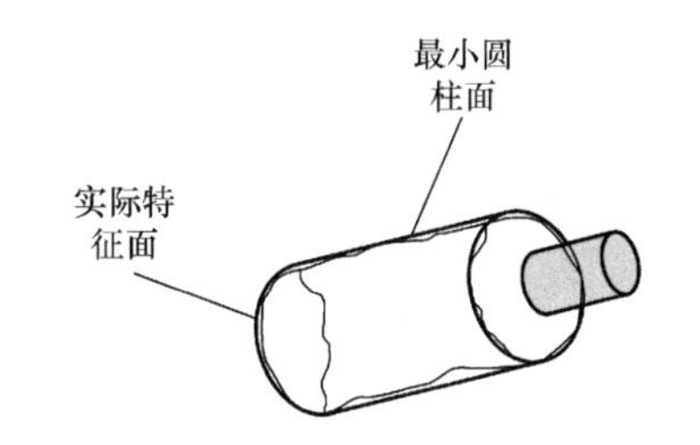

图 10-52　基准 *A* 无修正的检测设置

十九、工艺基准的设置及检测方案设置

图 10-53 所示是一个实际的管件图零件的标注，由图样分析可知，虽然缺少长度信息，如果是以成型管型材加工，GD&T 的标注可以满足生产和检测。在检测的检具装置上（图 10-54），因为两个面是 RFS 的约束关系，所以必须进行数值型测量。

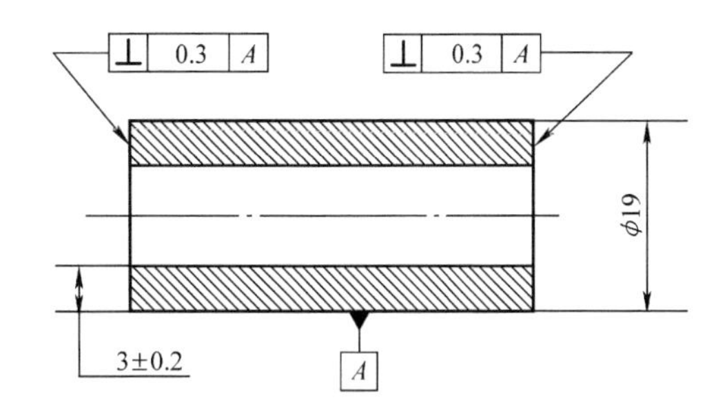

图 10-53　管件图

两个 V 形架模拟基准轴线 *A*，高度尺上的千分表同端面做全接触扫描测量，第一点设置归零，如果指针的跳动量在 0.3mm 之内，零件合格。任何一点超出 0.3mm，意味着垂直度超出规定范围，判不合格。

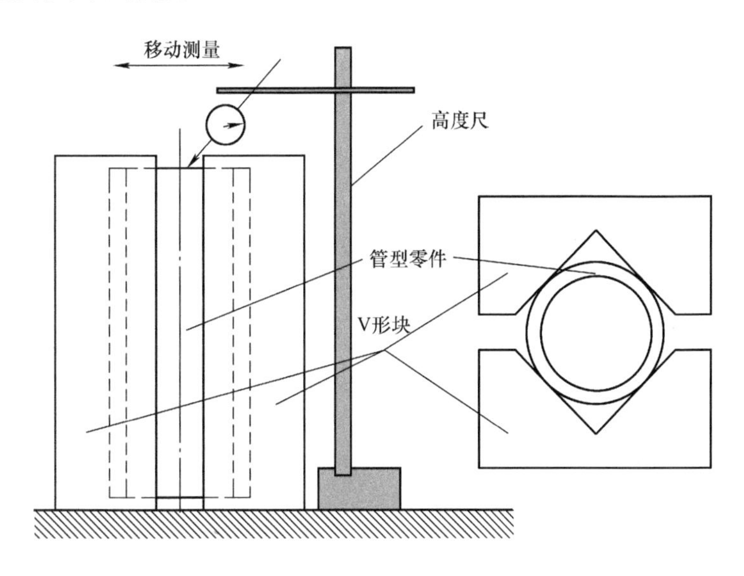

图 10-54　测量装置

但该零件的测量方式的可重复性不佳，因为这个零件的轴心线是由圆柱面上的四个与 V 形架接触线模拟出来的，在下次的测量中，这个轴线 *A* 会因为模拟的轴线的变化而变化，导致测量的结果产生差异，可重复再现性变差。而且对于数值型测量，无法实现 100% 的检查。

分析这个零件的设置方式，有可能是圆棒料或管材加工成的，ϕ19mm 是棒料的外径，使用默认标题框中的公差或标准棒料的外径公差（无须加工）。实际的加工重点应该是两个端面和孔。对于这两个端面，有平齐要求（垂直度 0.3mm）。根据使用目的和加工工艺，其设计可以进行优化，以便取得更可靠的设计，并达到节省成本的目的。

如果这个零件是棒料加工成，或者另一个加工商的工艺是使用棒料加工，那么图 10-53 的尺寸标注就不合适了。需要做出转化。首先需要明确这个零件的加工工艺，对于棒类坯料加工，工艺可以简化为如图 10-55 所示。

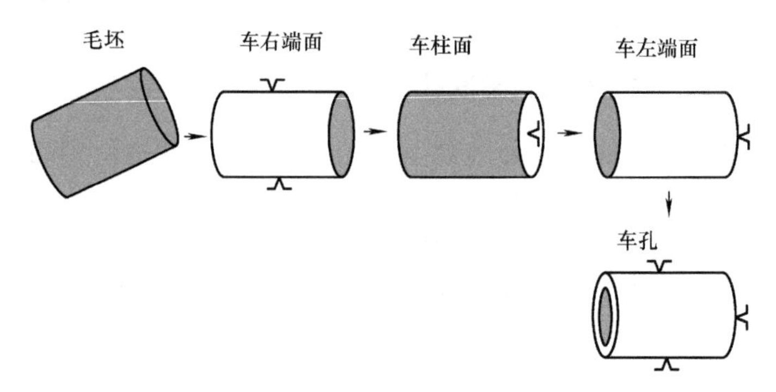

图 10-55　工艺过程

第一道工序是使用毛坯面粗定位车主定位面（右端面）。使用临时基准面（棒料的毛坯柱面）作为基准。

第二道工序是使用加工的右端面作为基准，加工圆柱面（假设为 ϕ19mm ± 0.2mm）。

第三道工序是使用右端面作为基准，加工左端面。

第四道工序是使用右端面和圆柱面作为基准，加工孔。

根据加工工艺，其零件图的完整标注如图 10-56 所示。

图 10-56 中的右端面为主基准 *A*，为加工的第一道工序，这个零件的其他基准以及特征都是相对于这个主基准 *A* 建立。按照图中的要求，这个主基准面 *A* 与圆柱面的垂直度是 ϕ0.3mm，考虑到经济性，没有特殊的要求，使用 MMC 条件，其实效边界尺寸为 ϕ19.5mm。按照 ASME Y14.5 的第一原则，遵循最大实体尺寸为理想尺寸原则，要求每个圆柱面截面尺寸不小于 ϕ18.8mm（止规），整个圆柱面尺寸包容在 ϕ19.2mm 之内（通规）。在测量时，如果使用止通规，还需要考虑止通规设计尺寸的 10% 的磨损和制造误差。垂直度检验可以使用实效边界尺寸 ϕ19.5mm 的套筒（以 *A* 为基准）检测。孔的尺寸是由原图壁厚尺寸 3mm ± 0.2mm 转换过来的。考虑孔的对中性和装配要求，最适合使用位置度控制。由壁厚和圆柱面尺寸可以计算待加工孔的 MMC 和 LMC，考虑经济性和固定的孔的实效尺寸 ϕ12.4mm，位置度公差使用 MMC 修正，位置度在 MMC 时公差为 0，当孔的尺寸从 MMC 到 LMC 变化时，可以获得相应的补偿公差。

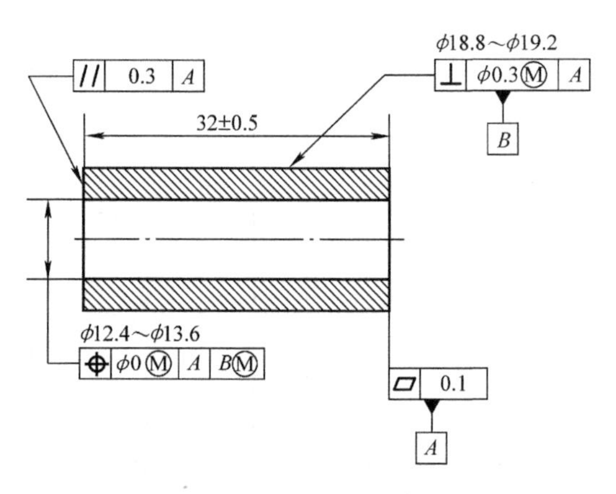

图 10-56　优化后的零件图

图 10-56 的标注方式保证了检测和加工工艺的基准统一，不会产生生产部门检测合格（或供应商供货出厂合格），但是质量部门出厂检验不合格（或客户验收不合格）的分歧。减少不必要的浪费。

图 10-57 是这个零件的通规设计，检验圆柱面的尺寸。如果零件能够通过通规，那么零件 100% 合格。不通过，表面圆柱面尺寸超出 MMC，为不合格。但是考虑到通规的 10% 制造误差，一部分合格的处于边界尺寸的零件会被当作不合格零件检出。通规的边缘尽量保证尖锐，以防止倒角产生的导向作用破坏通规，或产生错误结果。

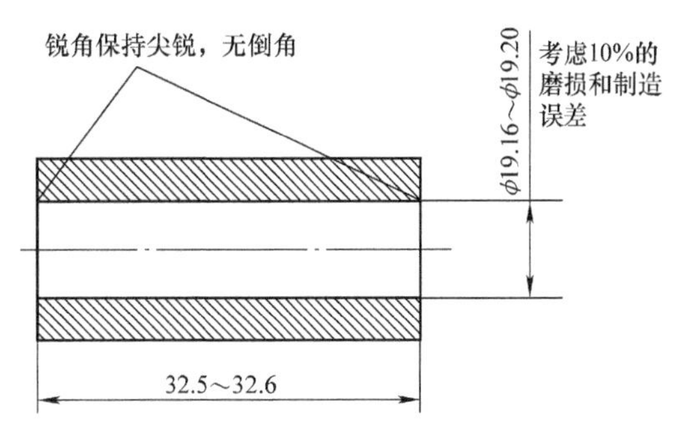

图 10-57 通规设计

图 10-58 为左端面平行度的测量，以基准 *A* 为参考，如果千分表值在 0.3mm 之内，零件合格；超出 0.3mm，表明零件不合格。

图 10-59 是位置度和垂直度检验的功能检具。零件可以放入套筒表明垂直度和位置度都能够满足要求，检出的零件 100% 合格。如果零件不能放入套筒，考虑到检具的 10% 的制造误差，大部分被检测出的零件不合格，有一小部分处于边界尺寸的零件合格。

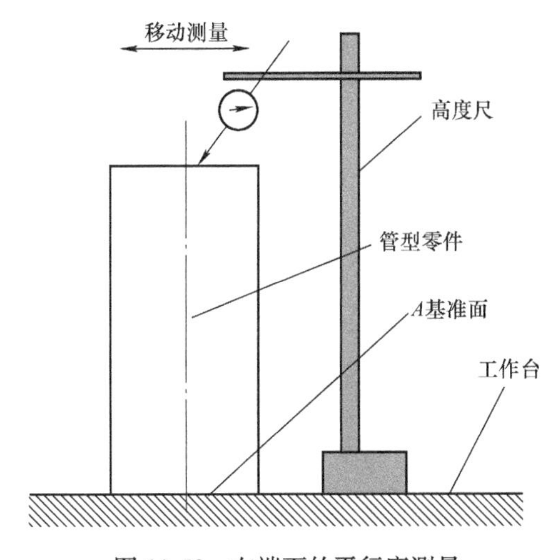

图 10-58 左端面的平行度测量

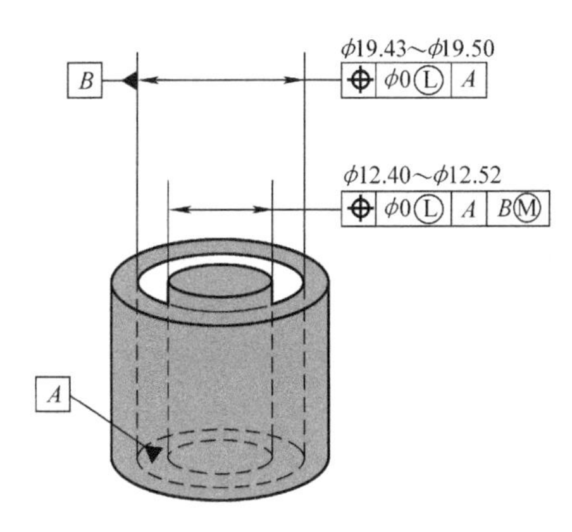

图 10-59 孔和圆柱面垂直度的功能检具

二十、公差分析

如图 10-60 所示，零件的 *A* 边到 *B* 孔最低边缘的最大最小距离是多少是常常遇到的问题。*A* 边和 *B* 孔处于同一个基准框架。*A* 边是一个等边的面轮廓度控制，单边公差为 0.15mm，*B* 孔在最大实体尺寸 ϕ9.3mm 的时候，位置度公差为 ϕ0.4mm 的圆柱面，因为是 MMC 条件修正公差带。根据补偿原理，可以求得孔在 LMCϕ9.6mm 时的位置度公差是 ϕ0.7mm 的圆柱面公差带。当孔处于最大实体尺寸 LMC 时当位于位置度公差带 ϕ0.7mm 的最低点是代表 *A* 边和 *B* 孔的最低边缘点的距离为需要求出的最大距离，即

$$[75+0.3/2+9.6/2+(0.4+0.3)/2]\text{mm}=80.3\text{mm}$$

A 边缘到这个 *B* 孔最低点的最小距离为

$$[75-0.3/2+9.3/2-0.4/2]\text{mm}=80\text{mm}$$

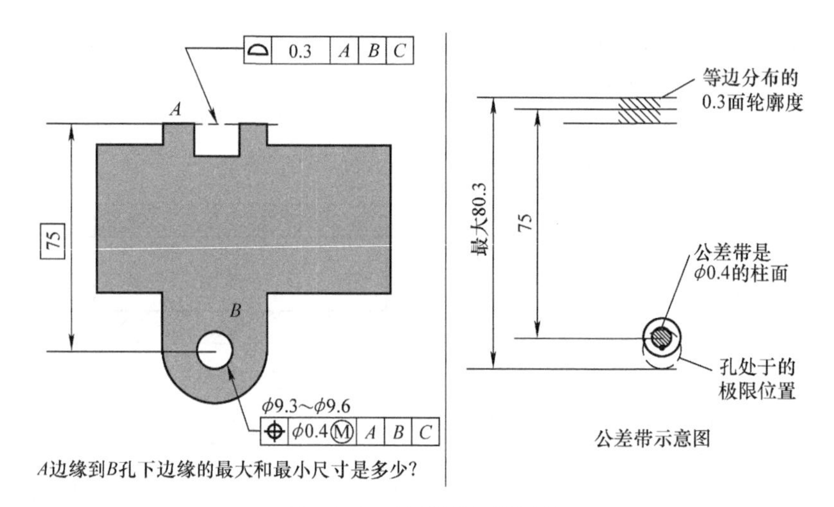

图 10-60 边缘到孔的距离

注：A、B、C 基准简化，没有显示在图中零件上。

实际加工的零件，当 A 边到 B 孔边缘的尺寸是在 80.0mm 到 80.3mm 之间的零件都是合格的。

如图 10-61 所示，零件的 A 边缘和 B 孔不再是处于同一个基准框架，其中 B 孔是建立在 A 边缘，即基准 A 之上的，所以 A 的面轮廓度不再考虑在这个尺寸链上的累计误差，那么，

A 边缘到 B 孔最低边缘的最大距离为

$$[75+9.6/2+(0.4+0.3)/2]\text{mm}=80.15\text{mm}$$

A 边缘到 B 孔最低点的最小距离为

$$[75+9.3/2-0.4/2]\text{mm}=79.85\text{mm}$$

通过以上的两个例子可以看到，如果改变基准的设置，可以减少公差累计效应。

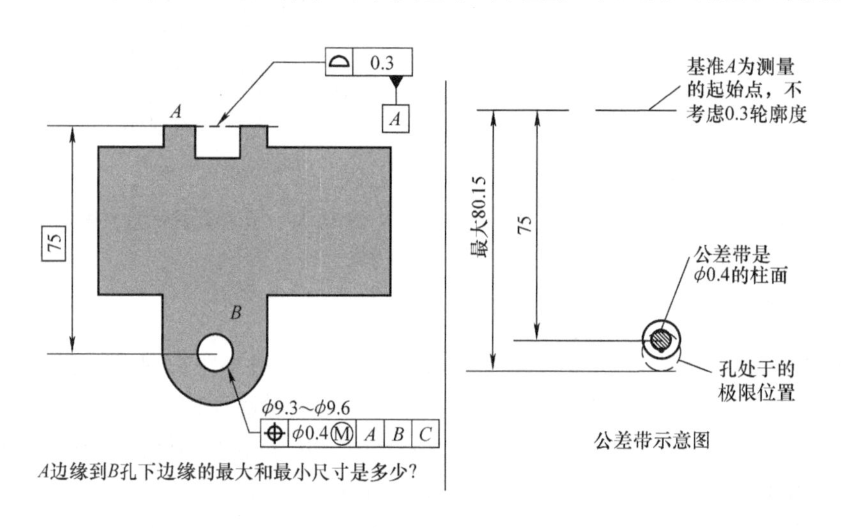

图 10-61 边缘到孔的下边缘距离计算

注：B、C 基准简化，没有显示在图中零件上。

一个适当标注的 GD&T 图应该能够解读出设计者设定的检测和工艺信息。这是一个 D 形孔的标注。图 10-62 的标注不是一个适当的标注方法，D 形孔的直边是无法定位的，对于 18 ± 0.2，因为这个标注中无法得出直边的位置信息，所以这个 D 形孔的功能检测销是无法设

置的。因此，图 10-62 所示的尺寸定义只有检测信息，没有设计信息。

一个适当的标注方法应如图 10-63 所示，使用公称尺寸和轮廓度的方法定义直边。这样制作 D 形孔的直边就有了明确的位置定义，无论这个 D 形孔是从冲销制作的还是 CNC 制作出来的，都有明确的位置定义。这个 D 形孔的通止规的设置如图 10-64 所示，本设置考虑了 10% 的磨损和加工误差，并按照通过的检测零件 100% 合格的绝对条件设置。

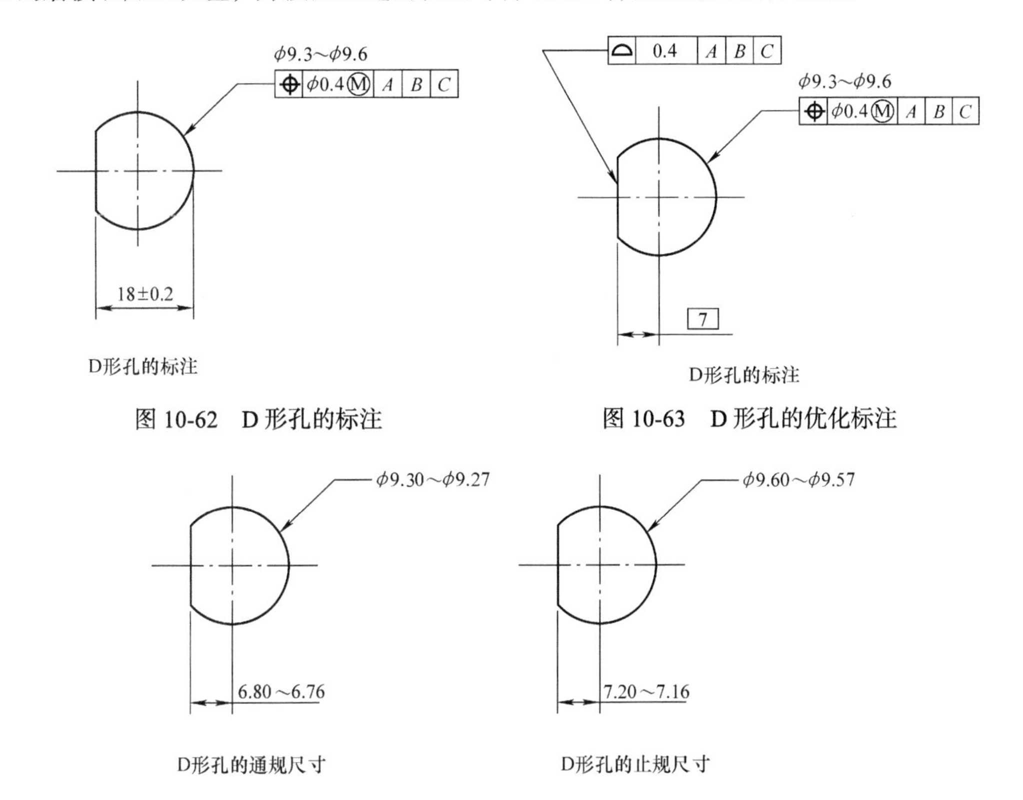

图 10-62　D 形孔的标注　　图 10-63　D 形孔的优化标注

考虑10%的磨损和加工误差，100%通过的零件合格

图 10-64　D 形孔的定义尺寸

D 形孔的位置度检测销（也称为功能检测销）设置如图 10-65 所示。本设置考虑了 10% 的磨损和加工误差，并按照通过的检测零件 100% 合格的绝对条件设置。

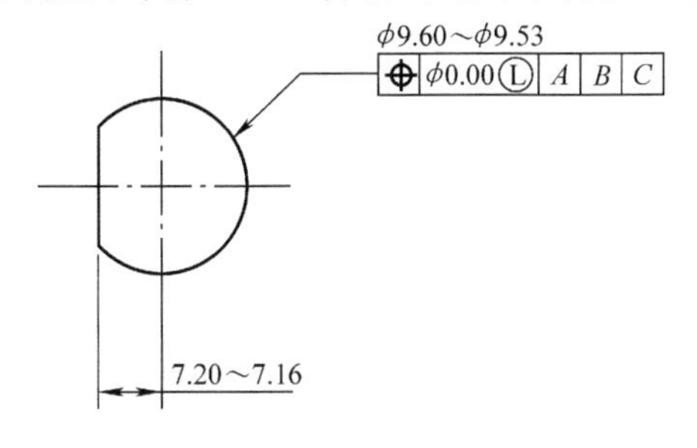

D形孔的位置度检测规尺寸

考虑10%的磨损和加工误差，100%通过的零件合格

图 10-65　D 形孔的测量检具

二十一、环套的最小壁厚度计算

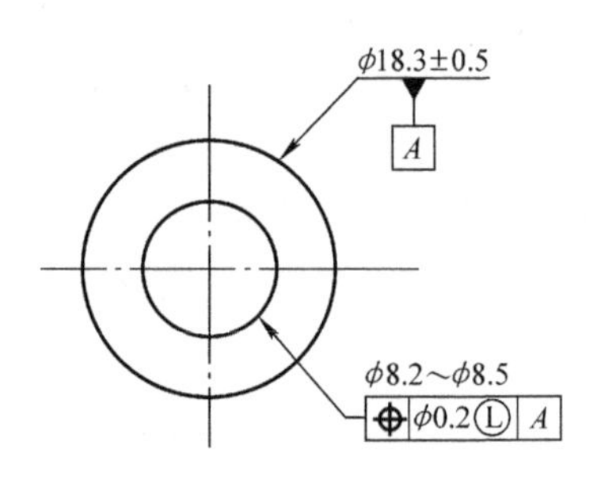

图 10-66　环套零件尺寸

图 10-66 所示是一个环套零件，外圆柱面为基准 A，定义了环套的内表面的中心轴线的位置（同轴）的公差带为在内孔最小实体尺寸 ϕ 8.5mm 时，内控的轴线位置度公差为 ϕ 0.2mm 的圆柱面内。

环套的最小厚度临界状态如图 10-67 所示：

环套的最小壁厚为

[17.8/2–1.0/2–8.5/2–0.2/2]mm=4.5mm

但是如果以内孔为基准，来计算壁厚，如图 10-68 所示。对于内孔 ϕ 8.2mm，MMC 为理想边界（perfect form）的尺寸为 ϕ 7.7mm。根据 ASME Y14.5 的几何公差第一法则，此时尺寸公差 ϕ 8.2mm ± 0.5mm 的最大实体 MMC 包容面为 ϕ 7.7mm，而且这个孔的每一个截面的相对点的尺寸（直径）不能大于 ϕ 8.7mm。可以看出当孔处于 LMC 时，可以弯曲或倾斜导致环套壁厚缩减。

环套的最小壁厚为（图 10-69）为

[18.2/2–0.2/2–8.7/2–1.0/2]mm=4.15mm

因为这个等式中的 1.0/2 来自于形状误差，所以最小厚度是 4.15mm。

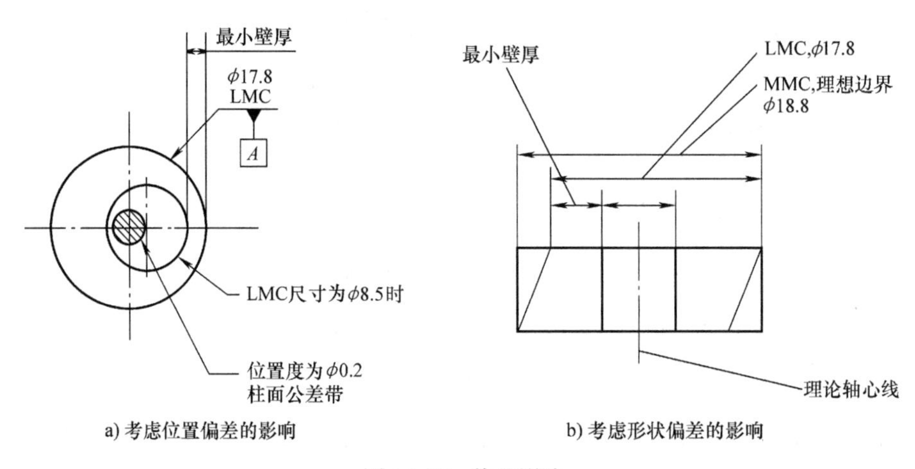

图 10-67　偏差影响

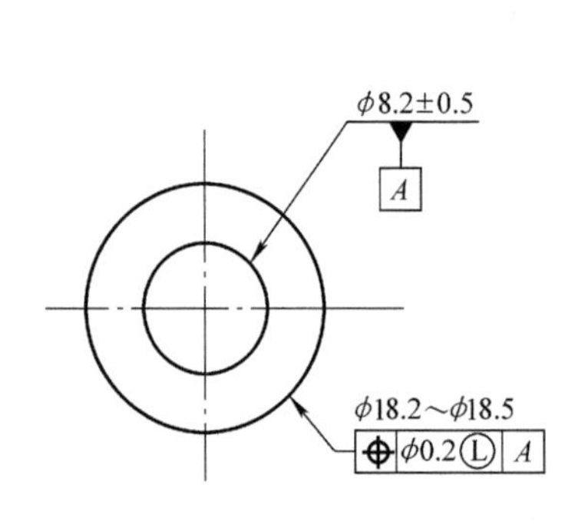

图 10-68　以环套内控作为基准

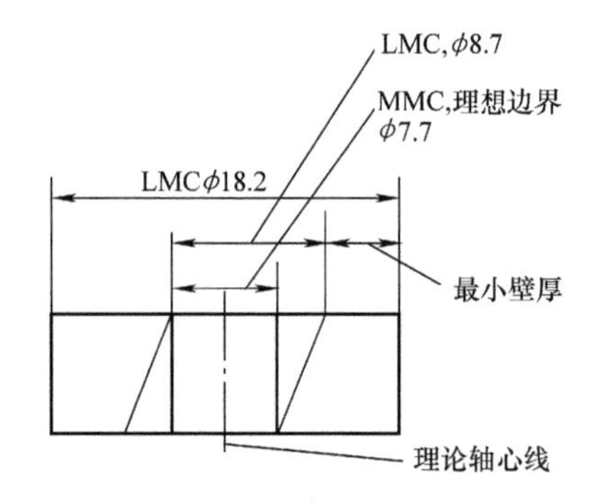

图 10-69　以环套内控作为基准的最小壁厚示意图

附　　录

附录 A　几何公差国标对应的欧标的标准号（部分）

几何公差国标对应的欧标的标准号（部分）。

序号	国标号	对应欧标 ISO 号
1	GB/T 1182	ISO 1101
2	GB/T 4457.4	ISO 128-24
3	GB/T 13319	ISO 5458
4	GB/T 16671	ISO 2692
5	GB/T 17851	ISO 5459
6	GB/T 17852	ISO 1660
7	GB/T 19096	ISO 13715
8	GB/T 24637.1	ISO 14750-1
9	GB/T 24637.2	ISO 17450-2
10	GB/T 24734	ISO 16792

附录 B　ASME Y14.5　2018 同 ISO 1101 2017 的符号对比

ASME Y14.5　2018 同 ISO 1101 2017 的符号对比（一）。

TSYMBOL FOR	ASME Y14.5	ISO
STRAIGHTNESS	—	—
FLATNESS	▱	▱
CIRCULARITY	○	○
CYLINDRICITY	⌭	⌭
ANGULARITY	∠	∠
PERPENDICULARITY	⊥	⊥
PARALLELISM	//	//
POSITION	⌖	⌖

（续）

TSYMBOL FOR	ASME Y14.5	ISO
CONCENTRICITY and COAXIALITY	NONE	◎
SYMMETRY	NONE	⌯
PROFILE OF A LINE	⌒	⌒
PROFILE OF A SURFACE	⌓	⌓
CIRCULAR RUNOUT	*↗	↗
TOTAL RUNOUT	*⌰	⌰
ALL AROUND	↗○	○↓
ALL OVER	↗◎	◎↓
AT MAXIMUM MATERIAL CONDITION	Ⓜ	Ⓜ
AT MAXIMUM MATERIAL BOUNDARY	Ⓜ	NONE
AT LEAST MATERIAL CONDITON	Ⓛ	Ⓛ
AT LEAST MATERIAL BOUNDARY	Ⓛ	NONE
PROJECTED TOLERANCE ZONE	Ⓟ	Ⓟ
TANGENT PLANE	Ⓣ	Ⓣ
FREE STATE	Ⓕ	Ⓕ
UNEQUALLY DISPOSED PROFILE	Ⓤ	UZ
ENVELOPE PRINCIPLE	DEFAULT	Ⓔ
INDEPENDENCY	Ⓘ	DEFAULT
DYNAMIC PROFILE TOLERANCE	Δ	Δ
TRANSLATION	▷	NONE
FROM/TO	→	→
DIAMETER	∅	φ
BASIC DIMENSION (Theoretically Exact Dimension in ISO)	[50]	[50]
REFERENCE DIMENSION (Auxiliary Dimension in ISO)	(50)	(50)
DATYM FEATYRE	* ▶[A]	* ▶[A]
* May be filled or not filled		C.3

ASME Y14.5 2018 同 ISO 1101 2017 的符号对比（二）。

SYMBOL FOR	ASME Y14.5	ISO
DIMENSION ORIGIN	⌀→	⌀→
FEATURE CONTROL FRAME	⌖ | ϕ0.5Ⓜ | A | B | C	⌖ | ϕ0.5Ⓜ | A | B | C
CONICAL TAPER	⌲	⌲
SLOPE	⌳	⌳
COUNTERBORE	⌴	NONE
SPOTFACE	⌊SF⌋	NONE
COUNTERSINK	⌵	NONE
DEPTH/DEEP	↧	NONE
SQUARE	□	□
DIMENSION NOT TO SCALE	15	15
MUMBER OF PLACES	8×	8×
ARC LENGTH	⌒105	⌒105
RADIUS	R	R
SPHERICAL RADIUS	SR	SR
SPHERICAL DIAMETER	SØ	Sϕ
CONTROLLED RADIUS	CR	NONE
BETWEEN	* ↔	* ↔
STATISTICAL TOLERANCE	⟨ST⟩	NONE
CONTINUOUS FEATURE	⟨CF⟩	NONE
DATUM TARGET	Ø6 / A1 or A1 Ø6	ϕ6 / A1 or A1 ϕ6
MOVABLE DATUM TARGET	A1	A1
TARGET POINT	×	×
* May be filled or not filled		C.3

术语解释

公差，Tolerance —— 一个特定尺寸的最大允许变差，是上极限尺寸和下极限尺寸的差。

公差带，Tolerance zone —— 由一个或两个理想的几何线要素或面要素所限定的，由一个或多个线性尺寸表示公差值的区域。

几何公差，Geometric Tolerance —— 控制尺寸、形状、轮廓、方向、位置和跳动公差的统称。

基准，Datum —— 用来定义公差带的位置和 / 或方向或用来定义实体状态的位置和 / 或方向（当有相关要求是，如最大实体要求）的一个（组）方位要素。

基准要素（基准特征），Datum feature —— 零件上用来建立基准并实际起基准作用的实际（组成）要素（如：一条边、一个面或一个孔）。

要素，Feature —— 代表一个零件数模或图样上面，销和槽等结构。习惯上也称特征或元素。

轴线特征，Feature Axis —— 无方向参考的特征的实际匹配包容界面的轴线。

中心面特征，Feature，Center Plane of —— 无方向参考的特征实际匹配包容界面的中心平面。

最大实体材料条件 MMC，符号Ⓜ Maximum Material Condition —— 在尺寸范围内，包含最多材料状态的特征的尺寸，比如最大的轴的直径的值和最小的孔的直径的值。

最小实体材料条件 LMC，符号Ⓛ Least Material Condition —— 在尺寸范围内，包含最少材料状态的特征的尺寸，比如最大的孔的直径的值或最小的轴的直径的值。

尺寸不相关原则 RFS，Regardless of Feature Size —— 几何公差在尺寸公差变化时固定不变的应用原则。

最大实体材料边界 MMB，Boundary，Maximum Material —— 修正基准特征，表示基准特征的尺寸公差范围内，在材料外部的极限尺寸。

最小实体材料边界 LMB，Boundary，Maximum Material —— 修正基准特征，表示基准特征的尺寸公差范围内，在材料内部的极限尺寸。

基准特征修正符号 RMB，Regardless of Material Boundary —— 以特征的极限边界包容界面（从 RMB 变化到 LMB 与基准特征接触时的尺寸界面）作为基准模拟的尺寸。

实效边界 VC，Virtual Condition —— 由 MMC 和 LMC 同几何公差形成的一个常量边界。

尺寸特征 FOS，Feature of Size —— 也称尺寸要素。分规则尺寸特征 Regular Feature of Size 和非规则尺寸特征 Irregular Feature of Size，规则尺寸特征是由尺寸公差定义的特征，为规则的圆柱面、球面、圆环和平行特征。非规则尺寸特征又包含由球面、圆柱面或平行平面组合而成的尺寸特征，以及非球面、圆柱面或平行平面组合而成的尺寸特征。

公称尺寸，Basic Dimension —— 也称为理论正确尺寸，定义了公差带理论的位置或特征理论尺寸。图样或数模上标注在矩形框中。

参考尺寸，Dimension，Reference —— 通常不规定公差的尺寸，只用来作为信息参考使用，不检测。

延伸公差带，Project Tolerance Zone —— 同位置度公差配合使用，定义了在配合面之上的一段特定高度（匹配零件的装配厚度）上的公差带，目的是防止固定配合的销钉或螺栓因为垂直度的原因导致的干涉。

包容原则，Envelope —— 也称为第一原则，规则几何特征的形状由尺寸公差约束，规则几何特征的表面不能超出理想边界，即最大实体边界。ASME 默认包容原则，如果需要独立原则，使用符号 I 修正。

特征控制框，Feature of Frame —— 特征的几何公差控制符号，包含控制符号、公差值框和基准框架三部分。

基准框架 DRF，Datum of Reference Frame —— 建立了 X、Y 和 Z 三个坐标平面，并在空间上约束了零件的六个自度的坐标平面设置，最小建立条件是 3-2-1 原则。

自由状态，Free State —— 除了重力以外，零件不受外力状态。符号为 F。

统计公差符号 ST，Statistical Tolerancing Symbol —— 用于表明统计公差，一般应用于关键尺寸上，表示尺寸需要进行 SPC 跟踪控制。